Light Engineering für die Praxis

Reihe herausgegeben von
C. Emmelmann, Hamburg, Deutschland

Weitere Bände in der Reihe http://www.springer.com/series/13397

Technologie- und Wissenstransfer für die photonische Industrie ist der Inhalt dieser Buchreihe. Der Herausgeber leitet das Institut für Laser- und Anlagensystemtechnik an der Technischen Universität Hamburg-Harburg sowie das LZN Laser Zentrum Nord, eine 100%ige Tochter der TU Hamburg-Harburg und der Freien und Hansestadt Hamburg. Die Inhalte eröffnen den Lesern in der Forschung und in Unternehmen die Möglichkeit, innovative Produkte und Prozesse zu erkennen und so ihre Wettbewerbsfähigkeit nachhaltig zu stärken. Die Kenntnisse dienen der Weiterbildung von Ingenieuren und Multiplikatoren für die Produktentwicklung sowie die Produktions- und Lasertechnik, sie beinhalten die Entwicklung lasergestützter Produktionstechnologien und der Qualitätssicherung von Laserprozessen und Anlagen sowie Anleitungen für Beratungs- und Ausbildungsdienstleistungen für die Industrie.

Markus Möhrle

Gestaltung von Fabrikstrukturen für die additive Fertigung

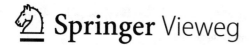 Springer Vieweg

Markus Möhrle
Düsseldorf, Deutschland

ISSN 2522-8447   ISSN 2522-8455   (electronic)
Light Engineering für die Praxis
ISBN 978-3-662-57706-6   ISBN 978-3-662-57707-3   (eBook)
https://doi.org/10.1007/978-3-662-57707-3

Die Deutsche Nationalbibliothek verzeichnet diese Publikation in der Deutschen Nationalbibliografie; detaillierte bibliografische Daten sind im Internet über http://dnb.d-nb.de abrufbar.

Springer Vieweg

Gedruckt auf säurefreiem und chlorfrei gebleichtem Papier

Springer Vieweg ist ein Imprint der eingetragenen Gesellschaft Springer-Verlag GmbH, DE und ist ein Teil von Springer Nature
Die Anschrift der Gesellschaft ist: Heidelberger Platz 3, 14197 Berlin, Germany

Zusammenfassung

Additive Fertigungsverfahren befinden sich an der Schwelle zur Industrialisierung. Daraus ergibt sich ein Praxisbedarf nach effizienten und effektiven Prozessketten für die Fertigung von Bauteilen in Endqualität. Diese Dissertation adressiert den Bedarf nach der Gestaltung effizienter Fabrikstrukturen einerseits und weiterer Steigerung der Produktivität andererseits.

Die vorgestellte Methode zur Gestaltung von Fabrikstrukturen für die additive Fertigung greift die beiden Hauptanforderungen nach kurzer Durchlaufzeit und niedrigen Kosten auf. Ausgehend von den ermittelten Anforderungen an die Fabrikstruktur, die sich im Wesentlichen aus dem Geschäftsmodell und dem Absatzprogramm ergeben, werden Strukturvarianten als Kombination verschiedener Gestaltungsfaktoren gebildet. Die Gestaltung berücksichtigt Kapazitätsbedarf, Wertschöpfungsmodus und -tiefe der Fabrikstruktur. Mittels eines Simulationsmodells können Kosten und Durchlaufzeit für die geschaffenen Varianten bewertet und die für den Anwendungsfall geeignete Ziel-Fabrikstruktur ausgewählt werden. Die Anwendung für realitätsnahe Produktionsprogrammklassen offenbart eine starke Abhängigkeit zwischen Kosten und Durchlaufzeit, was den hohen Praxisnutzen der Methode unterstreicht.

Zur Weiterentwicklung der additiven Prozesskette wurden verschiedene Produktivitätspotenziale aufgedeckt, die in Forschung und Praxis verfolgt werden. Aus einer simulationsgestützten Bewertung wurde der Kosten- und Durchlaufzeiteinfluss ermittelt: Zur Kostensenkung erscheinen mitunter die Optimierung der Prozessgeschwindigkeit und Automatisierung der manuellen Supportentfernung besonders lukrativ. Für den Anwendungsfall dezentraler Ersatzteilversorgung wurde gezeigt, dass auch kostenseitig weniger bedeutende Schritte einen hohen Beitrag zur Senkung der hier wichtigen Durchlaufzeit leisten können.

Inhaltsverzeichnis

Abbildungsverzeichnis

Abkürzungsverzeichnis

°C	Grad Celsius
2D	zweidimensional
3D	dreidimensional
AfA	Absetzung für Abnutzung
ASIM	Arbeitsgemeinschaft Simulation
ASTM	American Society for Testing and Materials
AV	Arbeitsvorbereitung
B2C	Business-to-Consumer, Geschäftsbeziehungen zwischen Unternehmen und Privatpersonen
B2B	Business-to-Business, Geschäftsbeziehung zwischen mindestens zwei Unternehmen
CAD	Computer Aided Design
CMSD	Core Manufacturing Simulation Data Information Model
CNC	Computerized Numerical Control
DIN	Deutsches Institut für Normung
EASA	European Aviation Safety Agency (englisch für Europäische Agentur für Flugsicherheit)
EDV	Elektronische Datenverarbeitung
ERP	Enterprise Resource Planning (Ressourcenplanung in Unternehmen)
EU	Europäische Union
EUR	Euro
FIFO	First In First Out
ggü.	gegenüber
GE	General Electric
GMD	Geschäftsmodelldimension
GME	Geschäftsmodellelement
GMV	Geschäftsmodellvariable
h	hour (englisch für Stunde)
HIP	heißisostatische Presse
ISO	International Organization for Standardization
i. d. R.	in der Regel
i. e. S.	im engeren Sinne
i. w. S.	im weiteren Sinne

NP	nichtdeterministische Polynomialzeit
PC	Personal Computer
PDM	Produktdatenmanagement
SI	Système international d'unités (französisch für internationales Einheitensystem)
SLS	Selective Laser Sintering (englisch für Selektives Lasersintern)
STL	Stereolithography (Datenformat)
SysML	Systems Modeling Language (Modellierungssprache für komplexe Systeme)
typ.	typischerweise
VDI	Verein Deutscher Ingenieure e. V.

Formelzeichen

Symbol	Beschreibung	Einheit
δ	Aufmaß zur Sollgeometrie	mm
$\vartheta(x)$	Variationskoeffizient	-
$a_0, \dots, a_5$	Regressionskoeffizienten	-
Ac_I	Arrêt point chauffage 1 (Umwandlungstemperatur)	°C
ADZ	Administrationszeit	Tage
A_F	Funktionsfläche des Bauteils	mm²
c_a	jährliche Kosten	EUR
$c_{W,i}$	jährliche Kosten des i-ten Werkers	EUR
BV	Belastungsverschiebung	Tage
BZ	Beschaffungszeit	Tage
D	Gesamtnachfrage des Produktionsprogramms	-
DLZ	Durchlaufzeit	Tage
$\overline{DLZ_p}$	Mittelwert der Durchlaufzeit der Produktionsaufträge	h
$DLZ_{P,i}$	Durchlaufzeit des i-ten Produktionsauftrages	h
h_s	Spurabstand	mm
$I_{M,i}$	Investitionsausgaben der i-ten Maschine	EUR
k, i	Bezeichner für Elemente im System	-
K_{Fehl}	Fehlmengenkosten	EUR
K_{Lager}	Lagerhaltungskosten	EUR
K_{Log}	Logistikkosten	EUR
l_0	los- bzw. spezifische baujobabhängige Zeit	h
l_1	spezifische produktionsauftragsabhängige Zeit	h
l_2	spezifische volumenabhängige Zeit	h/mm³
l_3	spezifische höhenabhängige Zeit	h/mm
l_4	spezifische schnittflächenabhängige Zeit	h/mm²
l_5	spezifische funktionsflächenabhängige Zeit	h/mm²
l_6	spezifische von der Fl. der Grundpl. abhängige Zeit	h/mm²
l_z	Schichtdicke	mm
LZ	Lieferzeit	Tage
LZP	Lieferzeitpuffer	Tage
m	Stufenanzahl	-

N_i	Anzahl an Teilen mit i-ter Geometrie	-
N_L	Anzahl an Schichten	-
n_P	Anzahl an Produktionsaufträgen	-
n_W	Anzahl der Werker im System	-
p_2	Volumen	mm^3
p_3	Höhe	mm
p_4	Schnittfläche	mm^2
p_5	Funktionsfläche	mm^2
p_6	Fläche der Grundplatte	mm^2
Q	Auftragslosgröße	-
R_a	Mittenrauwert	μm
r_{Sl}	Durchschn. Bearbeitungsrate beim Schlichten	mm^2/s
s_{DLZ}^2	Varianz der Durchlaufzeit der Produktionsaufträge	h
SG_g	Servicegrad	-
$S_{Supp_{tot}}$	Gesamtoberfläche der Supportstrukturen	mm^2
S_{tot}	Gesamtoberfläche des Baujobs	mm^2
t_{Baujob}	Zeit für die Fertigung des Baujobs	h
$t_{CNC,RZ}$	Rüstzeiten der CNC-Maschine	h
t_{Fin}	Fräsdauer für das Finish der Funktionsflächen	h
$t_{M,i}$	Abschreibungsdauer der i-ten Maschine	EUR
t_U	Dauer der Umspannvorgänge	h
$t_{prozess}$	Prozesszeit	h
$t_{Ruest,vor}$	Rüstzeit vor Prozessbeginn	h
$t_{Ruest,vor,M}$	Rüstzeit vor Prozessbeginn (Maschine belegt)	h
$t_{Ruest,vor,W}$	Rüstzeit vor Prozessbeginn (Werker belegt)	h
$t_{Ruest,nach,M}$	Rüstzeit nach Prozessende (Maschine belegt)	h
$t_{Ruest,nach,W}$	Rüstzeit nach Prozessende (Werker belegt)	h
t_{SF}	Dauer zur Definition der Schnittfolgen	h
t_{Sl}	Fräsdauer für das Schlichten	h
t_{Sr}	Fräsdauer für das Schruppen	h
VR	Volumenrate	mm^3/s
v_s	Scangeschwindigkeit	mm/s
V_{tot}	Gesamtvolumen des Baujobs	mm^3
VZ	Versandzeit	Tage

1 Einleitung

1.1 Ausgangssituation

Die additiven Fertigungsverfahren und insbesondere das Laser-Strahlschmelzen befinden sich an der Schwelle zur Industrialisierung. In ersten Fertigungsstätten sind zweistellige, wachsende Anzahlen additiver Fertigungsmaschinen installiert. Es werden fortwährend neue, lukrative Einsatzfälle erschlossen, was auch in der Entwicklung des mit über 40% jährlich gewachsenen Marktvolumens Ausdruck findet. Im Zielbild ergibt sich disruptives Potenzial für die komplette Industrielandschaft: Die dezentrale Fertigung nach Bedarfseintritt, die Individualisierung der Produktion durch wirtschaftliche Fertigung in Losgröße eins und die Umsetzung neuer Eigenschaften durch komplexe Bauteilgeometrien sind nur einige Beispiele für die Potenziale der Fertigungstechnologie.

Im gegenwärtigen Zustand zeigt eine nähere Betrachtung, dass sich die heute erfolgreichen Einsatzfälle v. a. aus sorgsamer Auswahl und umfangreicher Umgestaltung von Bauteilen, teilweise auf Basis veränderter Systemgrenzen, ergeben. Heutige Anwendungen finden sich im Wesentlichen unter Extrembedingungen, z. B. bei Leichtbauteilen in der Luftfahrtindustrie, komplexen Einspritzdüsen oder individuellen medizinischen Implantaten. Durch fortwährende Weiterarbeit bei der Identifikation von Einsatzfällen ließe sich auch mittelfristig eine Weiterentwicklung durch den Einsatz additiver Fertigung ermöglichen, die jedoch langfristig in einen Sättigungszustand überginge. Für einen fortwährenden Beitrag der additiven Fertigungsverfahren zur Verbesserung der Fertigungsfähigkeit muss eine signifikante Steigerung ihrer Fertigungsgeschwindigkeit, Kosten und Qualität erfolgen. Diese Steigerung kann in eine kurz- und mittelfristige Komponente und eine langfristige Komponente unterteilt werden.

Kurz- und mittelfristig kann nur auf die heute existierende Technologie zurückgegriffen werden und ihr effizienter Einsatz gewährleistet werden. Wie bereits von konventionellen Fertigungstechnologien bekannt, sind die Auslegung und Gestaltung der Fabrik einschließlich ihrer Elemente, Abläufe und organisatorischer Vorgaben eine Ausgangsvoraussetzung. Bestehende Methoden decken die Belange der additiven Fertigung jedoch nur unzureichend ab und nutzen Generalisierungsmöglichkeiten nicht, die sich aus den Besonderheiten der additiven Fertigung ergeben. Folge dieses Defizits sind ein hoher Aufwand bei der Fabrikplanung und suboptimale Ergebnisse aus der Planung, die sich auch im Betrieb der Fabrik und der resultierenden Effizienz niederschlagen.

Langfristig ist die technologische Weiterentwicklung unumgänglich. Zur Weiterentwicklung der Technologie in den Zielgrößen Zeit, Kosten und Qualität werden entlang der gesamten Prozesskette Forschungs- und Entwicklungtätigkeiten vollzogen. Das Potenzial dieser Maßnahmen bezogen auf die Wirtschaftlichkeit der gesamten Prozesskette ist jedoch nur in wenigen Fällen bekannt. Dies erschwert, das Weiterentwicklungspotenzial der Technologie abzuschätzen und einzelne Verbesserungsaktivitäten zu gewichten und zu priorisieren. In Folge findet die Allokation von Forschungs- und Entwicklungsmitteln sowohl im öffentlichen als auch privatwirtschaftlichem Umfeld auf Basis individueller Nutzenbetrachtungen statt. Durch einen übergreifenden Mechanismus kann hier ein Potenzial zur Optimierung der Mitteleffizienz vermutet werden, was ein weiteres Defizit im Ausgangszustand begründet.

© Springer-Verlag GmbH Deutschland, ein Teil von Springer Nature 2018
M. Möhrle, *Gestaltung von Fabrikstrukturen für die additive Fertigung*,
Light Engineering für die Praxis, https://doi.org/10.1007/978-3-662-57707-3_1

1.2   Zielsetzung

Das Ziel dieser Arbeit ist es, die beiden Defizite des Ausgangszustandes zu lösen, so einen signifikanten Beitrag zur wirtschaftlichen Verwendung der additiven Fertigungsverfahren zu leisten und damit zur gesamtwirtschaftlichen Weiterentwicklung beizutragen. Abbildung 1-1 ordnet zur Verdeutlichung die beiden sich ergebenden Teilziele anhand der zwei Dimensionen *Zielerreichung des Fabriksystems* und der *technischen Verfügbarkeit* verwendeter Technologien.

Um das erste Defizit zu lösen, soll eine Methode zur Gestaltung von Fabrikstrukturen für die additive Fertigung entwickelt werden. Die Fabrikstruktur bestimmt die Leistungsfähigkeit der Fabrik maßgeblich und soll auf verfügbaren technischen Lösungen aufbauen. Die zu entwickelnde Methode stellt sicher, dass das gestaltete Fabriksystem auf Basis seiner Struktur das Potenzial hat, das im Stand der Technik mögliche Höchstmaß der Fabrikziele zu erreichen.

Um das zweite Defizit zu lösen, soll eine Bewertung von Produktivitätspotenzialen der Prozesskette additiver Fertigung erfolgen. Dabei handelt es sich um technisch noch nicht verfügbare Lösungen, d. h. es ist Grundlagenforschung und Anwendungsentwicklung erforderlich. Ziel ist einerseits, ein Suchfeld für technische Lösungen entlang der Prozesskette der additiven Fertigung aufzuspannen, das wahrscheinlich wirtschaftliche Weiterentwicklungen enthält. Andererseits sollten derzeit dokumentierte konkrete Maßnahmen bzgl. ihres Wirtschaftlichkeitsbeitrags bewertet werden.

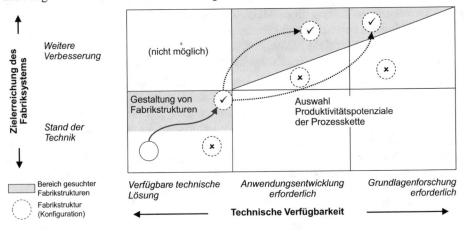

Abbildung 1-1: Ziele der Gestaltung von Fabrikstrukturen für die additive Fertigung

Um eine hohe Verwendbarkeit der Ergebnisse sicherzustellen, wird auf das industriell besonders relevante, praxisgängige additive Fertigungsverfahren Laser-Strahlschmelzen fokussiert. Im Kontext von Fabrikstrukturen steht immer die Produktion von endbearbeiteten, weiterverwendbaren Bauteilen im Fokus, sodass sämtliche Betrachtungen immer auch die der additiven Fertigung vor- und nachgelagerten Schritte einschließen.

1.3 Forschungskonzeption

Die im Rahmen dieser Arbeit entwickelte Theorie lässt sich der marktorientierten Technikwissenschaft zuordnen, siehe Abbildung 1-2. Erstens erweitert sie die Gesamtheit der technikwissenschaftlichen Theorien. Diese zeichnen sich im Allgemeinen dadurch aus, dass sie technische Sachsysteme abstrahieren und ihrer zielgerechten Nutzung zuführen oder Methoden definieren, mittels derer neue technische Objekte und technologische Verfahren evaluiert, optimiert, geplant oder gestaltet werden können [PaSp07, S. 131]. Beide zuvor definierten Ziele, siehe Kapitel 1.2, erfüllen diesen Gestaltungszweck. Die sich ergebende enge Zusammenarbeit mit der Industrie und das Aufgreifen von Fragestellungen aus derselben ist ureigener Bestandteil des Gestaltungsziels der Technikwissenschaften [Ban06, S. 86f.].

Abbildung 1-2: Anwendungsorientierte Forschung zur Verbindung von Erkenntnissuche und Anwendungsabsicht[1]

Zweitens ist die in dieser Arbeit geschaffene Theorie marktorientiert. Marktorientierte Technikwissenschaft verfolgt die Zwecke der Bedürfnisorientierung, das heißt sie verfolgt Effizienz- und Wirtschaftlichkeitsprinzipien, und sie verfolgt eine Lösung der Bedürfnisorientierung als Erkenntnisproblem [Bro10, S. 183ff.]. Beide Kriterien sind durch das beschriebene Ziel dieser Arbeit erfüllt, zielgerichtete Fabrikkonzepte zu gestalten. Schließlich wird in diesem Kontext die zielgerichtete Produktion von Gütern als aus der Ausgangssituation, einer durch Marktteilnehmer geforderten Produktivitätssteigerung, motiviertes Bedürfnis verstanden.

Für die Erkenntnis in den Technikwissenschaften sind verschiedene Elemente erforderlich. Als wissenschaftliche Ausgangssituation wird das vorhandene Wissen, welches aus empirischem und theoretischem technikwissenschaftlichem Wissen besteht, ergänzt um Wissen der Natur-, Geistes- und Sozialwissenschaften, aufgefasst. Die Gewinnung neuer Erkenntnisse geschieht primär durch abduktiven[2] Schluss und liefert potenzielle Lösungen für den nachfolgenden Erkenntnisprozess. Dazu wird ein theoriegeleitetes empirisches Vorgehen mit den Hilfsmitteln Simulation, Experiment und Test herangezogen. Diejenigen Lösungen, die sich im Test als effektiv erwiesen haben, gelten als Theorie der Technikwissenschaften [Kor13, S. 21ff.].

---

[1] Dynamische Weiterentwicklung des Modells von STOKES [Sto97], vgl. [Bro10, S. 199f.]
[2] Das Konzept der Abduktion bildet erklärende Hypothesen und steht in Abgrenzung zur Deduktion und Induktion [PHW65]

1.4   Aufbau dieser Arbeit

Abbildung 1-3 gibt einen Überblick über die in dieser Arbeit behandelten Elemente des Forschungsprozesses und stellt die Gliederung der Arbeit dar.

Kapitel 1 leitet die Forschungsfrage aus der Ausgangssituation ab, setzt das Forschungsziel fest und konzipiert den Forschungsprozess.

Kapitel 2 beschreibt Theorien mit Relevanz für die Erforschung einer Methode zur Gestaltung von Fabrikkonzepten im Kontext additiver Fertigung und zur Bewertung von Produktivitätspotenzialen der Prozesskette additiver Fertigungsverfahren. Diese entstammen den Disziplinen der Fertigungstechnologie sowie simulationsbasierten Ansätzen im Rahmen der Fabrikplanung.

Kapitel 3 leitet aus einer Betrachtung der Marktanforderungen den Forschungsbedarf ab.

In Kapitel 4 wird ein ereignisorientiertes Modell zur Bewertung von Fabrikstrukturen für die additive Fertigung erstellt. Entlang des Vorgehens zur Erstellung einer Simulationsstudie beschreibt dieses Kapitel die vorgelagerten Schritte der Aufgabendefinition, Systemanalyse und die Datenbeschaffung und -aufbereitung. Beobachtungen am Realsystem bilden das empirische Fundament des digitalen Modells. Das Modell wird als Werkzeug für die Folgeschritte verwendet.

Der Erkenntnisprozess wird in Kapitel 5 begonnen. Darin wird die Methode zunächst generisch konzipiert und anschließend für verschiedene praxisnaher Archetypen in den Anwendungskontext gebracht. Die beschriebene Methode gliedert sich in drei Hauptphasen. Die erste Phase widmet sich der Anforderungsermittlung. In Phase 2 werden auf dieser Basis systematisch Fabrikstrukturvarianten abgeleitet; diese werden in Phase 3 hinsichtlich ihrer Leistungspotenziale bezüglich des in der ersten Phase ermittelten Zielsystems bewertet, so dass eine Umsetzungsvariante gewählt werden kann.

Kapitel 6 führt den Erkenntnisprozess fort. Ebenfalls modellbasiert untersucht das Kapitel Produktivitätspotenziale der Prozesskette additiver Fertigungsverfahren. Die Analyse findet für drei Aspekte statt: Die Sensitivität der additiven Prozesskette bei Variation der Leistungsfähigkeit ihrer Prozessteile, ausgewählte Produktivitätspotenziale und, mit dem Fokus auf einen für besonders potenzialträchtig gehandelten Anwendungsfall, die additive Ersatzteilfertigung in der Luftfahrtindustrie.

Kapitel 7 validiert die gewonnene Methode anhand ausgewählter Fallbeispiele in der Industrie und abstrahiert die Ergebnisse, um allgemeinere Aussagen ableiten zu können.

Das abschließende Kapitel 8 fasst die gewonnen Erkenntnisse zusammen und definiert Anschlussfragestellungen für die Gewinnung weiterer Theorien.

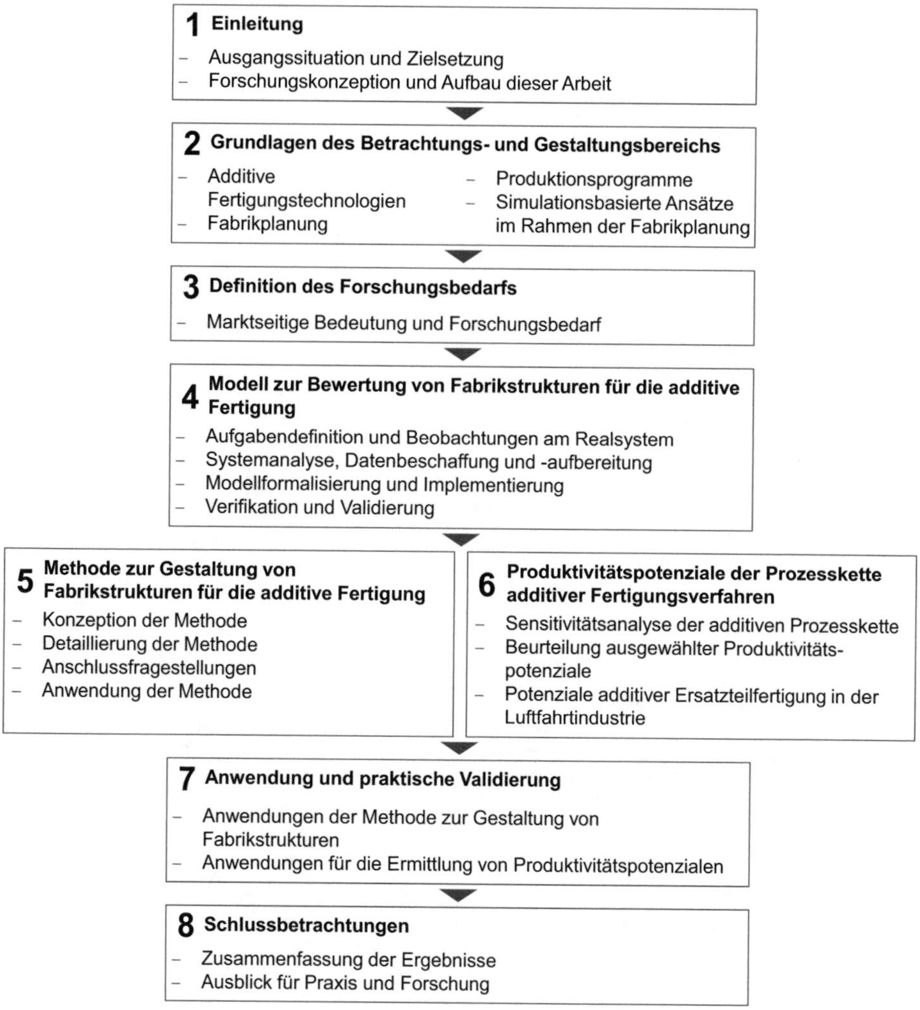

1 Einleitung

- Ausgangssituation und Zielsetzung
- Forschungskonzeption und Aufbau dieser Arbeit

2 Grundlagen des Betrachtungs- und Gestaltungsbereichs

- Additive Fertigungstechnologien
- Fabrikplanung
- Produktionsprogramme
- Simulationsbasierte Ansätze im Rahmen der Fabrikplanung

3 Definition des Forschungsbedarfs

- Marktseitige Bedeutung und Forschungsbedarf

4 Modell zur Bewertung von Fabrikstrukturen für die additive Fertigung

- Aufgabendefinition und Beobachtungen am Realsystem
- Systemanalyse, Datenbeschaffung und -aufbereitung
- Modellformalisierung und Implementierung
- Verifikation und Validierung

5 Methode zur Gestaltung von Fabrikstrukturen für die additive Fertigung

- Konzeption der Methode
- Detaillierung der Methode
- Anschlussfragestellungen
- Anwendung der Methode

6 Produktivitätspotenziale der Prozesskette additiver Fertigungsverfahren

- Sensitivitätsanalyse der additiven Prozesskette
- Beurteilung ausgewählter Produktivitätspotenziale
- Potenziale additiver Ersatzteilfertigung in der Luftfahrtindustrie

7 Anwendung und praktische Validierung

- Anwendungen der Methode zur Gestaltung von Fabrikstrukturen
- Anwendungen für die Ermittlung von Produktivitätspotenzialen

8 Schlussbetrachtungen

- Zusammenfassung der Ergebnisse
- Ausblick für Praxis und Forschung

Abbildung 1-3: Aufbau dieser Arbeit

2 Grundlagen des Betrachtungs- und Gestaltungsbereichs

Die Grundlagen des Betrachtungs- und Gestaltungsbereichs bilden die Ausgangssituation für die weitere Theoriebildung. Daher muss jener pragmatisch, das heißt in Hinblick auf das Handlungsziel der Arbeit eingegrenzt werden. Aus der Zielsetzung ergibt sich der Betrachtungsbereich der additiven Fertigungstechnologien. Mit Blick auf die Planung und Effizienzsteigerung von Prozessketten sind zusätzlich die Grundlagen der Fabrikplanung von Relevanz für die weiteren Ausarbeitungen. Um konkrete, praxisnahe Aussagen über das Leistungsverhalten des dynamischen Fabriksystems zu erhalten, wird auf simulationsbasierte Ansätze zurückgegriffen. Produktionsprogramme bilden in diesem Kontext den Ausgangspunkt für die Übersetzung der Anwendungsfälle in die Modellwelt.

2.1 Additive Fertigungstechnologien

Der Begriff additiver Fertigung wird im Kontext dieser Arbeit stellvertretend zu den weiteren in der Literatur zu findenden Begriffen generative Fertigungsverfahren, 3D-Druck, schichtadditive Fertigungsverfahren oder Additive Manufacturing verwendet. Additive Fertigungsverfahren bezeichnen diejenige Gruppe von Fertigungsverfahren, bei denen das Werkstück element- oder schichtweise aufgebaut wird [Ver14b, S. 3]. Normative Vorgaben für Deutschland sind durch die VDI-Richtlinie 3405 gegeben, internationale Vorgaben finden sich in der ISO/ASTM52900 bzw. ISO 17296.

2.1.1 Klassifizierung und Eigenschaften additiver Fertigungsverfahren

Additive Fertigungsverfahren können nach DIN 8580 zwei verschiedenen Klassen zugehören: Durch den bestimmenden Mechanismus des schichtweisen Aufbaus eines festen Körpers handelt es sich um urformende Fertigungsverfahren, wenn das Eingangsmedium formlos, z. B. als Pulverwerkstoff, vorliegt und um eine Kombination eines trennenden und eines fügenden Fertigungsverfahrens, wenn es sich beim Eingangsmedium bereits um ein vorbereitetes Werkstück, z. B. Folien mit Schichtkontur, handelt, wie sich aus Anwendung von [Deu03] ergibt.

Additive Fertigungsverfahren unterscheiden sich hinsichtlich verschiedener Kriterien, die auch bei der Verfahrensauswahl zu berücksichtigen sind. Zum einen können verschiedene Eingangswerkstoffe verarbeitet werden. Zu den verarbeitbaren Eingangswerkstoffen zählen Metalle, Kunststoffe, Formsand, Keramik und Papier. Die Eingangswerkstoffe können in verschiedenen Formen vorliegen. Verarbeitbar sind grundsätzlich gasförmige, feste, flüssige und pulverförmige Werkstoffe. Bei den bestehenden additiven Fertigungsverfahren können vier grundsätzlich verschiedene Bindungsmechanismen ausgemacht werden [Klo15, S. 134, Ver14b, S. 15f.], und zwar

- schichtweise-selektive Copolymerisation eines flüssigen Photopolymers durch per UV-Strahlung eingebrachte Aktivierungsenergie,
- schichtweise-selektive chemische Bindung eines Pulverwerkstoffes durch Einbringen eines Binders,

- schichtweise-selektives Sintern oder Schmelzen eines Pulver- oder Drahtwerkstoffes durch thermischen Energieeintrag, eingebracht per Laser- oder Elektronenstrahl und
- thermische oder chemische Fügeverfahren zum Verbinden vorgefertigter Folien.

Der Ausgangswerkstoff kann dabei in den Aggregatzuständen

- flüssig (Photopolymerisation im Stereolithografieverfahren),
- gasförmig (physikalisches Abscheiden aus Aerosolen oder chemisches Abscheiden aus der Gasphase),
- fest bzw. pulverförmig (Laminieren von ausgeschnittenen Platten oder Folien, Extrusion von Materialien, Verkleben eines pulverförmigen Grundwerkstoffs mit einem Binder sowie durch direktes Aufschmelzen oder Sintern von Pulverwerkstoffen)

vorliegen [Geb14, S. 47].

Bei gegebener hoher Relevanz metallischer Werkstoffe in industriellen Anwendungen erlangt das Laser-Strahlschmelzen[3] derzeit die höchste industrielle Relevanz. Es erfüllt industrielle Anforderungen hinsichtlich Genauigkeit, Oberflächenbeschaffenheit und Festigkeit im Vergleich mit weiteren metallischen Fertigungsverfahren am besten [Gru15b]. Es stellen sich jedoch durch die Verwendung reaktiver Werkstoffe und durch erforderliche unterstützende und nachgelagerte Aktivitäten große Herausforderungen an die verwendete Produktionsumgebung. Entsprechend fokussiert der Betrachtungs- und Gestaltungsbereich auf das metallische Laser-Strahlschmelzverfahren, wie in Abbildung 2-1 dargestellt.[4]

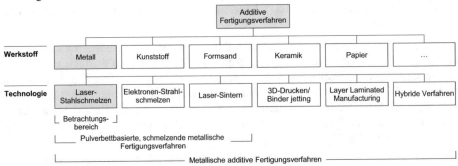

Abbildung 2-1: Additive Fertigungsverfahren und Betrachtungsbereich dieser Arbeit

---

[3] Die Bezeichnung nach [Ver14b] wird auf Grund des normativen Charakters für den deutschen Sprachraum hier zu Grunde gelegt. Es gibt weitere Begriffe, die das gleiche Verfahren bezeichnen. Dazu zählen die Begriffe Selective Laser Melting (SLM), LaserCUSING, DMLS, vgl. [WCC16, Geb13] sowie der neuerlich durch [Deu16] geprägte Begriff laserbasiertes Pulverbettschmelzen
[4] Durch die Vergleichbarkeit der Prozessabfolgen pulverbettbasierter, schmelzender metallischer Fertigungsverfahren können ermittelte Aussagen nach sorgfältiger Prüfung auf diese Gruppe übertragen werden

2.1.2 Fertigungsprozesskette des Laser-Strahlschmelzens

Sämtliche additive Fertigungsverfahren erfordern verschiedene Prozessschritte zur Vorbereitung, Durchführung und Nachbearbeitung, um Bauteile mit Ausgangsgeometrie und Materialeigenschaften zu erreichen, die für den industriellen Einsatz geeignet sind. In den verschiedenen Werken mit normativem oder prozesskettenübergreifendem Charakter[5] lassen sich Beschreibungen der Fertigungsprozesskette additiver Fertigungsverfahren finden, die ein uneinheitliches Bild der Prozesskette zeichnen. Um ein einheitliches und umfängliches Verständnis aufzubauen, werden daher zunächst die möglichen Schritte der Prozesskette auf Basis einer Literaturrecherche abgeleitet und anschließend unter Hinzunahme von Detailquellen und eigener Beobachtungen erörtert. Zur Erhöhung der Lesbarkeit wurde dabei auf die erneute Nennung der in den Abbildungen gezeigten Quellen verzichtet.

2.1.2.1 Schritte im Pre-Prozess

Die dem eigentlichen additiven Fertigungsprozess vorgelagerten Schritte heißen Pre-Prozess. Die 10 in Abbildung 2-2 dargestellten Schritte sind in bestehenden Quellen zu finden und werden nachfolgend beschrieben.

Autor	Erstellung Bauteilgeometrie	Daten aufbereiten	Bauteilanordnung festlegen	Hilfsgeometrien anlegen	Fertigungsdaten erstellen	Plattform abtragen	Plattform strahlen	Plattform prüfen	Bereitstellung Werkstoff / Konditionierung &	Maschinen-vorbereitung
WOHLERS (2016)	33	48f	49	45, 49						
KLOCKE (2015)	157	157ff	157ff	157ff	157ff				159	
MELLOR (2014)	195	195								195
VDI 3405 (2014)	6	6	6	6	6					6
DMRC (2013)		19		19						
GEBHARDT (2013)	26	27	27	27	4ff	188			27	26f
GRUND (2013)	21	21	48	48	21f				47	47
ZÄH (2013)	16f	11, 14f	17ff	14	14ff					17
ESCHEY (2012)	14	12	13	13	12, 14				14	12

Prozessschritt dokumentiert (Fundstellen mit Seitenangabe)

Abbildung 2-2: Schritte im Pre-Prozess der additiven Fertigungsprozesskette

Erstellung Bauteilgeometrie

Startpunkt für den Beginn der additiven Prozesskette ist ein digitales Abbild des zu fertigenden Bauteils. Die Erstellung der Bauteilgeometrie ist der eigentlichen Fertigungsprozesskette vorgelagert und wird hier lediglich im Sinne der Schnittstelle zum Entwicklungsprozess beschrieben. Bei der Erstellung der Bauteilgeometrie kommen CAD-

---

[5] Nachfolgend in Abbildung 2-2, Abbildung 2-5 und Abbildung 2-3 wurden die folgende Werke im Hinblick auf die Schritte der Fertigungsprozesskette analysiert: [WCC16], [Klo15], [MHZ14] (nicht spezifisch für das Laserstrahl-Schmelzen), [Ver14b], [Gau13], [Geb13], [Gru15b], [Zäh13], [Esc13]

Anwendungen zum Einsatz. Der Ursprung kann dabei die Vorstellung des Konstrukteurs oder ein reales Abbild sein.

Um die Anwendungsvorteile additiver Fertigungsverfahren hoher geometrischer Bauteilkomplexität zu erschließen, kommen bei der Neugestaltung von Bauteilen verschiedene Methoden zum Einsatz. Dazu zählen die Topologieoptimierung und das bionische Design[6] [ZePa16, ESK+11]. Bei der Digitalisierung realer Abbilder kommen 3D-Scansysteme zum Einsatz.

Bei der Erstellung der Bauteilgeometrie sind die Restriktionen additiver Fertigungsverfahren zu berücksichtigen und mögliche Vorteile strukturiert zu nutzen. Konstruktionsempfehlungen geben praxisorientierte Hinweise für das verfahrens- und nachbearbeitungsgerechte Gestalten der Geometrie. So sind beispielsweise Mindestmaße für Bohrungen und Wandungen, Maßnahmen zur Vermeidung von Supportstrukturen sowie Zugänglichkeiten von Supportstrukturen einzuhalten [KHE15, Ver15].

Daten aufbereiten

Eingangsgröße für die Datenvorbereitung der generativen Fertigung sind die vollständigen Geometriedaten als dreidimensionales Volumenmodell. Bereits in diesem Modell sind notwendige Auf- und Untermaße vorzusehen, falls die additiv gefertigten Bauteile Folgebearbeitungen unterliegen. Die Geometriedaten sind nach dem Stand der Technik in das STL-Datenformat[7] zu überführen. Die VDI-Richtlinie 3405 gibt anwendungspraktische Hinweise für die Wahl geeigneter Parameter. Die exportierten STL-Daten müssen korrigiert oder repariert werden, wenn Formatierungsfehler vorliegen [Ver14b, S. 30].

Bauteilanordnung festlegen

Sofern das Produktionsprogramm der betrachteten Fabrikstruktur nicht in Form von Baujobdaten vorliegt, werden Fertigungsaufträge zunächst zu Baujobs zusammengefasst und in einem geplanten Bauraum platziert und orientiert. Dieser Schritt dient einerseits der Erhöhung der Maschinenauslastung und andererseits der Sicherstellung der Bauteileigenschaften. Verschiedene Anforderungen sind zu gewährleisten:

–   Kollisionsfreiheit der Bauteilgeometrien,
–   geringe Oberflächenauswirkungen durch Rückstände von Hilfsgeometrien und Stufeneffekt,
–   hohe Werkstückausnutzung des Bauraums,
–   gleiche auf den Baujob bezogene Post-Prozessfolge, z. B. in der Wärmebehandlung,
–   Vermeidung großer Sprünge in der Querschnittsfläche aufeinanderfolgender Schichten [MaKö11] und
–   Vermeidung großer Belichtungsflächen zur Verringerung der Neigung zum Aufrollen (Curling) [MaKö11].

Zur Unterstützung und (teilweisen) Automatisierung der Bauteilanordnung existieren verschiedene Ansätze. Bereits bei einem einzigen Bauteil gibt es unbegrenzte Orientie-

---

[6] Der Einsatz bionischer Analogien kommt v. a. bei der Interpretation von Ergebnissen einer Topologieoptimierung durch den Konstrukteur zum Einsatz, vgl. [ESK+11]

[7] STL steht für Stereolithografie [AST12] bzw. Surface Tesselation Language [Ver14b] und hat sich als Quasi-Industriestandard in der additiven Fertigung weltweit etabliert [Zäh13, S. 27]

rungs- und Positionierungsmöglichkeiten. Die Vielzahl an Teilen und genannten Anforderungen erhöht die Gestaltungsalternativen noch weiter. Die entwickelten Algorithmen kommerziell erhältlicher Softwaresysteme reduzieren die Bauteilanordnung zumeist auf ein Packungsproblem [ZGB16]. Es liegt ein multikriterielles NP-schweres Problem vor, für welches bisher genetische Algorithmen und Algorithmen der simulierten Abkühlung (simulated annealing) untersucht wurden, vgl. [ZGB16]. Da beim metallischen Laser-Strahlschmelzen die oben genannten Anforderungen hohen Einfluss auf die Qualität der produzierten Bauteile haben, steht die Optimierung der Packungsdichte in der Praxis im Hintergrund. Infolgedessen findet eine erfahrungsbasierte Bauteilanordnung durch den Arbeitsvorbereiter statt [Möh17a].

Hilfsgeometrien anlegen

Supportstrukturen sollten, wo möglich, bereits durch die Bauteilgeometrie vermieden werden. Für einige Werkstücke ist der vollständige Entfall jedoch nicht möglich. So sind Supportstrukturen in folgenden Fällen empfohlen bzw. erforderlich:

- zum homogenisierten Abtransport von Wärme. Die Wärmeleitfähigkeit des Pulverbetts ist kleiner als die eines Festkörpers aus Vollmaterial; die Differenz kann zu inhomogenem Gefüge und Eigenspannungen führen [GaWo16],
- bei hohen Überhangwinkeln[8] vom Werkstück zum Pulverbett. Bei der Einwirkung der Laserenergie führen Lücken im Pulverbett dazu, dass Teile der Energie in darunterliegende Pulverschichten gelangen. Ferner kann das Schmelzbad in das Pulverbett eindringen und absinken oder teilverschmolzene Partikel anhaften [GaWo16, ChSm11] und
- um Eigenspannungen entgegenzuwirken und zu verhindern, dass sich Bauteile in Folge verformen [GaWo16].

Supportstrukturen müssen so angelegt sein, dass sie nach Abschluss des Fertigungsprozesses wieder entfernt werden können; auch eine Entfernung von Rückständen nach Abtrennung des Supports vom Bauteil kann erforderlich sein [KHE15]. Gängige Softwarepakete bieten verschiedene vordefinierte Geometrietypen an, z. B. Block, Konus oder Vollvolumen.

Fertigungsdaten erstellen

Unter Beachtung der gewählten Fertigungsparameter, wie z. B. Schichtstärke oder Hatchstrategie[9], werden die Fertigungsdaten erstellt. Diese umfassen einerseits den für die Fertigung verwendeten werkstoffspezifischen Parametersatz, der unter anderem die Kombination aus Scangeschwindigkeit und Leistung und den Hatchabstand vorgibt. Andererseits umfassen sie den Slice, der die dreidimensionale Geometrieinformation eines Baujobs in 2D-Schichtdaten der vorgegebenen Schichtstärke überführt. Die 2D-Schichtdaten enthalten die Beschreibung des Belichtungsvektors, der den eigentlichen Generierprozess steuert. Durch die Kombination aus Werkstoff- und Fertigungsparame-

---

[8] Beispielsweise besteht für den Werkstoff TiAl6V4 ab einem Überhang zur z-Achse von 50° die Empfehlung, ab 80° die Notwendigkeit von Supportstrukturen

[9] Unter Hatchstrategie werden Belichtungsvorgaben (z. B. Scangeschwindigkeit/Leistung, Vorgaben zur Vektorbildung) für verschiedene Bauteilbereiche (z. B. Hüllbereich, Kernbereich, Oberflächen) verstanden; dabei kann ein Bereich z. B. durchgängig in x- oder y-Richtung, streifen- oder quadratweise unterschiedlich, oder nach weiteren Regeln belichtet werden, vgl. [Mun13, S. 90]

tern können die Bauteilqualität und die Fertigungszeit erheblich beeinflusst werden [Gru15b, GHZ14].

Plattform abtragen, strahlen und prüfen

Nach einem Bauprozess werden Werkstücke und Supportstrukturen von der Grundplatte getrennt, und es verbleiben Bearbeitungsreste auf der Plattform. Außerdem kann sich Verzug in Folge von prozessbedingten Eigenspannungen oder Wärmebehandlung einstellen und die Ebenheit und Planparallelität der Plattformhauptflächen einschränken. Um die Plattform im additiven Fertigungsprozess verwenden zu können, muss diese jedoch zu Prozessbeginn möglichst gleichmäßig und dünn eingebettet sein. Da sie aus Kostengründen als Umlaufgut mehrfach verwendet wird, muss sie nach jeder Verwendung zunächst abgetragen und geprüft werden. Dazu kommt ein Fräs- oder Schleifprozess zum Einsatz. Um eine gute Verbindung mit den ersten aufgebrachten Schichten zu ermöglichen, hat sich in der Praxis ein abrasiver Strahlprozess etabliert, der die Haftung des Pulvers der ersten Schichten auf der Oberfläche verbessert [Möh17a, Geb13, S. 188].

Konditionierung und Bereitstellung Werkstoff

Der verwendete Pulverwerkstoff muss vor der Verwendung zu Sicherstellung der geeigneten Partikelgrößenverteilung mit Partikeldurchmessern unter 50 µm, vgl. [Geb13, S. 517], in einer Siebstation aufbereitet werden. Bei Lagerung und Mehrfachverwendung des Metallpulvers kann es zu Agglomerationen von Partikeln kommen, deren Auswirkungen auf den Prozess auszuschließen sind. Der Siebvorgang findet bei reaktiven Werkstoffen unter Schutzgasatmosphäre statt. Die Maschinenhersteller bieten zunehmend auch integrale Lösungen an, bei denen überschüssiges Pulver schon parallel zum Generierprozess gesiebt wird und erneut zur Verfügung steht.

Maschinenvorbereitung

Zur Vorbereitung der additiven Fertigungsmaschine muss die Plattform in die Maschine montiert werden. Im Bedarfsfall werden Maschinenkomponenten, wie z. B. Schutzgasfilter, Beschichterlippen/-klingen, erneuert. Anschließend wird eine geringe Pulvermenge auf die Plattform gegeben und durch mehrfaches Verfahren des Beschichtersystems verteilt. Sobald ein gleichmäßiges Pulverbett erzeugt ist, kann der Generierprozess (In-Prozess) beginnen.

2.1.2.2   Schritte im In-Prozess

Im In-Prozess finden die eigentlichen Fertigungsabläufe statt. Darüber hinaus werden im In-Prozess die Schritte betrachtet, die erforderlich sind, um die Generiermaschine erneut in den Ausgangszustand zu versetzen. Insgesamt konnten 7 verschiedene Schritte gefunden werden, Abbildung 2-3.

Autor	Prozesskammer inertisieren/temperieren	Beschichtungsvorgang	Belichtungsvorgang	Abkühlen der Prozesskammer	Pulver entfernen	Plattform entfernen	Prozesskammer reinigen
WOHLERS (2016)		41	41		45, 50		
KLOCKE (2015)	147	140	135, 140				158
MELLOR (2014)		195	195				195
VDI 3405 (2014)		6			6f		
DMRC (2013)		19	19	17	17		19
GEBHARDT (2013)	157	157ff	157ff	66	188	188	
GRUND (2013)	48f	29f, 50	29f, 50		51		51
ZÄH (2013)	17	11, 17	17				
ESCHEY (2012)	14	14	14				14

Prozessschritt dokumentiert (Fundstellen mit Seitenangabe)

Abbildung 2-3: Schritte im In-Prozess der additiven Fertigungsprozesskette

Prozesskammer inertisieren/temperieren

Vor der Fertigung des Baujobs ist Inertisieren und teilweise Temperieren erforderlich. Die Vorgänge erfolgen automatisiert und benötigen keine manuellen Eingriffe.

Im Rahmen des Inertisierens wird die Prozesskammer der Maschine mit Schutzgas geflutet und so sukzessive die Sauerstoffkonzentration abgesenkt. Der zu erzielende Restsauerstoffgehalt liegt materialabhängig zwischen 0,1 und 3,5% [Geb13, S. 157]. Durch Inertisieren wird einerseits einer Oxidation mit einhergehender Verschlechterung der mechanischen Eigenschaften des verarbeiteten Materials vorgebeugt und andererseits die Brandgefahr reaktiver Pulverwerkstoffe adressiert. Als Schutzgas wird Argon für reaktive Werkstoffe, wie z. B. Aluminium oder Titan, und Stickstoff für die übrigen Werkstoffe, wie z. B. Stahl, eingesetzt.

Durch Temperierung können Eigenspannungen vermieden werden [BSM+11]. Praxistypische Bauraumvorheizungen erreichen heute Temperaturen von rund 200 °C, in eingeschränkten Bereichen werden auch Lösungen mit rund 500 °C angeboten. Dadurch, dass die Wärmeenergie über die Plattform eingetragen wird, stellt sich ein Temperaturgradient mit abnehmenden Temperaturen in z-Richtung ein. Die eigenspannungsvermindernde Wirkung reduziert sich entsprechend.

Baujob fertigen

Sobald die Prozessbedingungen hergestellt sind und die Fertigungsdaten vorliegen, kann der eigentliche additive Fertigungsprozess beginnen.

Der grundlegende Aufbau einer Generiermaschine und die Hauptschritte des Prozesses sind in Abbildung 2-4 vorgestellt. Zu Beginn des Prozesses wird die Plattform um eine Schichtstärke (typ. 20-200 µm) abgesenkt. Dann wird durch das Beschichtungssystem Werkstoffpulver aufgetragen. Anschließend wird der Laser durch das Scanner-System entlang des schichtspezifischen Belichtungsvektors projiziert und so die Bauteilkontur der Schicht aufgeschmolzen. Unmittelbar nach dem Belichtungsvorgang erstarrt das

Material wieder und der beschriebene Ablauf beginnt erneut mit dem Absenken der Plattform um eine Schichtstärke, bis alle Schichten und somit der Baujob gefertigt sind.

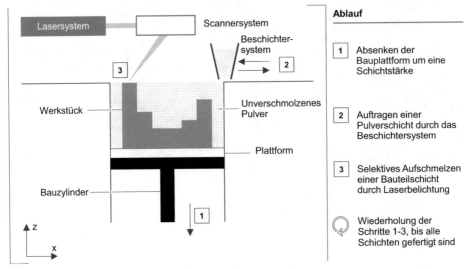

Abbildung 2-4: Fertigungsprinzip und grundlegender Aufbau einer Generiermaschine

Parallel zum beschriebenen Fertigungsablauf, der unbeaufsichtigt ablaufen kann, erhält die Maschinenregelung die Schutzgasatmosphäre und Temperatur konstant. Optional erhältliche Qualitätssicherungssysteme sammeln kontinuierlich Prozessinformationen, auf deren Basis im Nachgang potenzielle Bauteildefekte ermittelt werden können. [Mei99, S. 50ff.]

Abkühlen der Prozesskammer
Wurde die Prozesskammer temperiert, so muss diese vor den weiteren Schritten abkühlen. Dies geschieht primär durch Wärmeabgabe über die Maschinenstruktur an die Umgebung. Ab einer Temperatur von ca. 100 °C kann der Werker mit dem Auspacken beginnen und das Pulver entfernen.

Pulver entfernen
Nach Abschluss des Prozesses bzw. dem Abkühlen der Prozesskammer muss das unverschmolzene Restpulver entfernt werden, um die Bauplattform entfernen und die Werkstücke in den Folgeschritten weiterverarbeiten zu können. Dazu wird die Bauplattform langsam schrittweise angehoben und das Restpulver entfernt, indem es in die meist seitlich neben dem Bauzylinder befindlichen Überläufe befördert wird.

Plattform entfernen
Die vom Restpulver befreite Plattform wird durch Lösen der Befestigungsschrauben wieder aus dem Bauzylinder entfernt. Um Pulverreste aus den Supportstrukturen und weiteren schwer zugänglichen Stellen zu entfernen, bietet es sich an, die Plattform noch auszuklopfen.

Prozesskammer reinigen

Um die Generiermaschine wieder für die erneute Verwendung verfügbar zu machen, wird noch die Prozesskammer gereinigt. Insbesondere werden Pulverreste unter Verwendung eines Industriesaugers mit Nassabscheider entfernt. Ferner werden der Bauraum und insbesondere die im Strahlengang liegenden Abdeckscheiben von Schmauch befreit.

2.1.2.3 Schritte im Post-Prozess

Unter Post-Prozess werden die dem additiven Fertigungsprozess nachgelagerten Schritte gefasst. Wie in Abbildung 2-5 dargestellt, zeigt die bestehende Literatur verschiedene Aktivitäten dieser Kategorie, die jederzeit anwendungsspezifisch erweitert werden können.

Autor	Bauteile reinigen	Spannungsarm-glühen	Trennen von Bauteilen und Plattform	Entfernen von Hilfsgeometrien	heißisostatisches Pressen	Strahlen	Qualitätssicherung (Stoffzusammenhalt)	mech. Verbesserung der Eigenschaften	allg. Verbesserung der Oberflächenqualität	Verbesserung der Haptik
WOHLERS (2016)	50	45, 50	45, 51	45, 51	50	45ff			45ff	45, 51
KLOCKE (2015)	135			158	69		158		129	
MELLOR (2014)		197		197			199			
VDI 3405 (2014)	11			6ff, 11		11		7	7	7
DMRC (2013)				19						
GEBHARDT (2013)	161			188		161			161	
GRUND (2013)	51	51	51	51		51			51	
ZÄH (2013)	53			19, 114		19			19	
ESCHEY (2012)							15	15	15	15

☐ Prozessschritt dokumentiert (Fundstellen mit Seitenangabe)

Abbildung 2-5: Schritte im Post-Prozess der additiven Fertigungsprozesskette

Bauteile reinigen

Unmittelbar nach den Schritten des In-Prozess müssen die Bauteile von anhaftenden Partikeln befreit werden. Angesinterte oder geschmolzene Partikel lassen sich z. B. durch Strahlen (s. u.) entfernen. Für die Verwendung von Bauteilen in Bereichen mit hohen Reinlichkeitsanforderungen, wie z. B. der Medizintechnik, muss die Reinigung nach allen Bearbeitungs- und Handhabungsschritten erfolgen, um etwaige dabei auftretende Verunreinigungen zu entfernen.

Spannungsarmglühen

Im Generierprozess bilden sich durch das schichtweise Aufschmelzen des Werkstoffs Eigenspannungen heraus. Bei der lokalen Belichtung eines Vektors mit dem fokussierten Laserstrahl führt die eingetragene Energie zu einer thermisch bedingten Ausdehnung, die durch umgebendes Material behindert wird. Sobald die sich ergebenden Spannungen über der Fließgrenze liegen, bilden sich im Einflussbereich plastische Verformungen heraus, die im Bauteil verbleiben. Zu Beginn eines Scanvektors ergibt sich eine plastische Stauchung und am Ende eine plastische Dehnung, im Mittel verbleibt eine Dehnung

[BSM+11]. Damit diese Eigenspannungen den Generierprozess nicht beeinträchtigen (Curling-Effekt), werden Bauraumvorheizungen verwendet und Werkstücke durch Supportstrukturen befestigt. Nach Abschluss des Prozesses empfiehlt es sich, die verbleibenden Eigenspannungen durch eine Wärmenachbehandlung zu senken, da sie einerseits die mechanischen Eigenschaften des Bauteils beeinträchtigen und andererseits zu einem Verzug des Bauteils führen können, sobald die Bauteile und Supportstrukturen von der Plattform entfernt werden, siehe Folgeschritt. Als Wärmebehandlung kommt das Spannungsarmglühen zum Einsatz.

Beim Spannungsarmglühen ist keine wesentliche Veränderung von Festigkeitseigenschaften gewünscht, sodass die verwendete Temperatur unter der Umwandlungstemperatur Ac_l oder bei vergüteten Werkstoffen unter der Anlasstemperatur[10] liegen muss. Durch die Reduzierung der Festigkeit des Werkstoffs bei zunehmender Temperatur werden Eigenspannungen dann bis auf die geringe Warmstreckgrenze abgebaut. Es folgt eine anschließende, sehr langsame Abkühlung, sodass durch Temperaturdifferenzen im Werkstück keine neuen Spannungen entstehen [BaSc05, S. 162f.].

Bauteile und Plattform trennen

Nur in seltenen Fällen[11] beinhaltet das finale Bauteil die Plattform. Daher müssen die stoffschlüssig verbundenen Bauteile wieder von der Plattform getrennt werden. Als Fertigungsverfahren wird üblicherweise das Drahterodieren oder Sägen mittels Bandsäge eingesetzt. Auch chemisches Abtragen wird als Verfahren untersucht, vgl. [SEM17].

Durch die geringere thermische und mechanische Belastung eignet sich das Drahterodieren besonders gut für Bauteile mit dünnwandigen Strukturen. Bei dem Verfahren wird Material durch elektrische Entladung zwischen zwei leitenden Werkstoffen abgetragen. Werkstück und der Werkzeugdraht befinden sich in einer dielektrischen Flüssigkeit und sind an der Schnittkante durch einen Spalt getrennt. Nach Anlegen einer genügend großen Spannung an den Draht bildet sich ein Plasmakanal heraus, durch den Material abgetragen wird [KlKö07, S. 3]. Zum Trennen von Bauteilen und Plattform wird ein gerader Schnitt wenige Millimeter oberhalb der Plattformoberseite durchgeführt. So werden die Supportstrukturen bzw. Bauteil-Offsets, s. o. im Abschnitt Hilfsgeometrien anlegen, durchtrennt. Dabei verbleiben kleinere Rückstände auf der Plattform, die im Schritt Plattform abtragen entfernt werden.

Entfernen von Hilfsgeometrien

Wenn beim Aufbau des Bauteils Stützstrukturen verwendet wurden, verbleiben nach dem Trennen von Bauteilen und Plattform deren Rückstände am Bauteil. Die Entfernung findet weitgehend manuell statt, indem ein Werker diese herausbricht oder schneidet. Dabei ist darauf zu achten, die Geometrien vollständig zu entfernen und dem Bauteil keinen Schaden zuzufügen. Es können Hilfsmittel, wie z. B. Trennschleifer, Meißel und Feilen eingesetzt werden.

---

[10] Bei der hier diskutierten, unmittelbaren Durchführung des Spannungsarmglühen direkt nach dem additiven Fertigungsprozess nicht relevant, da diese nicht vergütet sind

[11] Teilweise werden hybride Bauteile gefertigt, in denen auf mit konventionellen Fertigungsverfahren gefertigte Grundkörper durch additive Verfahren aufgebaut wird; Diese Grundkörper werden meist auf der Plattform verschraubt und können somit einfach demontiert werden

Heißisostatisches Pressen

Beim heißisostatischen Pressen werden die Werkstücke in einer Argon-gefluteten Kammer gleichzeitig mit Temperatur und Druck durch das Inertgas beaufschlagt. Durch Hitze und Druck werden Defekte und innenliegende Poren verschlossen und durch Diffusion verbunden. Eingeschlossene Pulverreste und Sinterkomponenten werden weiter verdichtet, was zu einer Verbesserung der mechanischen Eigenschaften führt [AtDa00]. Heißisostatisches Pressen wird bei laser-strahlgeschmolzenen metallischen Bauteilen verwendet, um erhöhte dynamische Eigenschaften im Vergleich zu unbearbeiteten oder anderweitig wärmebehandelten Bauteilen zu erzielen [GKL+16, RRS16, WSH+15]. Die typischen Temperaturen liegen bei 500 °C für Aluminium und ca. 1000 °C für Stähle, Titan und -legierungen, bei einem Druck von 100 MPa [AtDa00].

Strahlen

Abrasives Strahlen wird verwendet, um metallische Bauteile von angeschmolzenen oder angesinterten Partikeln zu befreien und die Oberflächenqualität zu verbessern. Verfestigendes Strahlen dient dazu, Druckeigenspannungen einzubringen, vgl. [Ver11a]. Für die gängigen Werkstoffe der additiven Fertigung werden z. B. Korund als Strahlmittel zum abrasiven und Glasperlen zum verfestigenden Strahlen verwendet.

Qualitätssicherung (Stoffzusammenhalt)

Je nach Umfang der nachgelagerten Fertigungsverfahren liegen der damit verbundene Aufwand und die verursachten Kosten in gleicher Größenordnung wie der additive Fertigungsprozess. Um zu verhindern, dass in den nachgelagerten Fertigungsverfahren Ausschuss prozessiert wird, bietet es sich daher an, die von der weiteren Bearbeitung nicht betroffenen Bereiche des Bauteils möglichst direkt nach dem additiven Fertigungsprozess zu prüfen [PfSc10, S. 114].

Zum zerstörungsfreien Prüfen von additiv gefertigten Bauteilen ist die Computertomographie gut geeignet, da sie innenliegende Defekte, Einschlüsse und Poren bei komplexer Bauteilgeometrie ggü. anderen zerstörungsfreien Messverfahren, wie z. B. Ultraschall, besser erkennen kann. Es eignet sich ebenfalls für das dimensionale Vermessen der Werkstückkonturen [PfSc10, 346ff].

Nachgelagerte Fertigungsverfahren

Zur weiteren Verbesserung der geometrischen und mechanischen Eigenschaften des Werkstücks können prinzipiell alle Fertigungsverfahren nach DIN 8580 mit Ausnahme des bereits erfolgten Urformens zum Einsatz kommen. Besondere Anforderungen im Kontext additiver Fertigung ergeben sich zumeist aus den komplexen Geometrien bzw. kleinen Stückzahlen. Zu den am häufigsten verwendeten Fertigungsverfahren zählt die Zerspanung, v. a. Fräsen, Drehen und Schleifen, womit sich Form- und Lagetoleranzen sowie die Oberflächengüten verbessern lassen. Im Kontext komplexer Geometrien und kleiner Stückzahlen werden v. a. folgende Fertigungsverfahren diskutiert [WCC16, S. 46, Geb13, S. 161]:

–   das Gleitschleifen, das jedoch mit Nebeneffekten wie Kantenverrundung einhergeht,

–   chemisches und elektrochemisches Abtragen und

– das chemische, fluidgestützte Abtragverfahren Micro-Machining, das jedoch spezifische Mikrowerkzeuge benötigt und im Gegensatz zu den erstgenannten Verfahren für kleine Stückzahlen weniger geeignet erscheint.

Die Auswahl der notwendigen und geeigneten Verfahren ergibt sich aus den Produktanforderungen.

Qualitätssicherung (Geometrie)

Da die Oberflächeneigenschaften durch nachgelagerte Schritte signifikant beeinflusst werden, ist das Prüfen dieser erst nach Abschluss der Fertigungsprozesskette vorzusehen. Der arithmetische Mittenrauwert R_a ist die am weitesten verbreitete Maßgröße. Zur Oberflächentopographie kommen taktile Profilmessung und flächenhafte Messverfahren am häufigsten zum Einsatz [TSB+16].

2.1.2.4 Zusammenfassende Darstellung der Prozesskette des Laser-Strahlschmelzens

Die einzelnen, beschriebenen Prozessschritte der Prozesskette des Laser-Strahlschmelzens wurden mit Abbildung 2-6 in eine gesamthafte Darstellung überführt. Auf Basis der sich ergebenden Notwendigkeit der einzelnen Fertigungsschritte findet eine Unterscheidung in obligatorische und optionale Schritte statt. Obligatorische Schritte werden für jeden Fertigungsvorgang durchlaufen, optionale Schritte nur unter bestimmten Bedingungen, wie z. B. dem ersten Fertigungsvorgang eines Produktes.

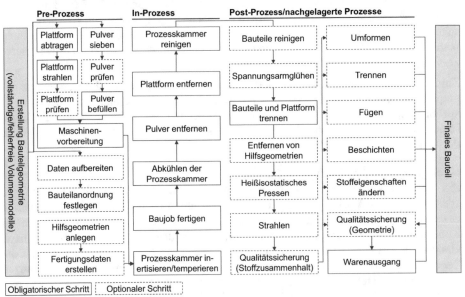

Abbildung 2-6:　Prozesskette des additiven Fertigungsverfahrens Laser-Strahlschmelzen, vgl. [MöEm16]

2.1.3 Einsatzgebiete additiver Fertigungsverfahren

Gründe für den Einsatz

Additive Fertigungsverfahren stehen in Konkurrenz zu konventionellen Verfahren. Die Wirtschaftlichkeit des Einsatzfalles hängt dabei von den beiden fundamentalen Eigenschaften Individualität und Komplexität ab. Abbildung 2-7 zeigt den grundlegenden Zusammenhang: Je individueller das Produkt, d. h. je geringer die Produktionsstückzahl, desto größer ist der ab einer Schwelle vorliegende komparative Vorteil in den Dimensionen Kosten und Durchlaufzeit[12] eines Auftrags durch das Fertigungssystem beim Einsatz additiver Fertigungsverfahren. Selbiges gilt für die geometrische Komplexität des Bauteils: Je höher die Komplexität, desto größer die Wirtschaftlichkeit der additiven Fertigungsverfahren.

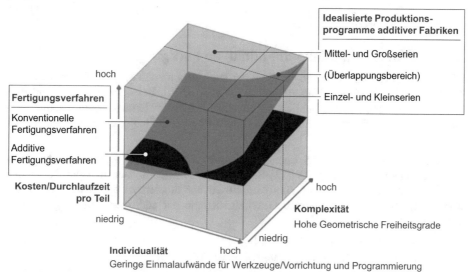

Abbildung 2-7: Produktbezogene Einsatzpotenziale additiver Fertigungsverfahren [MöEm16]

Die beschriebenen Vorteile ergeben sich aus den Unterschieden der zu Grunde liegenden Prozessketten. Bei den additiven Fertigungsverfahren werden Produkte schichtweise aufgebaut, unabhängig von der Geometrie des Endbauteils; aus der Gestalt der Schichtgeometrie ergeben sich dabei keine Auswirkungen auf den Fertigungsablauf [Geb14, S. 137f.]. Produktspezifische Werkzeuge oder manuelle produktspezifische Programmierung sind daher nicht erforderlich. Somit weisen additive Fertigungsverfahren einen weitgehend konstanten Kostenverlauf über die Stückzahl und Komplexität auf [Ver15, S. 5f.]. Konventionelle Fertigungsverfahren benötigen demgegenüber Werkzeuge oder produktspezifische Maschinenprogrammierung, deren Aufwand mit der Geometriekomplexität des Produktes typischerweise ansteigt. Aus dem ansteigenden Werkzeug-, Vor-

---

[12] Der Begriff Durchlaufzeit bezeichnet in dieser Arbeit die Zeitspanne vom Eingang eines Kundenauftrags ins Fabriksystem bis zu dessen Fertigstellung; eine genaue Definition findet sich in Abschnitt 4.3.1.3

richtungs- und Programmieraufwand ergibt sich ein ansteigender Kostenverlauf konventioneller Fertigungsverfahren über die geometrische Komplexität, während die abnehmenden Kosten bei zunehmender Stückzahl aus Degressionseffekten resultieren.

Anwendungen

Weit verbreitet ist die Unterscheidung der Anwendungen in Rapid Prototyping, Rapid Tooling und Rapid Manufacturing [Klo15, S. 130, Ver14b, S. 4, Geb13]. Diese Unterscheidung deutet nicht auf drei technisch verschiedene Verfahren hin, sondern bezieht sich auf die Verwendung der Produkte als Prototypen, Werkzeuge und Endprodukte.

Neben diesen Produkten ergeben sich aus den beiden oben beschriebenen Wirkprinzipien weitere abgeleitete Einsatzmöglichkeiten additiver Fertigungsverfahren. Primär durch die Möglichkeit, in kleinen Stückzahlen schneller und/oder wirtschaftlich zu produzieren, ergeben sich verschiedene Einsatzfälle, die nachfolgend auf Ebene von Geschäftsmodellen diskutiert werden.

2.1.4 Geschäftsmodelle der additiven Fertigung

Das Konzept des Geschäftsmodells dient der stark vereinfachten, aggregierten Beschreibung der Aktivitäten eines Unternehmens [Wir13, S. 70]. Bei der Gestaltung von Fabrikstrukturen kommt es maßgeblich auf die gestellten Anforderungen bzgl. Produktionsprogrammen und Zielgrößen an, die durch Geschäftsmodelle aggregiert gefasst werden können.

Geschäftsmodelle können den Ebenen Industrie, Unternehmen, Geschäftseinheit oder Produkt zugeordnet werden [Wir13, S. 70ff., WPU+16], von denen nachfolgend hinsichtlich der Fokussierung auf Fabrikstrukturen nur die letzten drei weiter betrachtet werden. Es können die folgenden Geschäftsmodelle der additiven Fertigung auf Produktebene abgeleitet werden:

- Mass Customization [CMM+14],
- Individuelle Einzelstücke [Mar14, S. 6f., CMM+14],
- Mass Complexity Manufacturing [CMM+14] und
- Komplexe Einzelstücke [Klo15, S. 166ff., Mar14, S. 6, Ver15, BGG+13, CMM+14].

Auf Geschäftsbereichsebene lassen sich die Geschäftsmodelle

- Ersatzteile on demand [MBR+16, Mar14, S. 6f.],
- Rapid Repair [AGB+17, BBB+16, KDH15b, BGG+13],
- Digital Warehouse [KDH15a, D'A15] und
- Smart Platform [RuEm17, EMM+17]

ausmachen. Auf Unternehmensebene können

- 3D-Druck-Dienstleister [WCC16],
- Entwicklungsdienstleister [WCC16],
- Plattform-/Marktplatzbetreiber [D'A15, Bal15] und
- Maschinenhersteller

beobachtet werden. Die Aufzählung dieser Geschäftsmodelle erhebt keinen Anspruch auf Vollständigkeit, auch vor dem Hintergrund, dass jederzeit neue Modelle konfiguriert werden können.

Zur strukturierten Beschreibung von Geschäftsmodellen existiert eine Vielzahl unterschiedlicher Ansätze [WPU+16, BKK11, S. 1f.], unter denen „The 9 building blocks" von OSTERWALDER und PIGNEUR [OsPi10] mutmaßlich die größte Bekanntheit erlangt hat und sich für strukturierte Erfassungen etabliert hat [RHT+17]. Unter die „9 building blocks" fallen die nachfolgend als Geschäftsmodellelement verwendeten Aspekte Nutzenversprechen, Kundensegmente und -beziehungen, Kanäle, Schlüsselaktivitäten, -ressourcen und -partner sowie Kostenstruktur und Erlöse. Zur Strukturierung werden hier analog zu [RHT+17, GüHo13] noch die vier übergeordneten Geschäftsmodelldimensionen Nutzen, Kunden, Wertschöpfung und Finanzen eingeführt.

Abbildung 2-8 und Abbildung 2-9 sind im Rahmen der Bachelorarbeit [Laf16] erstellt worden und stellen Geschäftsmodelle der additiven Fertigung auf Basis einer Marktanalyse dar. Einige der Geschäftsmodelle, wie z. B. Mass Customization oder Entwicklungsdienstleister existieren auch ohne additive Fertigungsfunktion. In den Darstellungen sind nur die jeweiligen Ausprägungen bei Einsatz additiver Fertigung dargestellt. Für Geschäftsmodellvariablen wurden zugehörige Geschäftsmodelloptionen ermittelt. Dabei wurde der Fokus auf solche Geschäftsmodellvariablen und -optionen gelegt, die als wesentlich zur Beschreibung der Geschäftsmodelle der additiven Fertigung angesehen werden können. Für jedes betrachtete Geschäftsmodell wurde dann bewertet, ob die Option ein konstitutives Merkmal oder eine charakteristische Gestaltungsmöglichkeit darstellt. Konstitutive Merkmale sind notwendige Bestandteile des jeweiligen Geschäftsmodells, charakteristische Gestaltungsmöglichkeiten sind charakteristischerweise, jedoch keinesfalls notwendigerweise erfüllt.

Fragestellung:
Ist die Geschäftsmodelloption (Zeile i) in dem Geschäftsmodell (Spalte j) enthalten?

✓ als konstitutives Merkmal

✓ als charakteristische Gestaltungsmöglichkeit

GMD	GME	GMV	Geschäftsmodelloption	Mass Customization	Individuelle Einzelstücke	Mass Complexity Manufacturing	Komplexe Einzelstücke	Ersatzteile on demand	Rapid Repair	Digital Warehouse	Smart Plattform	3D-Druck-Dienstleister	Entwicklungsdienstleister	Plattform-/Marktplatzbetreiber	Maschinenhersteller
Nutzendimension	Nutzenversprechen	Individuelle Anpassung	vordefinierte Konfigurationsmöglichkeiten	✓											
			hoher Individualisierungsgrad		✓		✓					✓	✓		
		Innovation	Topologieoptimierung (bionische Strukturen)			✓	✓					✓	✓		
			Funktionsintegration			✓	✓					✓	✓		
			Integralbauweisen			✓	✓					✓	✓		
			additive Fertigungsmaschine und zugehörige Werkstoffe												✓
		Kosten-reduzierung/ Optimierung	geringerer Ressourceneinsatz			✓	✓						✓		
			reduzierte Lagerhaltung					✓	✓	✓		✓			
			kurze Reaktionszeit/hohe Verfügbarkeit		✓		✓	✓	✓	✓					
			Outsourcing									✓	✓	✓	✓
			Schnittstellenreduzierung									✓		✓	
Kundendimension	Kundensegmente	Kundengruppe	Privatkunden (B2C)	✓	✓			✓				✓	✓	✓	
			Unternehmenskunden (B2B)		✓	✓	✓	✓	✓	✓	✓	✓	✓	✓	✓
		Branchen	Konsumgüter	✓	✓							✓		✓	✓
			Investitionsgüter		✓	✓	✓	✓	✓			✓	✓	✓	✓
			Medizingüter	✓	✓		✓					✓	✓	✓	✓
		Auftragsvolumen	Einzelfertigung	✓	✓		✓	✓	✓	✓		✓			
			Kleinserienfertigung		✓		✓					✓			✓
			Serienfertigung	✓		✓			✓						
		Standort	zentral	✓	✓	✓	✓	✓	✓	✓		✓	✓		✓
			dezentral		✓		✓	✓	✓	✓		✓			
			Vor-Ort (beim Kunden)					✓	✓	✓					
	Kundenbeziehungen	Betreuung	persönlich			✓	✓	✓	✓	✓		✓	✓		✓
			automatisch	✓				✓		✓	✓	✓		✓	
		Verträge	Kooperationsvertrag			✓		✓	✓	✓		✓	✓		✓
			Rahmenvertrag			✓		✓	✓	✓		✓	✓		
		Liefer-performance	schnelle Lieferzeit (24-72h)		✓		✓	✓	✓	✓		✓			
			Standardlieferzeit	✓	✓	✓	✓					✓			
	Kanäle	Schnittstelle	3D-Daten-Upload und Kostenkalkulation									✓	✓	✓	
			direkte Maschinenschnittstelle					✓		✓		✓			
		Kommunikation	E-Mail/persönlich		✓	✓	✓	✓	✓			✓	✓		✓
			Konfigurator (webbasiert)	✓											
			Plattform					✓	✓			✓	✓	✓	

Produktebene
Geschäftseinheitsebene
Unternehmensebene

GMD   Geschäftsmodelldimension
GME   Geschäftsmodellelement
GMV   Geschäftsmodellvariable

Abbildung 2-8: Ordnungsmatrix von Geschäftsmodellen der additiven Fertigung (Teil 1/2)

Fragestellung:
Ist die Geschäftsmodelloption (Zeile i) in dem Geschäftsmodell (Spalte j) enthalten?

✓ als konstitutives Merkmal

✓ als charakteristische Gestaltungsmöglichkeit

GMD	GME	GMV	Geschäftsmodelloption	Mass Customization	Individuelle Einzelstücke	Mass Complexity Manufacturing	Komplexe Einzelstücke	Ersatzteile on demand	Rapid Repair	Digital Warehouse	Smart Plattform	3D-Druck-Dienstleister	Entwicklungsdienstleister	Plattform-/Marktplatzbetreiber	Maschinenhersteller
Wertschöpfungsdimension	Schlüsselaktivitäten	Produktion	In-Prozess									✓			
			Prozesskettenteile	✓	✓	✓	✓	✓	✓	✓		✓			
			gesamte additive Prozesskette	✓	✓	✓	✓	✓	✓	✓		✓			
			additive Fertigungsmaschinen												✓
		Entwicklung	fertigungsgerechte Datenaufbereitung	✓	✓	✓	✓	✓	✓	✓		✓	✓		
			allgemeine Konstruktion	✓	✓										✓
			individuelle Konstruktion		✓		✓							✓	
			Topologieoptimierung			✓	✓							✓	
			Werkstoffe												✓
			Maschinentechnologie												✓
		Plattform	3D-Daten-Upload und Kostenkalkulation								✓	✓		✓	
			Brokerfunktion/Vermittler											✓	
	Schlüsselressourcen	Physische/IT-Ressourcen	additive Fertigungsmaschine	✓	✓	✓	✓	✓	✓	✓	✓	✓			
			Anlagen zur Nachbearbeitung	✓	✓	✓	✓	✓	✓	✓		✓			
			Automatisierungseinrichtungen	✓		✓		✓	✓	✓					
			Plattformarchitektur								✓	✓		✓	
		Technologische Ressourcen	3D-CAD-Daten (Zugriff)		✓		✓		✓			✓	✓	✓	
			3D-CAD-Daten (Urheber)	✓	✓	✓	✓	✓	✓	✓			✓		✓
	Schlüsselpartner	strategische Partnerschaft	Rohstoffversorgung	✓		✓		✓	✓	✓		✓			✓
			Nachbearbeitung	✓		✓			✓			✓			
			Entwicklung			✓						✓			✓
		operative Partnerschaft	Rohstoffversorgung		✓		✓								
			Nachbearbeitung		✓		✓								
Finanzdimension	Kostenstruktur	Fixkosten	Leistungsvorhaltung					✓	✓	✓		✓	✓		
		Orientierung	kostenorientiert	✓	✓	✓	✓		✓			✓			✓
			durchlaufzeitorientiert		✓		✓	✓	✓	✓		✓			
		Potenzial von Skaleneffekten	durch Partnerschaft	✓		✓			✓			✓			
			durch Automatisierung entlang der Prozesskette	✓		✓		✓	✓	✓		✓			
	Erlöse	Erlöstreiber	Sachleistung	✓	✓	✓						✓			✓
			Dienstleistung										✓	✓	
			hybrides Leistungsbündel		✓		✓	✓	✓	✓		✓			✓
		Erlösform	Verkauf	✓	✓	✓	✓	✓	✓	✓			✓		✓
			Gebühr/Pay-for-Use/Pay-for-Availibility											✓	✓
			Abonnement/Leasing					✓	✓	✓					
		Preis-mechanismus	Listenpreis	✓				✓	✓						✓
			volumenabhänig			✓		✓	✓				✓		
			anforderungsabhänig	✓	✓		✓						✓	✓	

GMD Geschäftsmodelldimension

GME Geschäftsmodellelement

GMV Geschäftsmodellvariable

Produktebene

Geschäftseinheitsebene

Unternehmensebene

Abbildung 2-9: Ordnungsmatrix von Geschäftsmodellen der additiven Fertigung (Teil 2/2)

Es kann festgestellt werden, dass nicht alle der ermittelten Geschäftsmodelle die Produktion mit additiven Prozessen verfolgen. Die Geschäftsmodelle Smart Plattform, Entwicklungsdienstleister, Plattform-/Marktplatzbetreiber und Maschinenhersteller sind entsprechend von den nachfolgenden Betrachtungen auszuklammern. Bezüglich der Anforderungen mit Relevanz für die Gestaltung von Fabrikstrukturen zeichnen die verbleibenden Geschäftsmodelle ein heterogenes Bild. Es fällt auf, dass

- die Produktionsprogramme unterschiedliche Auftragsvolumina aufweisen, die die beiden Einsatzfälle Individualität und Komplexität, vgl. Abschnitt 2.1.3, widerspiegeln und
- die Zielsetzungen zwischen den Geschäftsmodellen hinsichtlich Kosten- und Durchlaufzeitorientierung verschieden sind, sodass kein allgemeingültiges Ziel ausgegeben werden kann.

2.1.5 Produktivitätspotenziale der Prozesskette additiver Fertigungsverfahren

Vor dem Hintergrund der zukunftsorientierten Prozessplanung für additive Fertigungsverfahren kommt den Produktivitätspotenzialen der Technologie eine entscheidende Rolle zu, da diese bereits in der Planung berücksichtigt werden müssen. Die Bewertung von Produktivitätspotenzialen ist ein zentrales Ziel dieser Arbeit.

Die Produktivitätspotenziale gliedern sich in die in Abbildung 2-10 dargestellten Kategorien. Die Bereiche 1 bis 4 liegen unmittelbar im Einflussbereich der Fabrik. Unter Automatisierung und Industrialisierung ist die Reduzierung von Prozesszeiten für das Materialhandling und Rüsten von Maschinen zusammengefasst. Der Fokus liegt also auf dem Übergang zwischen den Wertschöpfungsschritten der Prozesskette und auf manuellen Tätigkeiten. Der Bereich Produktivitätssteigerung befasst sich mit der Erhöhung der Prozessgeschwindigkeit einzelner Fertigungsmaschinen, die meist ohne manuelle Eingriffe auskommen. Der Bereich Qualität und Prozesssicherheit fasst Maßnahmen zusammen, die zur Steigerung der Fertigteilequalität beitragen. Dies kann sowohl durch verbesserte Prozessqualität als auch durch Fertigungsmesstechnik und integrierte Regelungssysteme erfolgen. Unter Datenverarbeitung und -schnittstellen fallen Maßnahmen, die den Aufwand bei der Datenmanipulation reduzieren.

Die Bereiche fünf bis acht liegen außerhalb des Einflussbereichs der Fabrik, können aber einen Einfluss auf die Art der in der Fabrik herzustellenden Güter nehmen. Sie sind an dieser Stelle der Übersicht halber mit aufgeführt und nachfolgend knapp umrissen. Je Bereich werden im Folgenden die wichtigsten vorgeschlagenen oder in Forschungsprojekten abgedeckten Maßnahmen beschrieben.

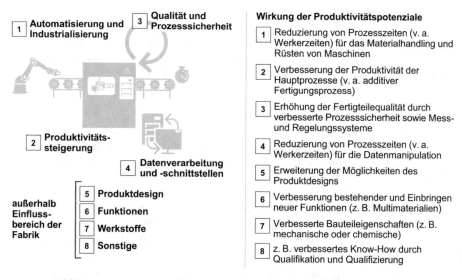

Abbildung 2-10: Bereiche der Weiterentwicklung additiver Fertigungsverfahren

2.1.5.1 Automatisierung und Industrialisierung

Verringerung von Rüstzeiten

Die Rüstzeiten[13] der additiven Fertigungsmaschinen liegen aktuell auf einem verhältnismäßig hohem Niveau[14], sodass eine Reduzierung unmittelbar zur Senkung der Belegungszeit von Anlagen und Werkern je Baujob beiträgt [Mar14, S. 11]. Das maschinenexterne Rüsten, bei dem die Maschine wieder für den nachfolgenden Baujob freigegeben wird, ermöglicht die produktivere Nutzung der Fertigungsmaschine.

Vergrößerung von Bauräumen

Die Vergrößerung von Bauräumen ermöglicht einerseits die Herstellung größerer Bauteildimensionen und lässt andererseits bei kleineren Bauteilen zu, dass eine höhere Anzahl in einem Baujob gefertigt wird. Durch die Verteilung der Rüstzeiten je Baujob und der Beschichtungszeiten je Schicht[15] auf ein höheres Bauteilvolumen sinken so die spezifischen Kosten, es kommt zu einer Regression. Etablierte Maschinenkonzepte der Laser-Strahlschmelztechnologie bieten im Jahr 2017 Bauraumgrößen von über 100 dm³ an, siehe auch Abbildung 4-13 bzgl. Preisen und Größenklassen verfügbarer Maschinen.

---

[13] Unter Rüstzeiten sind hier und nachfolgend diejenigen Zeiten bezeichnet, die „für das Vorbereiten des Betriebsmittels für die Arbeitsaufgabe" [DBK+16, S. 193] erforderlich sind; dies steht in Abgrenzung zu enger gefassten Definitionen, die Umrüstvorgänge beim Wechsel der Fertigungskonfiguration, z. B. für andere zu fertigenden Produktarten, fassen

[14] Eine detaillierte Darstellung und Aufschlüsselung der Rüstzeiten findet sich in Abschnitt 4.4.2.6

[15] Die größeren Dimensionen des Pulverbetts führen können zwar zu einer Erhöhung der Beschichtungszeit führen, dies kann aber durch Vergrößerung des Bauraums orthogonal zur Beschichtungsrichtung vermieden werden

Vereinfachung von Materialwechseln

Soll der Werkstoff einer Maschine umgestellt werden, so müssen sämtliche mit dem Werkstoff in Kontakt kommende Maschinenelemente gereinigt oder getauscht werden. Es handelt sich dabei um Rüstzeiten im engeren Sinne. Durch Reinigungsmechanismen oder Modularisierung der pulverführenden Einheiten[16] kann der anfallende Aufwand gesenkt werden.

Stützstrukturen automatisiert entfernen

Das Entfernen der Stützstrukturen ist ein vorwiegend manuell durchgeführter Prozess, der bislang nur in Sonderfällen automatisiert, z. B. im Rahmen einer ohnehin erforderlichen maschinellen Nachbearbeitung, stattfindet. Je nach Geometrie von Werkstück und Stützstrukturen und der Bearbeitungsfähigkeit des Materials fällt dabei hoher manueller Aufwand an. In Untersuchung befinden sich Ansätze, die auf dem chemischen Abtragen mit Natronlauge oder Flusssäure basieren. Es werden Soll-Trennstellen konstruiert, die zuerst brechen. Dabei wird jedoch auch die Werkstückoberfläche und -kontur in geringfügigem Umfang verändert. Ferner ist vom Einsatz von Flusssäure in der Serienfertigung auf Grund der Giftigkeit abzusehen. [SEM17, Kau13, S. 69]

Die nachfolgend beschriebene Integration in konventionelle Produktionslinien kann ebenfalls einen Beitrag leisten, indem maschinelle Nachbearbeitung zur Entfernung von Supportstrukturen genutzt wird.

Integration in konventionelle Produktionslinien

Die automatisierte Integration additiver Maschinen in konventionelle Produktionslinien zielt auf die Reduzierung der Produktionszeiten beim Übergang des additiven (In-Prozess) zu den Nachbearbeitungsschritten (Post-Prozess). Mögliche Potenziale liegen etwa in der Optimierung notwendiger Rüstvorgänge für die Nacharbeit [Gau13, S. 78] und einer automatisierten Erstellung von Maschinenprogrammen [Mar14].

Reduzierung des Aufwandes für Pulverhandling

Es gibt unterschiedliche Lösungen für die Pulverversorgung. Im einfachsten Fall wird die additive Fertigungsmaschine mit Pulverbehältern versorgt, die zuvor extern in einer Siebstation gesiebt werden. Das Pulver aus den Überläufen der Maschine wird in diesem Konzept gesammelt, manuell entnommen und in die Siebstation gegeben. Daneben existieren auch teilautomatisierte Lösungen, bei denen der Pulverfluss als Kreislauf realisiert ist, und aus dem Überlauf mit einem Fördersystem zum automatisierten Sieben und anschließend wieder zum Beschichtersystem transportiert wird. Dadurch lassen sich Aufwand für das Pulverhandling reduzieren und z. B. Baujobs mit hohem Pulverbedarf mannlos fertigen. Eine weitere, bisher nur für die Fertigung mit Kunststoffen im SLS-Verfahren [Pet15, S. 54ff.] dokumentierte Ausbaustufe stellen Pulvernetzwerke dar, bei denen die Anlieferung und die Konditionierung an zentraler Stelle erfolgt und es anschließend über ein Leitungssystem zu den Maschinen transportiert wird. Neben einem Produktivitätsgewinn lassen sich damit auch die Handhabungsvorgänge von Pulver im Fertigungsbereich reduzieren.

---

[16] Entsprechende Pulverpatronensysteme werden durch die Firma Realizer GmbH kommerzialisiert

Absaugung von Pulver nach Generierprozess

Nach Abschluss des Fertigungsprozesses wird bei verfügbarer Anlagentechnik das Pulver in einem manuellen Arbeitsschritt sukzessive in die Überläufe der Maschine geführt. Gerade bei hohen Baujobs bezogen auf die z-Richtung und komplexen gefertigten Bauteilgeometrien bedeutet dieser Schritt einen hohen Zeitaufwand. Eine automatisierte Rückführung des Pulvers kann einerseits die Prozesszeit des Schrittes reduzieren und andererseits den Bedarf nach manuellem Eingreifen und den einhergehenden möglichen Liegezeiten eliminieren.

Reduzierung der Maschinenkosten

Die Reduzierung von Maschinenkosten über die Phasen Anschaffung, Betrieb und Wartung trägt über einen reduzierten Maschinenstundensatz direkt zur Steigerung der Wirtschaftlichkeit der Fertigung bei. Ein intensivierter Wettbewerb gerade in den kleinen und mittleren Maschinensegmenten, vgl. [Sch16], kann dazu beitragen, dass die Spanne aus Verkaufspreisen und den relativ geringen variablen Kosten sinkt; durch fortlaufende Differenzierung wirken führende Anbieter dem entgegen. Die Reduzierung von Betriebskosten durch weniger oder günstigere/standardisierte Verbrauchsmittel gilt als wahrscheinlicherer Treiber.

2.1.5.2 Produktivitätssteigerung

Erhöhung der Volumenraten

Die (theoretische) Volumenrate von Laser-Strahlschmelzmaschinen ist definiert als [Ver13a, S. 16]

$$VR = v_s \times h_s \times l_z \tag{2.1}$$

mit VR Volumenrate [mm³/s]

v_s Scangeschwindigkeit [mm/s]

h_s Spurabstand [mm]

l_z Schichtdicke [mm]

Um die Aufbaurate bei gleichbleibender Bauteilequalität steigern zu können, müssen demnach Scangeschwindigkeit v_s, Spurabstand h_s oder Schichtdicke l_z gesteigert werden. Da der benötigte Energieeintrag konstant bleiben muss, um dichte Bauteile zu erzeugen, ist zunächst die Erhöhung der gesamten Laserleistung der Maschinen erforderlich, vgl. [BSH+11].

Eine Möglichkeit, die Laserleistung zu steigern, ist die Erhöhung der Leistung je Laserstrahl. Diese erhöhte Laserleistung kann nun bei konstanter Volumenenergiedichte für eine gesteigerte Scangeschwindigkeit v_s und/oder einen gesteigerten Spurabstand h_s umgesetzt werden. Dabei ist jedoch zu beachten, dass bei gleichbleibendem Fokusdurchmesser die Intensität am Bearbeitungsort mitunter soweit gesteigert wird, dass es zu verstärkter Spritzerbildung kommt, insbesondere bei Legierungen auf Stahlbasis. Um die resultierende Verschlechterung der Oberflächenqualität zu vermeiden, kommen sogenannte Hülle-Kern-Scanstrategien zum Einsatz. Dabei werden Fokusdurchmesser und Schichtdicke in den Randkonturbereichen, der Hülle, gegenüber dem Fokusdurchmesser im Kernbereich verringert [BBM+11]. Analog können weitere geometrieabhängige Prozessparameter, wie Schichtdicke oder Leistungsparameter, dazu beitragen, die Raten weiter zu steigern. Die erreichbaren Volumenraten je Laserstrahl sind letztlich durch das Absorptionsverhalten und der Wärmeleitfähigkeit des Materials begrenzt [Geb13, S. 66].

Eine andere Möglichkeit zur Steigerung der Volumenraten ist die Vervielfachung der Laserstrahlen. Dabei wird sowohl die Anzahl der Laserquellen als auch die Anzahl der Scanner vervielfacht. Etablierte Maschinenkonzepte der Laser-Strahlschmelztechnologie bieten im Jahr 2017 vier parallel arbeitende Laserstrahlen mit bis zu je 1 kW Leistung [SLM17].

Reduzierung der Beschichtungszeiten

Bei der Beschichtung des Pulverbettes kommt zumeist ein Rakel oder eine Walze zum Einsatz, die über das Pulverbett fährt. Bei beidseitigen Beschichtungssystemen verharrt der Beschichter wechselseitig, bei einseitigen fährt der Beschichter wieder in die Ausgangsposition zurück, um neues Pulver aufzunehmen. Anschließend beginnt der Belichtungsvorgang. Zur Reduzierung der Beschichtungszeiten kommen verschiedene Ansätze zum Einsatz, wie zum Beispiel eine adaptive Beschichtungsgeschwindigkeit, bei der über aufgeschmolzenen Flächen langsamer beschichtet wird als über durchgängigen Pulverflächen, oder der Beschichter parallel zur Belichtungszeit wieder vor dem Pulverbett positioniert wird. Das Rückführen des Beschichters hinter dem Pulverbett und zeitlich parallele Belichtung beginnend mit dem gerade beschichteten Bereich können die Totzeiten des Lasers weiter senken.

Erhöhung der Produktivität nachgelagerter Schritte

Analog zur Erhöhung der Produktivität des additiven Fertigungsschritts können ebenfalls die nachgelagerten Schritte optimiert werden. Da die Betrachtung auf Maßnahmenebene für jede einzelne Technologie einen mit diesen Ausführungen vergleichbaren Umfang einnehmen würde, wird an dieser Stelle dem Fokus auf die additive Fertigung Vorzug gegeben.

2.1.5.3   Qualität und Prozesssicherheit

On-Line-Qualitätssicherung

On-Line-Qualitätssicherungsmaßnahmen beziehen sich auf die Überwachung des laufenden Prozesses. Im Stand der Technik können verschiedene Prozessgegenstände, z. B. Beschichtung, Schmelzbad oder Schutzgasatmosphäre, beobachtet werden, um so Rückschlüsse auf Prozessfehler ziehen zu können. Eine mögliche Ausbaustufe ist die Erweiterung zu einer echten Qualitätsregelung, die adaptiv Maßnahmen zur Stabilisierung ergreift.

Erhöhung der Prozessstabilität

Die Erhöhung der Prozessstabilität zielt darauf ab, die Menge von Gutteilen der additiven Fertigung bezogen auf die eingesetzten Mittel zu erhöhen. Dazu muss einerseits die Verlässlichkeit der Anlagentechnik erhöht werden[17], da Fehler beim Betrieb der integrierten Anlagensysteme meist zu einem Abbruch des Bauvorgangs führen und Stillstände bzw. Ausschuss mit sich führen. Andererseits kann durch Prozessführung, z. B.

---

[17] Verschiedene industrielle Anwender berichten von Verfügbarkeiten oberhalb von 6.000 Stunden/Jahr, was unter Berücksichtigung von betriebsbedingten Stillständen einer abgeschätzten Verfügbarkeit von rund 80% entspricht

mit Vorheizung, verschiedenen Fehlereinflüssen wie dem Curling, d. h. dem Aufbiegen von Bauteilen im Generierprozess, vorgebeugt werden. Die heute üblichen Widerstandsheizungen tragen Wärme von der Unterseite der Plattform ein; durch alternative Technologien können der resultierende Temperaturgradient vermieden und höhere Temperaturen erzielt werden.

Erhöhung der Prozessqualität
Die Erhöhung der Prozessqualität bezieht sich auf die Bauteileigenschaften und wird v. a. für verbesserte Form- und Lagetoleranzen sowie für Oberflächengüten diskutiert. Weitere Optimierungsziele liegen in von der Achsrichtung unabhängigen Festigkeitswerten. [Gau13, S. 79]

Nachgelagerte Qualitätssicherungsprozesse
Durch den Einsatz nachgelagerter, zerstörungsfreier Prüfverfahren wird die Qualität fertiger Produkte erst messbar, der Einsatz ist somit essentiell [Gau13, S. 79]. Zum Herstellen der Anwendungsfähigkeit ist es notwendig, effektive und effiziente Verfahren und deren Anwendungsbereich festzulegen.

2.1.5.4 Datenverarbeitung und -schnittstellen

Automatisierte Datenverarbeitung
Die Datenverarbeitung kann an verschiedenen Stellen automatisiert werden. Prototypische Anwendungen beginnen bei der Automatisierung von Bauteilauswahl, Kalkulation und der Berechnung von Optimierungspotenzialen sowie der Kataloganbindung für On-Demand-Modelle [RuEm17]. Die anschließenden Schritte Daten aufbereiten, Bauteilanordnung festlegen und Hilfsgeometrien anlegen können ebenfalls automatisiert werden. In Teilen ist dies bei der verbreiteten Software Magics der Firma Materialise realisiert; umfangreiche Eingriffe durch den Datenvorbereiter bleiben jedoch unverzichtbar. Die Anwendung von Prozesssimulationen und heuristischen Verfahren wird vorwiegend untersucht, um

- die Bauteilanordnung und Orientierung unter Berücksichtigung von Wirtschaftlichkeits- und Qualitätskriterien vorzunehmen [Add17],
- im Prozess auftretende Probleme, z. B. Verzug in Folge von Eigenspannungen, zu erkennen und in der Arbeitsvorbereitung zu kompensieren [Add17] und
- durch lokal angepasste Scanstrategien die Oberflächenqualitäten zu verbessern und Eigenspannungen zu reduzieren [ILK+14, MCK+14].

Datendurchgängigkeit
In der systemseitigen Ansteuerung der einzelnen Schritte des Pre-, In-, und Post-Prozesses ergeben sich zahlreiche Datenschnittstellen. Bestandteil laufender Forschung ist die Erarbeitung eines Datenformats, das einen durchgängigen Austausch mit vollständigem Informationsgehalt zwischen den Schritten

- Design (CAD),
- Datenvorbereitung,
- Maschinendaten,
- Nachbearbeitung (CNC-Programme),
- Qualitätssicherung und

–   Dokumentation

ermöglicht. Ein möglicher Lösungsansatz besteht in der Verwendung sogenannter digita-
ler Zwillinge, die ein digitales Abbild eines physikalischen Elements sind. Dadurch
können Ist-Prozesseinflüsse in den folgenden Datenverwendungsschritten berücksichtigt
werden [EMM+17].

2.1.5.5   Bereiche der Weiterentwicklung außerhalb der Produktionsfunktion

Es gibt viele Forschungs- und Entwicklungsaktivitäten der additiven Fertigung ohne
unmittelbaren Bezug zur Produktionsfunktion. Darunter fallen unter anderem Aspekte
im Bereich Produktdesign, Funktionsoptimierung und Werkstoffentwicklung.

2.1.5.6   Zusammenfassende Darstellung der Produktivitätspotenziale

Abschließend seien in Abbildung 2-11 die beschriebenen Maßnahmen aufgeführt. Auf
Basis der verfügbaren Informationen wurde das mit einer Bearbeitung verbundene Projektrisiko bzw. die Komplexität abgeschätzt. Das Projektrisiko bzw. die Komplexität
sind Indizien dafür, welcher Forschungs- und Entwicklungsaufwand bis zur erfolgreichen Umsetzung einer Maßnahme voraussichtlich erforderlich ist.

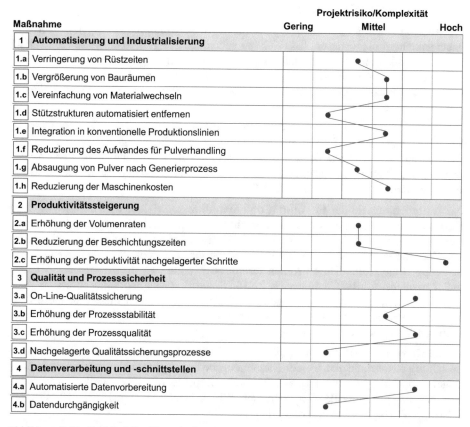

Abbildung 2-11: Projektrisiko/Komplexität (Indikation) der Maßnahmen zur Produktivitätssteigerung

2.2 Fabrikplanung

Fabrikplanung ist ein systematischer, methodenbasierter Ansatz aufeinander folgender Phasen, der mit der Zielfestlegung begonnen und mit dem Hochlauf der Produktion abgeschlossen wird. Die Fabrik wird hier verstanden als „Ort der Wertschöpfung durch arbeitsteilige Produktion industrieller Güter unter Einsatz von Produktionsfaktoren". Planung meint die „gedankliche Vorwegnahme eines angestrebten Ergebnisses einschließlich der zur Erreichung als erforderlich erachteten Handlungsabfolge". [Ver11b, S. 4]

2.2.1 Ziele der Fabrikplanung

Die Anforderungen an Fabrikkonzepte können in vier Hauptfelder eingeteilt werden.[18] Dabei sei darauf hingewiesen, dass sich die genannten Zielgrößen teilweise monetarisieren lassen und somit ins erste Zielfeld Wirtschaftlichkeit eingegliedert werden können. Aus pragmatischer Sicht übersteigt jedoch der Aufwand zur Umrechnung meist den erhaltenen Zusatznutzen, sodass die einzelnen Kategorien ihre anwendungspraktische Berechtigung behalten.

Unter dem Hauptfeld der **Wirtschaftlichkeit** wird die Steigerung des Gewinnes verstanden. Dazu muss die Differenz aus Fabrikumsatz und -kosten gesteigert werden. Die Minimierung von Durchlaufzeiten, Beständen und Verschwendung sowie hohe Auslastung von Maschinen und Anlagen, Flächen und Personal gelten als Schlüssel zur Zielerreichung. [Gru15a, S. 12, SWM14, S. 17]

Das Anforderungsfeld der **Flexibilität und Wandlungsfähigkeit** wird durch Wiendahl begründet und ist auch in weiteren Betrachtungen der Fabrikplanung als Anforderung anerkannt [Gru15a, S. 12, SWM14, S. 43ff., Ver11b, S. 5]. Sie verfolgen das übergeordnete Ziel, die vom Kunden gewünschte Leistung mengen-, qualitäts- und termingerecht zu liefern. Eine Komplikation stellen turbulente Märkte dar, die zu erhöhter Mengen- und Variantenflexibilität drängen [WRN14, S. 48ff.]. Die Flexibilität adressiert dabei kurzfristige Schwankungen in festgelegten Korridoren. Werden diese Korridore überschritten, so ist eine Anpassung des Systems notwendig. Der dafür angedachte Lösungsraum beschreibt die Wandlungsfähigkeit [WRN14, S. 128].

Mitarbeiterattraktivität meint motivierende Arbeitsbedingungen, die sich durch die Gestaltung des Arbeitsplatzes, der Entlohnungsbedingungen und weiteren soziale Leistungen ergeben. Auch unternehmenskulturelle Aspekte wie Kommunikationsverhalten oder das Erscheinungsbild von Gebäuden zählen hierunter. [Gru15a, S. 12, WRN14, S. 61ff., SWM14, S. 17, Ver11b, S. 5]

Ökologische Nachhaltigkeit erfährt eine zunehmende Bedeutung als Anforderung an Fabrikkonzepte [Gru15a, S. 12, SWM14, S. 17]. Mit geeigneten Gestaltungsregeln kann auf diesen Aspekt bereits in der Fabrikplanung eingegangen werden. Gestaltungsregeln fordern zum Beispiel einen hohen Wirkungsgrad verwendeter Prozesse, niedrige Grundbedarfe von Maschinen und Anlagen im Ruhezustand, energieeffiziente Gebäude und technische Gebäudeausrüstung; Nutzung von Prozessenergieverlusten und regenerativer Energien [WRN14, S. 77].

Es hat sich bisher kein Konsens herausgebildet, ob Produkt- und Prozessqualität [Ver11b, S. 5] oder Vernetzungsfähigkeit [SWM14, S. 17] ebenfalls als Ziele der Fabrikplanung aufzufassen sind.

2.2.2 Planungsprozess

Planungsprozesse können als generische Richtlinien verstanden werden, mit denen die Planungsinhalte in einen logisch-strukturierten Ablauf gesetzt werden. In konkreten

---

[18] [Gru15a, S. 12] abstrahiert die Anforderungsfelder Wirtschaftlichkeit, Flexibilität und Wandlungsfähigkeit, Attraktivität und Ressourceneffizienz, [Ver11b, S. 5] erfüllt in nicht überschneidungsfreier Nennung die hier verwendeten Anforderungsfelder

Fabrikplanungsprojekten können sie handlungsleitend eingesetzt werden, um Projektpläne einschließlich konkreter Aufgaben daraus abzuleiten.

Die Forschung der Fabrikplanung hat verschiedene Vorgehensmodelle hervorgebracht, von denen eine Auswahl in Abbildung 2-12 dargestellt ist. Auch wenn die jeweiligen Einteilungen in einzelne Prozessschritte bei verschiedenen Autoren unterschiedliche Granularitäten und unterschiedliche Benennungen aufweisen, hat sich doch ein gemeinsames Verständnis in Bezug auf die Aufgabenumfänge der Fabrikplanung herausgebildet. Jenes wird im Folgenden zusammenfassend anhand einer Einteilung in die fünf Hauptphasen Vorbereitung, Strukturplanung, Detailplanung, Ausführungsplanung und Ausführung [SGL+07] dargestellt. Während die älteren Vorgehensmodelle eher sequenziell ablaufen, verfolgen die neueren Modelle zunehmend modulare Prinzipien, die Parallelisierung ermöglichen [SGL+07]. Die dargestellten Inhalte folgen dabei auf Grund ihres normativen Charakters der VDI-Richtlinie VDI 5200 und werden detailliert um Ausführungen weiterer Autoren.

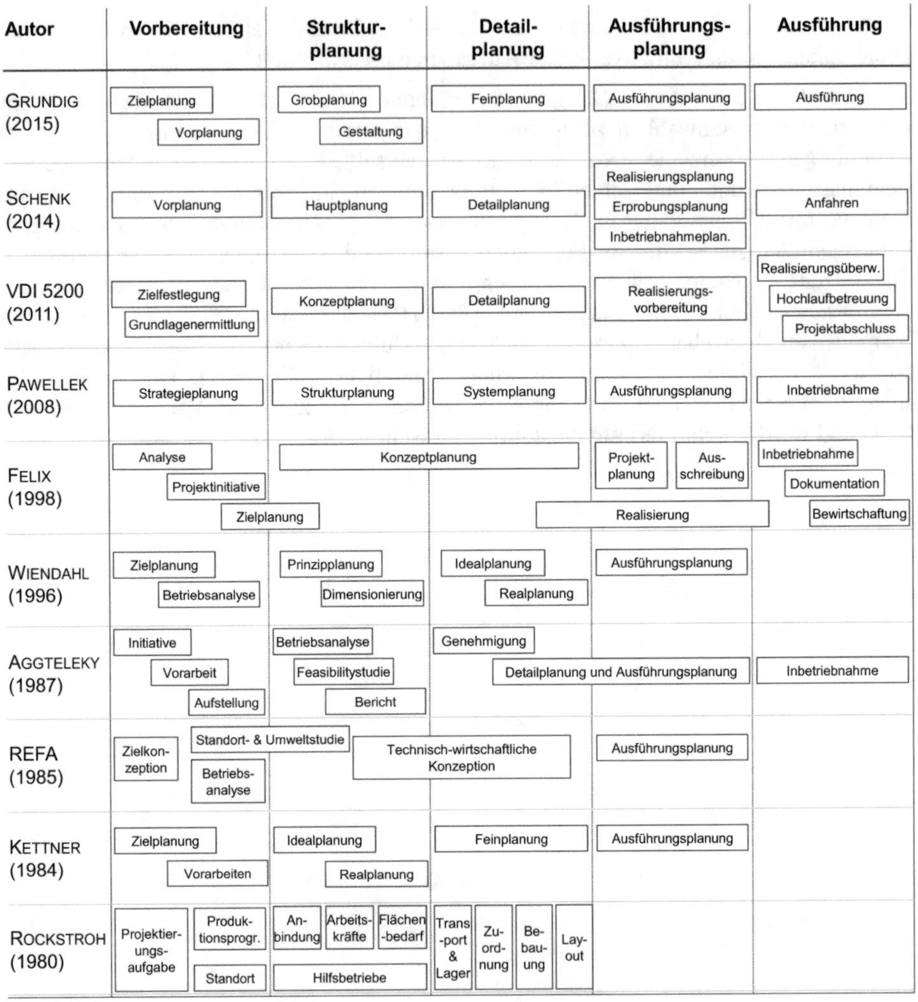

Autor	Vorbereitung	Struktur-planung	Detail-planung	Ausführungs-planung	Ausführung
GRUNDIG (2015)	Zielplanung / Vorplanung	Grobplanung / Gestaltung	Feinplanung	Ausführungsplanung	Ausführung
SCHENK (2014)	Vorplanung	Hauptplanung	Detailplanung	Realisierungsplanung / Erprobungsplanung / Inbetriebnahmeplan.	Anfahren
VDI 5200 (2011)	Zielfestlegung / Grundlagenermittlung	Konzeptplanung	Detailplanung	Realisierungs-vorbereitung	Realisierungsüberw. / Hochlaufbetreuung / Projektabschluss
PAWELLEK (2008)	Strategieplanung	Strukturplanung	Systemplanung	Ausführungsplanung	Inbetriebnahme
FELIX (1998)	Analyse / Projektinitiative / Zielplanung	Konzeptplanung		Projekt-planung / Aus-schreibung / Realisierung	Inbetriebnahme / Dokumentation / Bewirtschaftung
WIENDAHL (1996)	Zielplanung / Betriebsanalyse	Prinzipplanung / Dimensionierung	Idealplanung / Realplanung	Ausführungsplanung	
AGGTELEKY (1987)	Initiative / Vorarbeit / Aufstellung	Betriebsanalyse / Feasibilitystudie / Bericht	Genehmigung	Detailplanung und Ausführungsplanung	Inbetriebnahme
REFA (1985)	Zielkon-zeption	Standort- & Umweltstudie / Betriebs-analyse	Technisch-wirtschaftliche Konzeption	Ausführungsplanung	
KETTNER (1984)	Zielplanung / Vorarbeiten	Idealplanung / Realplanung	Feinplanung	Ausführungsplanung	
ROCKSTROH (1980)	Projektier-ungs-aufgabe	Produk-tionsprogr. / Standort	An-bindung / Arbeits-kräfte / Hilfsbetriebe / Flächen-bedarf	Trans-port & Lager / Zu-ord-nung / Be-bau-ung / Lay-out	

Abbildung 2-12: Phasen der Fabrikplanung[19]

Im Rahmen der **Vorbereitung** werden die Rahmenbedingungen für den gesamten Planungsprozess erfasst. Dazu zählen die Ziele für den Fabrikplanungsprozess. Diese werden nach herrschender Meinung aus der Unternehmensstrategie als Bezugsobjekt abgeleitet [Won14, S. 27]. Verwendete Ziele können anhand der als Balanced Scorecard bekannten und von KAPLAN und NORTON formulierten Struktur in die finanzielle Kategorie und die weiteren nichtfinanziellen Kategorien Kunde, Geschäftsprozesse sowie Lernen und Verbessern unterteilt werden [KaNo05]. Dass diese Kategorien auch nach Intention der Autoren nur eine Leitlinie zur Auswahl der jeweils geeigneten Ziele

---

[19] Darstellung in Anlehnung an [SGL+07]; ergänzt um GRUNDIG, SCHENK, VDI 5200, PAWELLEK; zu den einzelnen Ansätzen: [Gru15a], [SWM14], [Ver11b], [Paw08], [Fel98], [Wie96], [Agg87], [REF85], [KSG84], [Roc80]

im Unternehmenskontext bieten können, zeigen die wiederkehrenden Diskussionen weiterer Kategorien.[20]

Beim strukturierten Prozess der Ableitung von Fabrikzielen ist eine Einschränkung auf die für das konkrete Planungsprojekt relevanten Größen durchzuführen. Aus den Unternehmenszielen sollen nach VDI 5200 insbesondere die strategische Ausrichtung, geplante Produkte, mögliche Standorte sowie ein Budget und Zeitrahmen abgeleitet werden. Neben den Fabrikzielen sind auch die Projektziele von Relevanz; diese schließen Projektbudget, zu beteiligende interne und externe Mitarbeiter, Qualität erstellter Dokumente und relevante Unternehmensfunktionen ein. [Ver11b, S. 10]

Das Produktionsziel ist neben den Zielsetzungen der Fabrikplanung ein weiterer Betrachtungsbereich der Vorbereitungsphase. In diesem Schritt werden konkrete Vorgaben für Planungsergebnis und -prozess für den Planungshorizont getroffen. Darunter fällt die konkrete Ausdetaillierung des quantitativen Ziel-Produktionsprogramms, siehe Abschnitt 2.2.5, welches mindestens die geplanten Produktdaten mit Stückzahlen, Qualitäten, Lieferzeiten und Kosten enthält. Produktionsdaten hinsichtlich erforderlicher Prozesse und Ressourcen zur Erstellung des Produktionsprogramms sind ferner zu ermitteln. Immobiliendaten, bzgl. Gebäuden oder Grundstücken, ergänzen die Planungsdaten. Die im Rahmen der Vorbereitung erhobenen Daten können mit Unsicherheit behafteten, inneren und äußeren Einflüssen unterliegen. Um verschiedene Möglichkeiten der Zukunftsentwicklungen abzubilden, können die Daten in Szenarien ermittelt werden. [Ver11b, S. 11f.]

Weiterhin werden Bewertungskriterien (Kalkulationsschema und Berechnungsmodi sowie die Gewichtung von Kennzahlen) für den weiteren Planungsprozess festgelegt und alle Daten in eine für den weiteren Planungsprozess verwendbare Form überführt. Die Erstellung eines Projektplans schließt die Vorbereitungsphase ab. [Ver11b, S. 10f.]

Die **Strukturplanung** dient der Überführung der in der Vorbereitungsphase ermittelten Ziele in ein Fabrikkonzept. Sie umfasst die Einzelschritte der Strukturplanung, Dimensionierung, Idealplanung und Realplanung. Durch die Strukturplanung werden die funktionalen und organisatorischen Einheiten und die zu Grunde liegenden Geschäftsprozesse, i. e. alle zur Wertschöpfung erforderlichen Aktivitäten einschließlich ihrer Reihenfolge, fesgelegt. Verwendete Strukturierungskriterien können Technologien, Produkte, Märkte, Produktionsabläufe und Kunden sein. Aus einer fakultativ vorgenommenen Variantenauswahl ergeben sich die Produktionsprozessreihenfolgen ohne Dimensionierung und räumliche Anordnung. Ein daraus abgeleitetes Kommunikationskonzept bestimmt die Integrationstypen und Anforderungen aller Beteiligten. Erst im Dimensionierungsschritt erfolgt die Festlegung von Art und Menge für Betriebsmittel, Logistikeinrichtungen und Personalressourcen, Flächen und Informationssysteme. Für die Auswahl geeigneter Logistikeinrichtungen und Informationssysteme sind die Frequenzen der Materialflüsse bzw. Systeminteraktionen basierend auf dem erstellten Funktionalschema zu ermitteln. Die Überführung in ein Ideallayout und der Entwurf einer idealen Gebäudehülle wird im Schritt der Idealplanung durchgeführt. Bei der Idealplanung ist das idealtypische, das heisst den bestimmten Zielen am besten entsprechende Layout zu entwerfen. Dabei sind

---

[20] Ein Beispiel ist die Sustainability Balanced Scorecard [BGH+01], die ökologische Nachhaltigkeit als weitere Dimension einführt

layoutbezogene Restriktionen nicht zu berücksichtigen. Erst bei der folgenden Realplanung werden diese Restriktionen integriert. Für konkurrierende Zielgrößen werden hier Lösungsvarianten mit unterschiedlichem Zielfokus abgeleitet. Diese werden jeweils mit Kostenschätzungen monetär bewertet, sodass mittels des in der Vorbereitung ermittelten Zielsystems eine Vorzugsvariante ausgewählt werden kann [Ver11b, S. 12f.]. Der nachfolgend zu Grunde gelegte Umfang der Strukturplanung wird in Abschnitt 2.2.3 definiert.

Die Strukturierung geschieht anhand von Fertigungsprinzipien, die in der Literatur auch als räumliche Strukturtypen, Anordnungstypen, Organisationstypen oder Fertigungsformen bezeichnet werden [Gru15a, S. 132]. Eine Auswahl von Fertigungsprinzipien ist in Abbildung 2-13 dargestellt. Bei Fertigung nach dem *Werkstatt- oder Verrichtungsprinzip* sind die Arbeitsstationen nach Arbeitsaufgaben angeordnet. Der Transport zwischen den Arbeitsplätzen geschieht in der Regel losweise. Unterschiedliche Produktionsprozessabfolgen können realisiert und die Ressourcen gut genutzt werden. Bei der Fertigung nach *Fließ- oder Erzeugnisprinzip* sind die Arbeitsstationen nach der Arbeitsfolge definierter Varianten geordnet. Durch die direkte Weitergabe der Werkstücke nach Abschluss eines Fertigungsschrittes ergeben sich verhältnismäßig niedrige Durchlaufzeiten. Die Fertigungsanlagen sind in der Regel auf ein bestimmtes Produkt spezialisiert, was bei niedrigen Bedarfen zu niedrigeren Auslastungen führen kann. Daher kann das Ordnungskriterium mit der Arbeitsfolge einer Teilefamilie aufgeweitet werden, es resultiert das *Insel- oder Gruppenprinzip*. Es ergeben sich Anordnungen von Stationen und Betriebsmitteln, die die Fertigung der jeweiligen Teilefamilie erlauben. Die Aufstellungsreihenfolge wird in der Regel flussorientiert gewählt, und Teile sofort nach der Fertigbearbeitung weitergeleitet. Häufig werden auch organisatorische Tätigkeiten der jeweiligen Gruppe an Mitarbeitern eigenverantwortlich übertragen. Das *Baustellenprinzip*, mit dem Werkstücke mit großen Abmessungen und Gewichten verglichen mit den Bearbeitungseinrichtungen gefertigt werden, oder das *Werkbankprinzip*, das vorwiegend für handwerkliche Arbeitsgänge zum Einsatz kommt, sind im Kontext additiver Fertigung nicht weiter von Interesse und werden an dieser Stelle nicht detailliert. [WRN14, S. 275ff., KSG84, S. 204ff.]

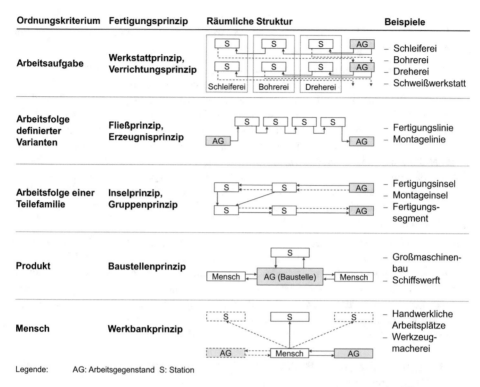

Ordnungskriterium	Fertigungsprinzip	Räumliche Struktur	Beispiele
Arbeitsaufgabe	Werkstattprinzip, Verrichtungsprinzip		– Schleiferei – Bohrerei – Dreherei – Schweißwerkstatt
Arbeitsfolge definierter Varianten	Fließprinzip, Erzeugnisprinzip		– Fertigungslinie – Montagelinie
Arbeitsfolge einer Teilefamilie	Inselprinzip, Gruppenprinzip		– Fertigungsinsel – Montageinsel – Fertigungssegment
Produkt	Baustellenprinzip		– Großmaschinenbau – Schiffswerft
Mensch	Werkbankprinzip		– Handwerkliche Arbeitsplätze – Werkzeugmacherei

Legende: AG: Arbeitsgegenstand S: Station

Abbildung 2-13: Strukturen industrieller Fertigungsprinzipien (Auswahl)[21]

Das Ziel der **Detailplanung** ist es, die ausgewählte Vorzugsvariante der Strukturplanung in ein Feinlayout zu überführen und die darauf basierenden Kostenberechnungen, Lastenhefte für Betriebsmittel, Prozessbeschreibungen für das Kommunikations- und Logistikkonzept sowie die Arbeitsorganisation für die Fabrik zu definieren und behördliche Genehmigungen einzuholen. Dazu sind die Einzelschritte Feinplanung, Erstellung von Genehmigungsanträgen und Erstellung der Leistungsbeschreibung erforderlich. Im Einzelschritt Feinplanung entsteht ein kostenseitig bewertetes Feinlayout, inklusive Gebäudestrukturen, Betriebsmitteln und Medienversorgungen, in zeichnerischer Darstellung mit den bis zum Lastenheft[22] spezifizierten Betriebsmitteln und einem Gebäudeentwurf. Dazu sind Prozessschritte, Produkte und Ressourcen zu Prozessen zuzuordnen und die organisatorische Eingliederung sowie die jeweils verwendeten Arbeitshilfsmittel festzulegen. Daraus werden Arbeitsorganisation und Qualifikationsanforderungen je Mitarbeiter abgeleitet. Die Feinplanung umfasst eine kostenseitige Bewertung der Planungsergebnisse. Auf Basis der Feinplanung sind im Anschluss die erforderlichen Genehmigungsanträge zu erstellen und einzuholen. Ferner sind für notwendige Lieferantenleistungen Leistungsbeschreibungen zu erstellen. Dabei

---

[21] Darstellung aus [KSG84, S. 199] nach [Jan79]
[22] Siehe zur Erstellung der Lastenhefte (Anforderungsspezifikation des Auftraggebers) auch DIN 69905

muss zwischen funktionalen und detaillierten Leistungsbeschreibungen differenziert werden. Bei letzterer ist nur noch ein geringer Anteil der Ausführungsplanung durch den Lieferanten zu erbringen. [Ver11b, S. 15ff.]

Die **Ausführungsplanung** findet in zwei parallelen Arbeitsflüssen statt und zielt darauf ab, Lieferanten für Fremdvergabeumfänge der Fabrikplanung auszuwählen und für alle Umfänge Pflichtenhefte mit umsetzungsbereiten Ausführungsplänen vorliegend zu haben. Der Kostenplan ist im Zielbild verifiziert. Zur Lieferantenauswahl für Fremdvergabeumfänge kommen drei Teilschritte zum tragen: Die Angebotseinholung, die Vergabe und die Überwachung der Ausführungsplanung. In zeitlich paralleler Abfolge dazu wird die Umsetzungsplanung vollzogen. Die Umsetzungsplanung dient der Festlegung und zeitlichen Anordnung aller notwendigen Maßnahmen, um die Lieferfähigkeit gemäß Zielsetzung zu allen Phasen der Fabrikplanung sicherzustellen. Wird neues Personal benötigt, so ist auch dies hinsichtlich Beschaffung und Qualifizierung zu planen und anzustoßen. [Ver11b, S. 17f.]

Bei der **Ausführung** wird schließlich die geplante Fabrik einschließlich erforderlicher Abschlussdokumente erstellt und auf das geplante Leistungsniveau gebracht, wobei die Zielsetzungen, etwa Qualitätsstandards, Zeitplan und budgetierte Kosten, sowohl an die Fabrik als auch an den Planungsprozess einzuhalten sind. Eine Bewertung von Fabrik und Projektdurchführung sowie die Rückführung gewonnenen Wissens in ein Wissensmanagement dienen der langfristigen Qualitätsverbesserung für zeitlich nachgelagerte Fabrikplanungsvorhaben. [Ver11b, S. 18ff.]

2.2.3 Entscheidende Rolle der Strukturplanung im Rahmen der Fabrikplanung

Die Fabrikstrukturplanung umfasst sowohl die Festlegung der Elemente einer Fabrik als auch ihrer Beziehungen untereinander. Durch die in der Strukturplanung getroffenen Festlegungen werden die Leistungsfähigkeit und Kosten der geplanten Fabrik bestimmt. Der überwiegende Teil der Investitionen wird in der Vorbereitungs- und Strukturplanungsphase, siehe Abbildung 2-12, festgelegt [Paw14, S. 64].

Die oben herangezogene VDI-Richtlinie 5200 grenzt die dabei durchzuführenden Aktivitäten enger ein, als es bei PAWELLEK und GRUNDIG vorzufinden ist, siehe Abbildung 2-12. Im Rahmen dieser Ausführung werden die Aktivitäten der Funktionsbestimmung, Dimensionierung/Kapazitätsbedarf, Strukturierung und der Gestaltung/räumlichen Organisation fortan als Strukturplanung im weiteren Sinne bezeichnet. Die Strukturplanung im engeren Sinne klammert die Gestaltung/Räumliche Organisation aus.

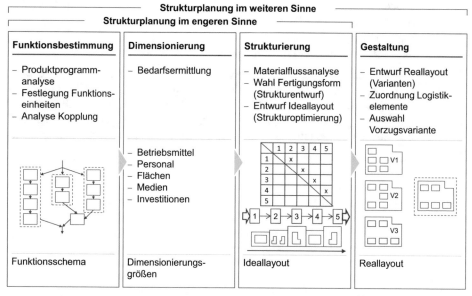

	Strukturplanung i.w.S.	Strukturplanung i.e.S.	GRUNDIG (2015)	PAWELLEK (2014)	SCHENK (2014)	WIENDAHL (2014)	VDI 5200 (2011)
Funktionsbestimmung	✓	✓	✓	✓	✓	✓	✓
Dimensionierung/Kapazitätsbedarf	✓	✓	✓	✓	–	✓	–
Strukturierung	✓	✓	✓	✓	✓	✓	✓
Gestaltung/Räumliche Organisation	✓	–	✓	✓	✓1	–	–

1) Enthalten ist die räumliche Organisation, nicht die Bildung eines Ideallayouts

Legende: ✓ Umfang – kein Umfang ▨ verwendete Definition

Abbildung 2-14: Bestandteile der Strukturplanung bei verschiedenen Autoren

Die nachfolgende Abbildung 2-15 stellt den in dieser Arbeit zu Grunde gelegten Umfang der Strukturplanung im engeren und weiteren Sinne dar.

Abbildung 2-15: Einzelaufgaben der Strukturplanung[23]

2.2.4 Planungsbereiche der Fabrikplanung

Die Planungsbereiche der Fabrikplanung werden weiter strukturiert, um individuelle Planungsansätze wählen zu können. Für die Gliederung der Planungsbereiche werden hierarchische Merkmale einerseits (Planungsebenen) und die Planungsdisziplin betreffende Merkmale andererseits (Planungsfelder) herangezogen. Die Ausprägungen der

---

[23] Darstellung abgewandelt nach [GrAh99]

beiden Merkmale können zur Überlagerung gebracht werden, und der Detaillierungsgrad je Ausprägungskombination definiert werden. Die Objekte der Fabrik können in einer solchen Überlagerung einsortiert werden. Dabei ist zu beachten, dass die Zuteilung für ein Objekt teilweise in mehrere Kategorien getroffen werden kann; um im Planungsprozess mehrfache Betrachtungen zu vermeiden, empfiehlt es sich jedoch, eine planungsbezogene, eindeutige Zuteilung festzulegen [WRN14, S. 141f.]. Die einzelnen Merkmale werden im Folgenden erläutert.

Planungsebenen der Fabrik

Die Planungsebenen der Fabrik entsprechen einer hierarchischen Struktur, die in verschiedenen Ebenen vorliegen kann. Die zu wählende Granularität ist dabei abhängig vom jeweiligen Betrachtungsfall.[24] Abbildung 2-16 stellt die gewählten Planungsebenen der Fabrik verschiedener Autoren gegenüber. Dabei sind die Ebenen von der höchsten zur niedrigsten hierarchischen Stufe sortiert. In den untersuchten Gliederungen finden sich

- – standort- oder unternehmensübergreifende Ebenen,
- – standortumfassende Ebenen,
- – gebäudebezogene Ebenen,
- – arbeitsplatzbezogene Ebenen,
- – tätigkeitsbezogene Ebenen und
- – weitere Zwischen- oder Gliederungsebenen.

Es werden dabei nach Auffassung der Autoren unterschiedliche Granularitäten gewählt, die von drei Ebenen [Bel09] bis hin zu sechs Ebenen [Gru15a, S. 15f., SWM14, S. 48, SGL+07] vorliegen können. Weiterhin liegen unterschiedliche Auffassungen bezüglich der oberen und unteren hierarchischen Ränder vor, ob die standort- oder unternehmensübergreifende Ebene und die tätigkeitsbezogene Ebene als Bestandteil der Planungsebenen gelten.

---

[24] Im Rahmen der Betrachtungen zur Wandlungsfähigkeit von Fabriken hat WIENDAHL im Rahmen von Forschungs- und Industrieprojekten ermittelt, dass die hier gezeigten vier Ebenen vormals sechs verwendeten Ebenen aus praktischen Gesichtspunkten vorzuziehen sind [WRN14, S. 141]

GRUNDIG (2015)	Unternehmens-netzstruktur	Standort-struktur	General-struktur	Gebäude-struktur	Bereichs-struktur	Arbeits-platzstruktur
SCHENK (2014)	Unternehmens-netzstruktur	Standort-struktur	General-struktur	Gebäude-struktur	Bereichs-struktur	Arbeits-platzstruktur
WIENDAHL (2014)	Werk	Fabrik	Bereich/Unterbereich		Arbeitsstation	
VDI5200 (2011)	Produktionsnetz	Werk	Gebäude	Segment	Arbeitsplatz	
BELLER (2009)	Netzwerk		Standort		System	
SCHUH (2007)	Lieferkette	Fabrik	Gesamt-prozess	Arbeits-system	Arbeitsplatz	Tätigkeit
WIRTH (2000)	Fabriksystem	Gebäudesystem	Produktions-system	Fertigungs- und Montagesystem	Prozess	

Abbildung 2-16: Planungsebenen der Fabrik (Gliederung nach Hierarchieebene)[25]

Planungsfelder der Fabrik

Zusätzlich werden die Planungsbereiche der Fabrik bei einigen Autoren mit einer zweiten Gliederungsstruktur belegt, die in Abbildung 2-17 gezeigt wird. Die Bezeichnung dieser ist nicht immer eindeutig, wobei auch nach teilweise verschiedenen Kriterien oder sogar uneinheitlich kategorisiert wird. Diese verschiedenartigen Abgrenzungen ergeben sich aus noch teilweise uneinheitlicher Zieldefinition, so z. B. hierarchischer Abgrenzung nach ähnlicher Zielsetzung und Einflüssen von Unternehmensbereichen [Paw14, S. 26ff.] oder Abgrenzung nach der Wandlungsfähigkeit der Objekte [WRN14, S. 141]. Obgleich bei den Autoren nicht näher ausgeführt, lässt sich eine Gliederung nach Planungsdisziplinen in den gezeigten Ansätzen ausmachen, die auf die Nutzung von Lerneffekten bei der Planung und auf die Abgrenzung der unternehmensseitigen Stakeholder abzielt. So wird bei VDI 5200 und HELBING der Fertigungsschritt von der Logistik abgegrenzt. Die Standort- und Raumplanung findet ein eigenes Merkmal bei VDI 5200, WIENDAHL und GRUNDIG, während Technik/Technologie bei HELBING, PAWELLEK und WIENDAHL dediziert berücksichtigt werden.

GRUNDIG (2015) Planungsfelder	Standort		Generalbebauungsplan	Fabrikstruktur
HELBING (2015) Funktionsbereiche	Technologie		Infrastruktur	Ultrastruktur
PAWELLEK (2014) Wirksysteme	Produkt	Technologie	Organisation	Anlagen
WIENDAHL (2014) Fabrikfelder	Technik		Organisation	Raum
VDI5200 (2011) Planungsbereiche	Ziele	Standort	Externe Logistik	Fabrik- und Produktionslogistik

Abbildung 2-17: Planungsfelder der Fabrik (Gliederung nach Planungsdisziplin)[26]

---

[25] Für die Einteilung der Planungsebenen der einzelnen Autoren vgl. [Gru15a, S. 15f.], [SWM14, S. 48], [WRN14, 141-143; 609-612], [Ver11b, S. 5ff.], [Bel09, S. 82], [SGL+07], [Wir00]

Detaillierungsgrad der Planung

Der Detaillierungsgrad der Planung ergibt sich aus der Planungstiefe und der Planungsbreite. Die Planungstiefe entspricht dem Detaillierungsgrad der Bearbeitung; eine hohe Planungstiefe führt regelmäßig zu höheren Datenmengen der Planung. Die Planungsbreite ist die Anzahl der geplanten Elemente; eine hohe Planungsbreite führt zu mehr geplanten Elementen und damit höherem Aufwand in der Planung. [Paw14, S. 35]

Wie Abbildung 2-18 verdeutlicht, kann der Detaillierungsgrad abhängig vom jeweiligen Teilsystem der Fabrik variieren und so Schwerpunkte für den Planungsprozess setzen [HeHe89].

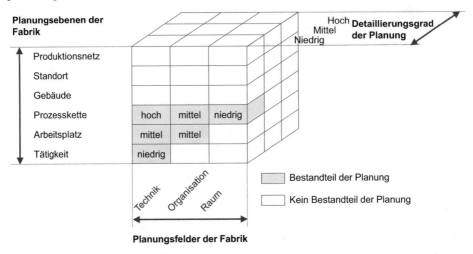

Abbildung 2-18: Planungsbreite und Planungstiefe

Bei hierarchisch gegliederten Systemen gilt, dass bei Änderung eines Systems zwangsläufig alle untergeordneten Hierarchieebenen mit angepasst werden müssen; somit führen Änderungen auf relativ hohen Systemebenen zu einem höheren Planungsumfang [Paw14, S. 34]. Der Planungsumfang ist jedoch keine direkte Determinante für den Planungsaufwand.[27] [Paw14, S. 34, Sch84, S. 1211]

In Abbildung 2-18 ist auch der Bestandteil der Planung im Kontext der Gestaltung von Fabrikstrukturen für die additive Fertigung gekennzeichnet. Diese Arbeit fokussiert ihren Beitrag auf das Planungsfeld der Technik und die Planungsebene der Prozesskette sowie angrenzende Bereiche.

---

[26] Für die Einteilung der Planungsfelder der einzelnen Autoren vgl. [GrAh99, S. 12f.], [Hel10, S. 49ff.], [Paw14, S. 26ff.], [WRN14, 141-143; 609-612], [Ver11b, S. 5ff.]

[27] Als weitere Determinante wird beispielsweise der Planungsfall genannt – Komplizierte Rahmenbedingungen, die bei der Umplanung bestehen, erhöhen den Planungsaufwand [Sch84, S. 1211]

2.2.5 Alternativenbildung in der Fabrikplanung

Die Rolle von Gestaltungsalternativen im Fabrikplanungsprozess wurde bei verschiedenen Autoren mit unterschiedlicher Betrachtungsbreite definiert. Der Umfang der Betrachtungen ist in Abbildung 2-19 dargestellt.

	GRUNDIG (2015)	PAWELLEK (2014)	SCHENK (2014)	WIENDAHL (2014)	VDI 5200 (2011)
Alternativen als Bestandteil der Planung	✓	✓	✓	✓	✓
Strukturierte Verfahren zur Bildung von Alternativen	✓	✓	✓	–	✓
...mit Prozesskettenbezug	–	–	–	–	–
Bewertungskriterien zur Bestimmung der Auswahlvariante	✓	✓	✓	✓	✓
Bewertungsverfahren zur Bestimmung der Auswahlvariante	✓	✓	✓	✓	✓
Dynamische Planungsgrundlage zur Bestimmung der Auswahlvariante	–	–	–	–	–

Legende: ✓ behandelt – nicht behandelt

Abbildung 2-19: Berücksichtigung von Alternativen in der Fabrikplanung bei verschiedenen Autoren

Demnach werden **Alternativen als Bestandteil der Planung** gesehen, um v. a. in frühen Projektphasen die Qualität einer möglichen Auswahlvariante zu erhöhen. Dafür werden erhöhte Kosten im Planungsprozess in Kauf genommen. [Gru15a, S. 200f., SWM14, S. 291]

Strukturierte Verfahren zur Bildung von Alternativen

Zur Erarbeitung von Gestaltungsalternativen sind zunächst Sub- und Teilsysteme zu bilden, welche die Komplexität je Teilsystem reduzieren, voneinander abgrenzbar sind sowie möglichst autark gestaltet werden können [Paw14, S. 51]. Der Zusammenhang von Systemstrukturierung und Alternativenbildung gestaltet sich in drei Grundfällen [Paw14, S. 52]:

- Systemstrukturierung ohne Variantenbildung
- Alternativenbildung mit mehrstufiger Variantenbildung, bei der Alternativen planungsebenenübergreifend gebildet werden
- Alternativenbildung mit einstufiger Variantenbildung, bei der Alternativen der folgenden Planungsebene erst auf Basis einer Auswahloption der davorliegenden Ebene berücksichtigt werden

Die Alternativenbildung mit einstufiger Variantenbildung wird dabei als Kompromiss aus Komplexität und Betrachtungsbereich des Lösungsraums gesehen [SWM14, S. 333]. Die VDI-Richtlinie VDI 5200 beschreibt für die Zielplanung die Variantenbildung als Kombination von Ausprägungen innerhalb eines morphologischen Fabrikmodells. Innerhalb der Gestaltungsfelder Organisation, Technik und Immobilie sind für verschiedene Gestaltungsobjekte Ausprägungen zu bilden [Ver11c]. Der Lösungsraum bei der

Variantenbildung ist zu beschränken, um die Vielfalt der Möglichkeiten zu begrenzen. Einschränkungen können z. B. durch funktionell-räumliche Kriterien und das Investitionsbudget vorgenommen werden [Gru15a, S. 168]. Die Ableitung konkreter Alternativen mit Bezug zur Prozesskette wurde bisher nicht betrachtet.

Bewertungskriterien zur Bestimmung der Auswahlvariante

Quantitative und qualitative Kriterien kommen, je nach gewähltem Bewertungsverfahren, zum Einsatz. Zu den quantitativen Kriterien zählen Betriebskennzahlen, beispielsweise Investitionsvolumen, Ergebnisveränderung, Personalveränderung oder Flächenveränderung. Als qualitative Kriterien gelten etwa Flexibilität, Zuverlässigkeit, Annehmbarkeit oder Qualität [Gru15a, S. 201, Paw14, S. 53, SWM14, S. 737ff., WRN14, S. 505]. Die Bewertungskriterien sind einschließlich ihrer relativen Gewichtung aus den Fabrikzielen abzuleiten [Ver11b, S. 10f.].

Bewertungsverfahren zur Bestimmung der Auswahlvariante

Die Bewertung von Alternativen kann mit quantitativen und qualitativen Methoden vorgenommen werden. Als quantitative Methoden werden

- klassische Investitionsrechnung als statische und dynamische[28] Verfahren der Bewertung von betriebswirtschaftlichen Kennzahlen, wie Kosten, Amortisationsdauern, Kapitalwerte, etc. [Gru15a, S. 206ff., Paw14, S. 54ff., SWM14, S. 733ff., WRN14, S. 505],
- Lebenszykluskostenanalyse mit Unterteilung der Lebensdauer in verschiedene Phasen mit jeweils spezifischen Kostenansätzen [Paw14, S. 54ff., SWM14, S. 742ff., WRN14, S. 505],
- Economic Value Added als Bewertung der Wertsteigerung einzelner Investitionsprojekte [Paw14, S. 54ff.] und
- Realoptionstheorie durch Mitbewertung von Handlungsspielraum bei der Bewertung von Investitionsprojekten [Paw14, S. 54ff.]

genannt. Qualitative Methoden sind

- Kosten-Nutzen-Analysen [Paw14, S. 58ff.],
- Nutzwert-Analysen [Gru15a, S. 201ff., Paw14, S. 58ff., SWM14, S. 746f., WRN14, S. 504f.],
- Analytic Hierarchy Process [SWM14, S. 747ff.],
- erweiterte Wirtschaftlichkeitsrechnung [WRN14, S. 505, Ver16] und
- Gegenüberstellung des Kennzahlenprofils von Alternativen, einfache Punktebewertung [Gru15a, S. 204ff., Paw14, S. 58ff.].

Dynamische Planungsgrundlage zur Bestimmung der Auswahlvariante

Zur Verwendung von dynamischen, simulationsbasierten Planungsgrundlagen als Eingangsdaten für die Bestimmung der Auswahlvariante wurden bisher keine Ansätze beschrieben.

---

[28] Im Unterschied zur dynamischen Fabrikplanung, welche die Betrachtung der Fabrik über den Zeitverlauf meint (vgl. Abschnitt 2.4.1), beschreibt die dynamische Investitionsrechnung die Berücksichtigung von zu unterschiedlichen Perioden anfallenden Zahlungen [SWM14, S. 736]

2.3 Produktionsprogramme

Produktionsprogramme beschreiben die Gesamtheit der in einer Fabrik zu produzierenden Produkte hinsichtlich Art (qualitative Komponente), Menge (quantitative Komponente) und Periode (zeitliche Komponente) sowie weiterer planungsrelevanter Kriterien [Zäp01, S. 79, Ker79, S. 1566]. Produktionsprogramme müssen daher in der Dimensionierung und Strukturierung der Fabrik reflektiert sein und werden sowohl in der Theorie als auch der Anwendungspraxis als die wichtigste Basis für die Planung von Fabriken betrachtet [Gru15a, S. 44, Hel10, S. 19, Sch95, S. 164].

Der Begriff des Produktionsprogramms wird hier in Bezug auf die Produktion von Erzeugnissen und damit getrennt von der Ermittlung oder planerischen Festlegung betrachtet, welche Erzeugnisse am Markt abgesetzt werden. Bei letzterem handelt es sich um das Absatzprogramm, welches Eingangsgröße für das Produktionsprogramm ist. Das Produktionsprogramm wird an dieser Stelle als Eingangsgröße der Fabrikplanung betrachtet, sodass Fokus auf die strategisch-langfristige planerische Eigenschaft gelegt wird. Methoden für die taktischen und operativen Schritte der Produktionsprogrammplanung sind nicht im Fokus, werden aber dennoch knapp dargestellt, um dem Leser eine Gesamtübersicht zu vermitteln.

Als Eingangsgröße für die Planung von Fabriken ist die Erhebung eines Produktionsprogramms in einer geeigneten Struktur erforderlich, siehe Abbildung 2-20. Die geeignete Struktur wird durch die Strukturdeterminanten, Abschnitt 2.3.1, festgelegt. Dies bedeutet, dass aus der Menge der Merkmale von Produktionsprogrammen, Abschnitt 2.3.2, ausgewählt wird. Aus Mustern im Ausprägungsraum können Produktionsprogramme zu Klassen abstrahiert werden und so reziprok auf bedingende Eigenschaften geschlossen werden, Abschnitt 2.3.3. Die Ermittlung der Ausprägungen entsprechend gewählter Struktur des Produktionsprogramms erfordert die Verwendung verschiedener Datenquellen. Im unternehmerischen Realkontext müssen hierzu aufbau- und ablauforganisatorische Anforderungen beachtet werden, Abschnitt 2.3.4.

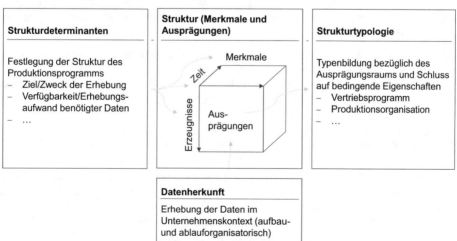

Abbildung 2-20: Struktur und Datenherkunft von Produktionsprogrammen

2.3.1 Strukturdeterminanten von Produktionsprogrammen

Unter Strukturdeterminanten werden diejenigen Festlegungen verstanden, die maßgeblich die Struktur des Produktionsprogramms festlegen. Im Einzelnen sind dies die Auswahl der betrachteten Erzeugnisse, die Art und Weise der Erfassung von Erzeugnissen, siehe Abschnitt 2.3.1.2, und die Festlegung und Einteilung des betrachteten Zeitraums, siehe Abschnitt 2.3.1.3 und Abschnitt 2.3.1.4.

2.3.1.1 Planungsebene

Die Erstellung von Produktionsprogrammen kann auf strategischer, taktischer oder operativer Planungsebene erfolgen. Je nach Ebene liegen verschiedene Zielsetzungen zu Grunde [Jac96]. Dies spiegelt sich in unterschiedlichen verwendeten Merkmalen, Erzeugnissen und Zeithorizont des Produktionsprogramms wider. Daher gibt die ausgewählte Planungsebene maßgebliche Hinweise, welche Ausprägungen die weiteren Strukturdeterminanten annehmen. Im Folgenden werden kurz die verschiedenen Ebenen erläutert.

In der *strategischen Produktionsprogrammplanung* wird die Ausrichtung des Produktionsprogramms auf das strategische Unternehmensziel, z. B. Unternehmenswert, festgeschrieben. Die langfristige Veränderung der Menge produzierter Erzeugnisse steht hier im Vordergrund sowie etwaige Kostenabschätzungen [BBB+14, S. 107]. Strategische Produktionsprogramme tendieren daher zu langfristigem Planungshorizont, können die Erweiterung der Ressourcen erforderlich machen und neigen auf Grund der über den langen Planungszeitraum unbekannten Rahmenbedingungen zu pauschalem/indifferenten Detaillierungsgrad.

Die *taktische Produktionsprogrammplanung* konkretisiert die Vorgaben der strategischen Programmplanung und legt für die geplanten Erzeugnisse Produktionsmengen und Produktionsprozessabfolgen fest. Eingangsparameter ist das um Fremdvergabeumfänge korrigierte Absatzprogramm [BBB+14, S. 109f.]. Die taktische Produktionsprogrammplanung tendiert zu mittelfristigem Planungshorizont, kann ebenfalls die Erweiterung von Ressourcen erforderlich machen und verfügt üblicherweise über einen aggregierten/eingeengten Detaillierungsgrad.

Die *operative Produktionsprogrammplanung* regelt die genauen Produktionszeitpunkte und -mengen und kann als zeitliche Abstimmung zwischen kurzfristigem Absatz- und Produktionsprogramm aufgefasst werden [BBB+14, S. 111, Zäp01, S. 57ff.]. Stimmen Absatz- und Produktionsmengen in allen Perioden überein, liegt Synchronisation vor. Fallen beide Mengen auseinander, liegt eine Ablösung vor. Der Verknüpfungsmechanismus von Absatz- und Produktionsprogramm soll bei Gewinnerzielungsabsicht auf eine minimale Summe aus Lagerhaltungs- und Produktionskosten abzielen, sodass sich weitreichende Ablösung durch den Lagerbestandsaufbau negativ auf die Zielerreichung auswirkt. In der operativen Produktionsprogrammplanung sind verschiedene Problemstellungen zu lösen, darunter etwa das Behandeln von Fertigungsengpässen und die Berücksichtigung von Skaleneffekten in der Produktion [BBB+14, S. 111, SBR05, S. 21ff.]. Die operative Produktionsprogrammplanung weist regelmäßig einen kurzen Planungshorizont auf, greift auf Grund zu berücksichtigender Beschaffungszeiträume auf vorhandene Ressourcen zurück und muss einen detaillierten/definitiven Detaillierungsgrad aufweisen, um die operative Nutzung erst zu ermöglichen.

2.3.1.2 Detaillierungsgrad der Erzeugnisse

Produktionsprogramme können in unterschiedlichen Detaillierungsgraden vorliegen. Der Detaillierungsgrad ergibt sich aus den verfügbaren Daten und der zugehörigen Planungssicherheit [Hel10, S. 191f.].

In Abhängigkeit der Fertigungsart kommen daher typischerweise verschiedene Detaillierungsgrade zum Einsatz. Bei detaillierten/definitiven Produktionsprogrammen werden alle Erzeugnispositionen geplant und mit vollständigen Produktkonstruktionen und Produktionsprozessabfolgen hinterlegt. Aggregierte/eingeengte Produktionsprogramme gruppieren Erzeugnisse und wählen einen Typenvertreter je Erzeugnisgruppe; die übrigen Produkte werden auf diesen umgerechnet, sodass lediglich für Typenvertreter geplant wird.[29] Die Genauigkeit der Daten, Planung von und Umrechnung zum Typenvertreter wirkt sich auf die Gesamtgenauigkeit aus. Bei pauschalen/indifferenten Produktionsprogrammen handelt es sich um eine Aggregationsstufe, bei der nur wenige Gruppen zusammengefasst werden. Die Planung wird typischerweise mit Kennzahlen, z. B. am Umsatz orientierten Größen, durchgeführt. [Hel10, S. 191f., Sch95, S. 168]

Abbildung 2-21 illustriert die gewählten Planungsansätze in Abhängigkeit zum Detaillierungsgrad.

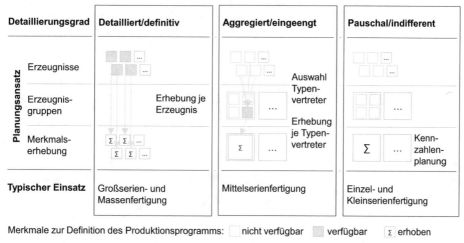

Abbildung 2-21: Detaillierungsgrad von Produktionsprogrammen

2.3.1.3 Bezugszeitraum

Produktionsprogramme können als Planungswerk oder aus historischen Daten erzeugt werden. In der Literatur wird häufig nur von einer Planung gesprochen und der Planungszeitraum definiert als diejenige zeitliche Periode, für die im Falle einer zukunftsgerichteten Planung das Produktionsprogramm antizipiert wird. Üblicherweise wird nach drei Ausprägungen unterschieden: kurzfristige Planung (unter einem Jahr), mittelfristige

---

[29] Es kann ebenfalls ein fiktiver Typenvertreter im Sinne einer Durchschnittsvariante definiert werden

Planung (zwischen zwei und fünf Jahren) und langfristige Planung (ab fünf Jahren).[30] [Sch95, S. 161]

2.3.1.4   Zeitliche Abgrenzung

Die zeitliche Abgrenzung gibt im Unterschied zum Planungszeitraum die Planungsperiode an. Diese kann über den Planungszeitraum variabel gestaltet sein.[31] Typische Dimensionen sind jährlich, quartalsweise, monatlich, wöchentlich oder täglich.

2.3.2   Struktur (Merkmale und Ausprägungen)

Es lassen sich verschiedene Strukturmerkmale in der Literatur nachweisen. HELBING teilt diese ein in Konstruktions-, Technologie- und Planmerkmale [Hel10, S. 1240]. Die hier zu Grunde gelegte Struktur schließt sich dieser Sichtweise an und ergänzt weitere Merkmale, die bei KERN, SCHMIGALLA und GRUNDIG zu finden sind. Die Merkmale sind einschließlich ihrer Ausprägungen in Abbildung 2-22 dargestellt und in den Folgeabsätzen beschrieben. Die hier verwendeten Konstruktions-, Technologie- und Planmerkmale entsprechen einer vereinfachten Auswahl der von HELBING angeführten Merkmale.

---

[30] Zum Teil werden langfristige Produktionsprogramme auch ab 3 Jahren typisiert, vgl. [SWM14, S. 295]

[31] Beispiel einer variablen Abgrenzung über den Planungszeitraum: monatsweise Planung im kurzfristigen Zeitraum, quartärliche Planung im mittelfristigen Zeitraum, jährliche Planung im langfristigen Zeitraum

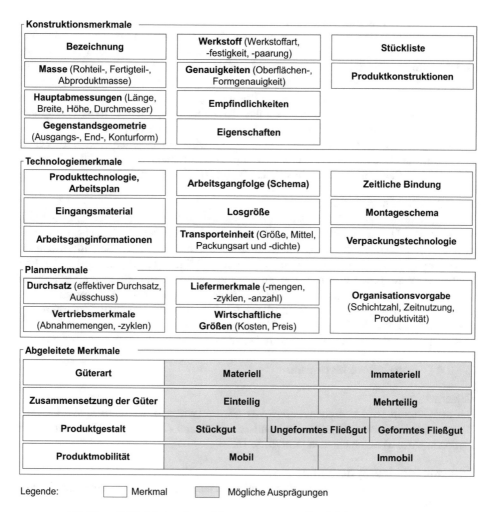

Abbildung 2-22: Merkmale und Ausprägungen von Produktionsprogrammen

2.3.2.1 Konstruktionsmerkmale

Die Konstruktionsmerkmale[32] ergeben sich aus der **Produktkonstruktion**, die Gestalt und Aufbau des Produktes konstituiert. Die **Bezeichnung** dient als eindeutiges Kennzeichen. **Masse, Hauptabmessungen** und **Gegenstandsgeometrie sowie Werkstoff-** und **Genauigkeitsmerkmale** lassen sich aus den Konstruktionsdaten ableiten und geben praktische Hinweise für die Wahl und Auslegung von Fertigungseinrichtungen. Wird ein Produkt aus mehr als einer Komponente gebildet, dann werden die Informationen aus der **Stückliste** entnommen und können aufgelöst werden.

---

[32] Die Merkmale ergeben sich nach der inzwischen zurückgezogenen Norm DIN 6789 Teil 2 anhand des Informationsinhaltes technischer Produktdokumentationen aus den darin enthaltenen technologischen, geometrischen und organisatorischen Informationen [Deu90]

2.3.2.2   Technologiemerkmale

Die Technologiemerkmale leiten sich aus dem **Arbeitsplan** ab. Dieser beschreibt jeden zur Produkterstellung erforderlichen Arbeitsgang mit den entsprechenden **Arbeitsganginformationen.** Dazu zählen die verwendeten Betriebsmittel und verwendeten Verfahren, Stückzeiten für Betriebsmittel und Mitarbeiterkapazitäten[33]. Informationen zu nachgelagerten Schritten, z. B. anfallenden Prüfumfängen, fallen ebenfalls unter dieses Merkmal [Hel10, S. 1240]. Die Reihenfolge der Arbeitsgänge ist als **Arbeitsgangfolge** zu beschreiben. **Losgröße,** sofern festgeschrieben, die Beschreibung von **Transporteinheiten** sowie zeitliche Bindungen, wie vorgeschrieben Liegezeiten, etc. und **Verpackungsinformationen**[34] vervollständigen die Technologiemerkmale. Die zuletzt genannten Merkmale sind meist nicht vollständig im Arbeitsplan enthalten.

2.3.2.3   Planmerkmale

Die Planmerkmale entsprechen den Produktionsbedarfen und sind daher langfristig absatzorientiert. Die zu produzierenden Mengeneinheiten werden als **Durchsatz** geführt; neben dem effektiven Durchsatz sind anfallende Ausschussteile, Garantie/Kulanzen, Ersatz, Erweiterungs- und Nacharbeit zu berücksichtigen [Hel10, S. 1240]. Die **Vertriebsmerkmale** geben Informationen zur absatzgerechten Leistungserstellung, während die **Liefermerkmale** auf die logistische Lieferausführung abzielen. Für Entscheidungsfindungen werden ebenfalls **wirtschaftliche Kosten- und Preisgrößen** mitgeführt. **Organisationsmerkmale** fungieren als Eingangsparameter der Kapazitäts- und Auslastungsplanung; Schichtdaten, Effizienzgrade und Durchsatzgrößen fallen hierunter.

2.3.2.4   Abgeleitete Merkmale

Güterart

Bei der Güterart wird zwischen *materiellen Gütern* (wie z. B. Maschinen, Werkzeugen, Bauwerken, Produkten, Werkstoffen) und *immateriellen Gütern* (z. B. Diensten, Informationen, Arbeit) unterschieden [Ker79, S. 1638].

Zusammensetzung der Güter

Hier kann zwischen *einteiligen Gütern* und *mehrteiligen Gütern* unterschieden werden [Ker79, S. 1639].

Produktgestalt

Die Produktgestalt kann *Stückgütern,* wie z. B. Bauteilen oder Maschinen, entsprechen; die einzelnen Produkte haben dann eine definierte Geometrie und sind diskret zählbar. Sind die einzelnen Güter nicht klar voneinander separierbar, wird von Fließgütern gesprochen. *Ungeformte Fließgüter,* wie z. B. Flüssigkeiten oder Gase, haben unbestimmte Breite, Höhe und Länge. Demgegenüber liegen *geformte Fließgüter* vor, wenn zwei

---

[33] In der industriellen Praxis sind die Stückzeiten häufig nur für Betriebsmittel im Hauptbearbeitungsgang systemseitig abgebildet

[34] Verpackungsinformationen können ebenfalls als Bestandteil von Stückliste und Arbeitsplan ausgedrückt werden und sind dann an dieser Stelle nicht redundant zu führen

Dimensionen als Breite und Höhe bestimmt sind, die Länge jedoch variabel ist, z. B. Drähte oder Bleche. [Ker79, S. 1638][35]

Menge
Die Menge bezeichnet die Produktionsmenge im Bezugszeitraum. Die Menge nimmt einen *ganzzahligen Wert* bei Stückgütern ein. Bei Fließgütern können *Volumen- oder Massedimensionen* zur Mengendefinition verwendet werden.

Kapazität
Bereits aus dem Produktionsprogramm können Festlegungen zum Bedarf an Produktionskapazitäten je Produktionsbereich/Ausrüstung abgeleitet werden. Diese können aus Stückzahlen/Arbeitsplänen erstellt werden. [Gru15a, S. 72]

Produktmobilität
Produkte können *mobil* oder *immobil* sein. Mobile Produkte können bewegt werden und damit verschiedene Produktionsstätten durchlaufen. Immobile Produkte werden an einer Baustelle gefertigt, d. h. die Produktionsfaktoren müssen für die Leistungserstellung zum Produkt transportiert werden. [Sch95, S. 165, Ker79, S. 1638]

2.3.3 Strukturtypologie

Der beidseitige Schluss von Merkmalskombinationen vorliegender Produktionsprogramme zu weiteren Unternehmenseigenschaften basiert auf der Abstraktion verschiedener Grundtypen. Dabei werden Merkmalskombinationen zu synthetisch gebildeten Klassen zusammengefasst, die nicht notwendigerweise den gesamten Merkmalsraum abdecken. Eine solche Typenbildung und Ordnung wird als Typologie bezeichnet.[36]

2.3.3.1 Absatzstruktur

Die Ausprägungen der Absatzstruktur leiten sich nach der Beziehung der Produktion zum Absatzmarkt ab. Bei den marktorientierten Fertigungstypen liegt der Herstellungsprozess vor dem Bestellvorgang, bei kundenorientierter Fertigung wird der Produktion vorgelagert durch den Kunden spezifiziert und bestellt. Die einzelnen Ausprägungen lauten [Ker79, S. 1640]:

- marktorientierte Fertigung von Standarderzeugnissen ohne Varianten,
- marktorientierte Fertigung von Standarderzeugnissen mit Varianten,
- kundenorientierte Fertigung von typisierten Erzeugnissen mit kundenspezifischen Varianten und
- kundenorientierte Fertigung von Erzeugnissen nach Kundenspezifikation.

2.3.3.2 Anzahl der Produktarten

Die Fertigung von nur einer Produktart wird als *Einproduktfertigung* bezeichnet. Demgegenüber steht die *Mehrproduktfertigung*, wenn mehr als eine Produktart gefertigt wird [Sch95, S. 165, Ker79, S. 1639].

---

[35] Davon abweichend [Sch95, S. 165] ohne Unterscheidung in ungeformte und geformte Fließgüter

[36] Hempel, C. G. und Oppenheim, P. (1936): Der Typusbegriff im Lichte der neuen Logik, zitiert nach [GrJö36, S. 266ff.]

2.3.3.3 Homogenität der Produkte

Die Homogenität der Produkte wird durch ihre Ähnlichkeit bestimmt. Im Extremum der *Einzelfertigung* wird nur jeweils eins oder sehr kleinen Mengen je Produkt hergestellt, es handelt sich also um individuelle Produkte. In der *Serienfertigung (Klein- und Großserie)* existieren verschiedenartige Produktgruppen mit jeweils mehreren produzierten Produkten je Güterart. Die Produktgruppen können jedoch klar gegeneinander abgegrenzt werden (keine oder geringe Übereinstimmung). Bei der *Sortenfertigung* weisen verschiedenartige Produkte eine hohe Ähnlichkeit in fertigungsbestimmenden Merkmalen auf (Werkstoff, Abmessung, Gestalt, Qualität). Der zweite Extremfall ist die *Massenfertigung*. Bei diesem Homogenitätstyp stimmen alle Produkte überein. [Sch95, S. 165, Ker79, S. 1639, Kos66]

2.3.3.4 Leistungstiefe

Die Leistungstiefe bezeichnet das Verhältnis aus Eigenleistung und Zukaufleistung [Gru15a, S. 72]. Die Leistungstiefe in der Fertigung wird dabei nach [Pic92] nicht als binäre Entscheidung zwischen Eigenfertigung und Einkauf am Markt bestimmt, sondern nimmt je nach Relation und Schnittstelle zum Zulieferer eine von verschiedenen Alternativoptionen ein. Diese Optionen können je Produktart und Wertschöpfungsschritt verschieden gewählt sein. Es ergibt sich ein Kontinuum der Fertigungstiefe, was vom spontanen Einkauf am Markt über formalisierte Rahmenverträge bis hin zu vollständig eigener Fertigung verläuft [Pic92, S. 107].

2.3.3.5 Leistungsbreite

Die Leistungsbreite eines Produktionsprogramms beschreibt die *Anzahl verschiedener Produktarten*, die bei im Wesentlichen unverändertem Aufbau der Produktionsumgebung parallel oder seriell produziert werden [Voi17].

2.3.3.6 Bedarfsverlauf

Die verschiedenen Ausprägungen des Bedarfsverlaufs sind in Abbildung 2-23 illustriert: Die Kombination aus bedarfsfreien Perioden und unregelmäßig auftretenden Bedarfen zeigt ein *sporadisches Bedarfsprofil* an. Verändert sich der mittlere Bedarf periodenübergreifend monoton, deutet dies auf ein *trendartiges* Bedarfsprofil hin. Der Nachfrageverlauf kann ferner *saisonale Schwankungen* aufweisen, was an wiederkehrenden Verlaufsabschnitten innerhalb gewisser Grenzen erkennbar ist. Der Bedarf kann im Rahmen der zeitlichen Abgrenzung *stationär* verlaufen. [SSB14, S. 70f., Sch95, S. 165]

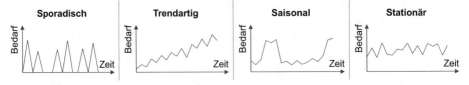

Abbildung 2-23: Ausprägungen des Bedarfsverlaufs in Anlehnung an [SSB14, S. 71]

2.3.4   Erhebung im Unternehmenskontext

2.3.4.1   Anforderungen

Bei der Verwendung von Produktionsprogrammplanungsdaten für die Fabrikplanung bestimmen die Vollständigkeit und Genauigkeit des Produktionsprogramms die Wirtschaftlichkeit der nachfolgend getätigten Fabrikinvestitionen [Sch95, S. 164, Hel10, S. 185].

2.3.4.2   Ablauforganisatorisch

Das Grundvorgehen zur Bestimmung des Produktionsprogramms ist in Abbildung 2-24 dargestellt: Es wird zuerst das Absatzprogramm basierend auf Kundenaufträgen oder Absatzprognosen bestimmt, gegebenenfalls ergänzt um Vorgaben der strategischen Unternehmensplanung. Ein anschließender Ressourcenabgleich prüft, ob die als vorhanden angenommenen Ressourcen ausreichen, um die Leistungen gemäß Absatzprogramm zu erstellen. Für nicht ausreichende Ressourcen werden erforderliche Erweiterungsinvestitionen bewertet. Parallel dazu werden für die einzelnen Erzeugnisse des Absatzprogramms jeweils die Eigenfertigungs- oder Fremdvergabeentscheidungen getroffen. Der Beschaffungsmarkt erhält Zulieferaufträge für die Fremdvergabeumfänge, während die Eigenfertigungsumfänge das Produktionsprogramm bilden. Sind erforderliche Erweiterungsinvestitionen notwendig, so liegt ein Produktionsprogramm mit erweiterten Ressourcen vor. [Sch95, S. 162]

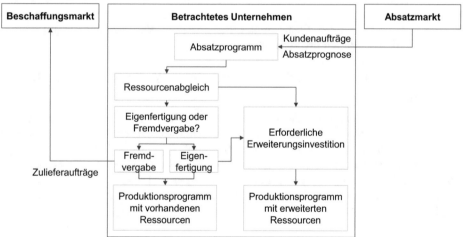

Abbildung 2-24: Ablauf der Produktionsprogrammplanung, modifiziert nach [Sch95, S. 162]

2.3.4.3   Aufbauorganisatorisch

Die Planung des Produktionsprogramms muss die Produktion marktgerechter Güter absichern. Es leitet sich daher langfristig[37] aus dem Absatzprogramm eines Unternehmens ab und bedient somit die Schnittstelle zwischen den Produktions- und Absatzfunktionen/Marketing eines Unternehmens [BBB+14, S. 105].

---

[37] Abweichungen im kurzfristigen Produktions- und Absatzprogramm werden z. B. zur Effizienzsteigerung der Produktion vorgenommen

Aus der Verbindung zum Absatzprogramm leitet sich die Anforderung ab, Veränderungen des Marktgeschehens zu erkennen und in der Produktionsprogrammplanung zu berücksichtigen. Entsprechend ist die unternehmensinterne Schnittstelle zur Produktions- und Absatzfunktion notwendig. Da die Einführung neuer Produkte und Technologien ebenfalls Veränderungen im Produktionsprogramm impliziert, ist auch der Bereich Forschung und Entwicklung einzubinden. Mit dem Finanzbereich müssen finanzielle Mittel für die Einführung neuer Produkte und Produktionstechnologien geplant werden. Eben diese Planung ist auch mit dem Produktionsbereich hinsichtlich der Planung von Technologieeinführungen durchzuführen. Weitere Bedarfsstellen für das Produktionsprogramm innerhalb der Produktionsfunktion sind die Bereitstellungsplanung, für Personal-, Anlagen-, und Materialbedarfe, und Durchführungsplanung, für Fertigungstypen und -ablauf. [BBB+14, S. 105f.]

2.3.5 Rolle bei der Gestaltung von Fabrikstrukturen für die additive Fertigung

Auf Basis der ermittelten Struktur und der Datenherkunft von Produktionsprogrammen kann die Dimensionierungsgrundlage für die Gestaltung von Fabrikstrukturen für die additive Fertigung geschaffen werden. Dabei können keine Aussagen zur Gestalt der Produktionsprogramme mit allgemeiner Gültigkeit getätigt werden. Im Kontext des Laser-Strahlschmelzens lassen sich jedoch technisch bedingte Einschränkungen insbesondere der Konstruktionsmerkmale des Produktionsprogramms festzustellen. So sind die Masse und Hauptabmessungen der zu fertigenden Produkte durch die Bauraumgrößen verfügbarer Maschinen eingeschränkt. Ferner ist die Werkstoffauswahl auf verfügbare und fertigbare Metallpulverwerkstoffe begrenzt.

2.4 Simulationsbasierte Ansätze im Rahmen der Fabrikplanung

Allgemeinhin ist Simulation ein „Verfahren zur Nachbildung eines Systems mit seinen dynamischen Prozessen in einem experimentierbaren Modell, um zu Erkenntnissen zu gelangen, die auf die Wirklichkeit übertragbar sind" [Ver13b, S. 16]. Der Einsatz von Simulationsverfahren im Kontext von Produktionssystemen gliedert sich gemäß VDI 3633 in die Anwendungsfälle der Planung, Realisierung und des Betriebs [Ver14a, S. 5]. Simulationsbasierte Ansätze haben sich im Rahmen der Fabrikplanung als Werkzeug etabliert.

2.4.1 Simulationsbasierte Ansätze in der Planung und Optimierung von Fabriken

Gegenüber der konventionellen Fabrikplanung ergeben sich aus der Simulationsunterstützung verschiedene Vorteile, siehe Abbildung 2-25. Durch die Betrachtung dynamischer Systeme wird auch von dynamischer gegenüber statischer Fabrikplanung gesprochen [Gru15a, S. 239]. Die Betrachtung dynamischen Systemverhaltens äußert sich in verschiedenen Auslegungszuständen: Sind bei konventioneller Planung ausgewählte Zustände zu bewerten, so bildet die simulationsunterstützte Fabrikplanung die innerhalb von Rahmenbedingungen vorliegenden gesamten zeit- und raumabhängig veränderlichen Zustände ab [Gru15a, S. 239, WRN14, S. 558]. Die Modelle der dynamischen Fabrikplanung werden direkt als Bestandteil des Planungsprozesses gebildet, während sie im statischen Fall dediziert[38] angelegt werden müssen [BGW11, S. 59]. So erhaltene Modelle sind in der Regel als 2D/3D-Geometriemodelle direkt aus dem Simulationsmodell ableitbar und können für Virtual-Reality-Anwendungen weiterverwendet werden[39] [Gru15a, S. 239, BGW11, S. 59, Ver09]. Offene Datenformate (z. B. CMSD) vereinfachen die Weiterverwendung der Modelle für den operativen Produktionsbetrieb [LLR15].

	Konventionelle Fabrikplanung	Simulationsunterstützte Fabrikplanung
Betrachtetes Systemverhalten	Statisch	Dynamisch
Auslegungszustände	Bestimmter Zustand (z. B. Mittelwerte, Hochrechnungen)	Zeit- und raumabhängig veränderliche Zustände
Erstellung von Modellen/Prototypen	Separat auf Basis der durchgeführten Planungsschritte	Als Bestandteil des Planungsprozesses
Kommunikations-unterstützung	Separate Erstellung von Ergebnisvisualisierungen notwendig	Dynamische Visualisierungsoptionen (2D/3D, Virtual Reality) i. d. R. direkt aus gebildeten Modellen ableitbar
Weiterverwendbarkeit der Daten	Ggf. Digitalisierung erforderlich	Weiterverwendung für die Produktionsplanung und Steuerung bei Verwendung von Standardformaten (z. B. CMSD)

Abbildung 2-25: Vergleich konventioneller und simulationsgestützter Fabrikplanung

Angemessene Einsatzfälle für Simulationsverfahren sind Aufgabenstellungen, die mit einem geringeren relativen Aufwand bzw. ausschließlich mit Simulation gelöst werden können[40]. Auch ein erheblicher Kommunikationsvorteil, z. B. durch Visualisierung von Resultaten, kann den Einsatz von Simulation begründen, auch wenn andere Methoden weniger Aufwand bedeuten können [WCP+08, S. 15]. Neben dem hohen Aufwand der Simulation ergeben sich auch Nachteile aus dem Einsatz von Simulation. So beschränkt sich die Gültigkeit der gewonnenen Aussagen meist auf den modellierten Anwendungsfall.

Es ergeben sich die in Abbildung 2-26 dargestellten Einsatzzwecke von Simulationsanwendungen in allen Phasen der Fabrikplanung. In der Vorbereitungsphase kommen v. a. Grobsimulationen zur Unterstützung grundlegender Entscheidungen und zur Auswahl von Lösungskonzepten zum Einsatz. In dieser Phase werden etwa verschiedene Produktions- und Absatzszenarien und alternative Produktionsstrategien bewertet und zugehöri-

---

[38] Beispielsweise zur Verdeutlichung von Fertigungs- und Hallenlayouts
[39] VDI 3633 Blatt 11 beschreibt Einsatzfelder, Zielgruppen für die Visualisierung mit verschiedenen Visualisierungsverfahren
[40] Dies ist auch bei signifikanten Einflüssen aus dynamischem oder stochastischen Systemverhalten gegeben

ge Investitionsbedarfe abgeschätzt [SWM14, S. 240f.]. In der folgenden Strukturplanung liegt der wesentliche Simulationszweck in der Grobsimulation verschiedener Lösungskonzepte und Varianten, von denen im Resultat eine Ausführungsvariante bestimmt wird und einer Feinsimulation unterzogen werden kann. Sowohl in der Struktur- als auch in der Feinplanung sind Produktionsstrukturen, Ausrüstungen (für die Bearbeitung sowie zur Erbringung notwendiger Logistikaktivitäten einschließlich Lagerung und Puffer), Raumanordnungen und Flexibilitätsbetrachtungen typische Betrachtungsgegenstände [SWM14, S. 241f.]. In der Ausführungsplanung kann die Simulation der Projektrealisierung und des Montageablaufs noch Wirtschaftlichkeitspotenziale erzielen; in der Anlaufplanung kommt Simulation zur Unterstützung der Inbetriebnahme zum Einsatz [SWM14, S. 242].

Phase der Fabrikplanung	Simulationszweck	Typische Simulationsgegenstände	
Vorbereitung	Grobsimulation (Entscheidungen/ Lösungskonzept)	– Verschiedene Produktions- und Absatzszenarien – Verschiedene Produktionsstrategien	– Investitionsbedarfe bei Variation von Produktions- und Ausrüstungsszenarien
Struktur-planung	Grobsimulation (Lösungskonzepte/ Lösungsvarianten)	– Verschiedene Produktionsstrukturen (Segmentierung, Modularisierung, Bereichsbildung) – Flexibilität bei Veränderung des Produktionsprogramms – Einfluss von Störgrößen – Animation des Prozessablaufs (Kommunikation)	– Dimensionierung von Ausrüstungsbedarfen (Bearbeitung, Logistik) – Ausrüstungsanordnung, Flächenauslastung – Funktionsnachweise und Leistungsnachweise – Havarie- und Kollisionssituationen
Detail-planung	Feinsimulation (Ausführungsvariante)		
Ausführungs-planung	Simulation (Projektrealisierung, Montageablaufplanung)	– Zeit- und kostenoptimaler Montageablauf	– Havarievarianten im Bauablauf
Ausführung	Simulation (Inbetriebnahmeprozess, Anlauf/ Hochlaufverhalten)	– Optimales Anlauf- und Hochlaufverhalten im Produktionssystem	

Fokus dieser Betrachtungen

Abbildung 2-26: Simulationsanwendungen in den Phasen der Fabrikplanung[41]

Im Rahmen der Vereinfachung, Automatisierung und Standardisierung der Simulation wurden verschiedene Instrumente geschaffen.

Dazu zählt die Modellierungssprache SysML[42] zur Modellierung technischer Systeme. Dadurch, dass sie nicht proprietär, standardisiert und im Stande ist, komplexe Sachverhalte zu beschreiben und darzustellen, ist sie gut geeignet für die Modellbeschreibung

---

[41] Eigene Darstellung basierend auf Anwendungen nach [SWM14, S. 240ff.]
[42] SysML wurde im Jahr 2006 von der Object Management Group veröffentlicht

[SRS14, 190-193]. Sie erfordert jedoch eine abstrakte Sicht und Verständnis der vielfältigen Modellierungsoptionen [GHG13, Alt12].

Das Core Manufacturing Simulation Data Information Model (CMSD)[43] ist ein Datenformat, das standardisiert Simulations- und Fertigungsdaten beschreiben kann. Das Format ist konzipiert zur Erfassung von Daten hinsichtlich Layout, Ressourcen, Produktionsplanung, Ablaufplanung und Produkten. [LLR15]

Mit der grafischen Fertigungsmodellierung (GraFem)[44] soll die Erstellung von Modellen vereinfacht werden. Jener Ansatz legt den Schwerpunkt auf die Modellierung und Analyse von Flusssystemen und bietet grafische Darstellungsmöglichkeiten [GHG13]. Stand der industriellen Simulationstechnik ist die Verwendung von bausteinorientierten Simulationssystemen. Fabrikmodelle setzen sich ohne Programmierung aus vorkonfigurierten, funktionalen Bausteinen zusammen, deren Wahl, Endkonfiguration und räumliche Anordnung durch den Bediener vorzunehmen ist. Bei Bedarf können individuelle Bausteine konfiguriert werden. [Gru15a, S. 248]

Die (teil-)automatisierte Generierung zielt auf die weitere Reduzierung des Aufwands und der Durchlaufzeit der Simulationsdurchführung ab [Jen07, SSB+98]. Dabei wird jedoch maßgeblich auf Dokumentationsdaten aus Systemen einer bestehenden Fabrik zurückgegriffen, was einerseits die Verwendung auf Fabrikumplanungsvorhaben einschränkt und andererseits je nach vorliegender Datenqualität erheblichen Aufwand zur Nachbereitung der Daten erfordert.

Im Einsatzfeld der fabrikbezogenen Materialflusssimulationen kommen vorwiegend ereignisorientierte Simulationsprinzipien (event scheduling, event-driven simulations) zum Einsatz. Bei diesem Typ wird der Zeitfortschritt von Ereignissen bzw. Zustandsänderungen simuliert und dargestellt sowie für die Analyse erfasst und aufbereitet [Gru15a, S. 250]. Bei ereignisorientierten Simulationen wird eine Liste über die zukünftigen Ereignisse geführt. Immer dann, wenn ein Schritt in der Simulation durchgeführt wird, wird der interne Simulationszeitgeber auf den Zeitpunkt des nächsten Ereignisses dieser Liste fortgesetzt. Um diese Liste aufbauen zu können, sind sogenannte Entitäten erforderlich, die sich durch das simulierte System bewegen und so Ereignisse induzieren. [CuFe11, S. 323]

2.4.2 Vorgehensmodell zur Erstellung von Simulationsstudien

Im engeren Betrachtungskontext sowohl der Fabrikplanungs- als auch der Simulationsforschung wurden verschiedene Vorgehensmodelle zur Erstellung von Simulationsstudien entwickelt. In Abbildung 2-27 sind die Ansätze verschiedener Autoren über ein definiertes Phasenmodell aus Vorbereitung, Modellerstellung, Simulationsexperiment und Ergebnisverwertung aufgetragen. Die dargestellten Phasen sind nicht als konsekutiv zu verstehen, sie können vielmehr verschiedenen Iterationen und Rücksprüngen[45] unter-

---

[43] Das Core Manufacturing Simulation Data Information Model (CMSD) wurde von der Simulation Interoperability Standards Organization (SISO) veröffentlicht

[44] Der Ansatz zur grafischen Fertigungsmodellierung (GraFem) wurde von GRIENITZ veröffentlicht [GHG13]

[45] Iterationen ergeben sich etwa bei notwendigen Modifikationen in Verifikations- und Validierungsschritten, Modifikationen am Modell auf Basis von Resultaten durchgeführter Experimente, etc.

liegen. Im Folgenden werden die wesentlichen Schritte auf Basis des Vorgehensmodells nach ASIM dargestellt, da es einerseits durch die Verwendung in der VDI-Richtlinie 3633 normativen Charakter erhält und breite Verwendung bei weiteren Autoren [RSW08, WCP+08, S. 6] erhalten hat.

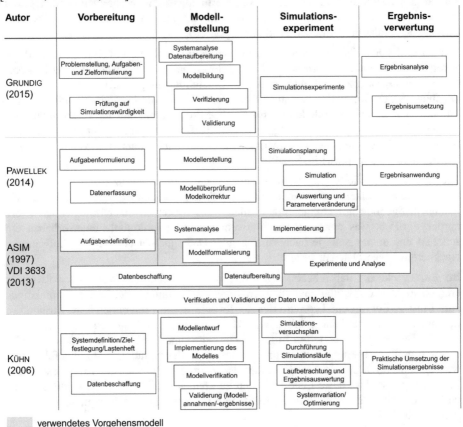

verwendetes Vorgehensmodell

Abbildung 2-27: Vorgehensmodelle zur Erstellung von Simulationsstudien[46]

Alle dargestellten Phasenmodelle beginnen mit einer **Vorbereitung**sphase, in der die Simulationsaufgabe definiert wird, wobei die einzelnen Autoren verschiedene Umfänge explizit machen. Bei der Zielsetzung für die Optimierung steht insbesondere die Wirtschaftlichkeitsmaximierung im Vordergrund. Aus diesem Fundamentalziel lassen sich beispielsweise Teilziele wie Durchlaufzeitminimierung, Terminabweichungsminimierung, Auslastungsmaximierung oder Bestandsminimierung ableiten [Ver14a, S. 9]. Häufig tritt dabei ein Zielkonflikt auf, da nicht alle Ziele gleichermaßen erfüllt werden können. Die Datenbeschaffung wird, mit Ausnahme des Ansatzes nach GRUNDIG, ebenfalls angestoßen. Datenbeschaffung und -aufbereitung können nach ASIM parallelisiert ab-

---

[46] Für die Vorgehensmodelle der einzelnen Autoren vgl. [Gru15a, S. 251], [Paw14, S. 376], [A-SI97]/[Ver14a, S. 19], [Küh06, S. 100]

laufen zu den Schritten der Modellerstellung und Vorbereitung des Simulationsexperiments. In den Kategorien Systemlast-, Organisations- und technische Daten sind die in Abbildung 2-28 illustrierten Daten zu erheben.

Systemlastdaten	Organisationsdaten	Technische Daten
Auftragseinlastung Produktionsaufträge, Transportaufträge, Mengen, Termine **Produktdaten** Arbeitspläne/Stücklisten	**Arbeitszeitorganisation** Pausenregelung, Schichtsysteme **Ressourcenzuordnung** Werker, Maschinen, Fördermittel **Ablauforganisation** Strategien, Restriktionen, Störfallmanagement	**Fabrikstrukturdaten** Anlagentopologie (Layout, Fertigungsmittel, Transportfunktionen, Verkehrswege, Flächen, Restriktionen) **Fertigungsdaten** Nutzungszeit, Leistungsdaten, Kapazität **Materialflussdaten** Topologie des Materialflusssystems, Fördermittel, Nutzungsart, Leistungsdaten, Kapazität **Stördaten** Funktionale Störungen, Verfügbarkeiten

Abbildung 2-28: Daten für die Simulation [Ver14a, S. 34]

In der **Modellerstellung**sphase entsteht bei allen gezeigten Ansätzen ein validiertes, simulationsfähiges Modell. Dazu ist im Rahmen der Strukturierung zunächst die Systemanalyse vorzunehmen, die der Komplexitätsreduzierung des betrachteten Systems in Hinblick auf die Problemstellung dient. Es folgt ein Abstraktionsschritt, der durch Reduktion und Idealisierung ein auf das Wesentliche beschränktes Modell des Systems bildet [Ver14a, S. 22ff.]. Ebenfalls in den Umfang der Systemanalyse fällt die Strukturierung des Systems. Dazu ist zunächst das System durch Systemgrenzen, Ein- und Ausgangsgrößen, ablaufende Prozesse und Modellelemente festzulegen. Diese werden in eine Aufbau- und Ablaufstruktur gebracht [Ver14a, S. 27ff.]. Im anschließenden Modellformalisierungsschritt gilt es, ein lauffähiges Simulationsmodell zu gestalten. Dazu kommt die Beschreibung per Programmiersprache oder die Verwendung einer grafisch-interaktiv bedienbaren Modellwelt eines Simulationswerkzeuges zum Einsatz [Ver14a, S. 31ff.]. Die Simulation wird im nachfolgenden **Simulationsexperiment** durchgeführt. Dazu sind zu variierende Parameterwerte zu bestimmen, in eine ablaufoptimale Reihenfolge zu bringen und die benötigten Rückmeldungen aus dem Simulationslauf zu definieren. Regelmäßig ist die Simulationsdurchführung ein systematisches Probieren, bei dem sich nachfolgende Experimente erst aus Ergebnissen zurückliegender Experimente ergeben. Zur **Ergebnisverwertung** sind zunächst die experimentell ermittelten Daten auf die Untersuchungsaspekte hin zu analysieren, um darauf entsprechende Maßnahmen zur Ergebnisumsetzung zu bilden [Ver14a, S. 35f.]. Die nach VDI 3633 phasenbegleitende Verifikation und Validierung stellt die Richtigkeit und Eignung der Phasenergebnisse sicher. RABE ET. AL. formulieren als Ziele der Verifikation und Validierung, „fundierte und nachvollziehbare Grundlagen für die Entscheidung über die Glaubwürdigkeit des Modells" zu schaffen. Ferner sollen Fehler frühzeitig erkannt werden, gewonnene Ergebnisse ins Modell einfließen und die Gültigkeit des Anwendungskontextes gesichert werden [RSW08, S. 3]. In den Rahmen der Verifizierung fallen die Prüfungen zur formalen Korrektheit, z. B. verwendete Syntax, und dem korrekten Detaillierungsgrad des Modells. RABE ET. AL. fokussieren auf den Transformationsaspekt und definieren Verifikation als „Überprüfung, ob ein Modell von einer Beschreibungsart in eine andere Beschreibungsart korrekt transformiert wurde" [RSW08, S. 14]. Die Validierung stellt die hinreichende Übereinstimmung von Modell und Originalsystem sicher. Da eine vollständige Übereinstimmung nur bedingt vorliegen kann, ist hierzu ein Toleranzrahmen festzulegen [Ver14a, S. 37]. Es müssen

- eine Überprüfung der Eingangsdaten,
- ein Vergleich mit Istdaten, der nur bei existierenden Systemen möglich ist,
- die Abstimmung von visuellen Ergebnisdarstellungen mit einem Experten und
- Sensitivitätsanalysen bezüglich Zufallseinflüssen

durchgeführt werden [Ver14a, S. 37ff.].

2.4.3 Konzepte für die Dimensionierung von Produktionssystemen

Die Forschung zur Simulation in Produktion und Logistik hat verschiedene Konzepte zur Dimensionierung von Produktionssystemen hervorgebracht. Diese sind nachfolgend kurz beschrieben. Unter einem Produktionssystem als Bestandteil des Fabriksystems wird die Menge der Elemente, Einzelprozesse und ihrer Relationen verstanden [Sch95].

Die Dimensionierung von Produktionssystemen kann als **Optimierungsproblem** parametrisierter Kapazitäten aufgegriffen werden. Verschiedene Optimierungsverfahren werden zum Einsatz in der Simulation in Produktion und Logistik beschrieben [MKR+11, S. 21ff.]:

- Deterministische Verfahren, die von einem Startpunkt ausgehen und die Erfüllung der Zielfunktion für alle diskreten Nachbarpunkte bestimmen. Für den Punkt mit der höchsten Zielerfüllung wird das Vorgehen wiederholt. Durch sukzessive Anwendung dieser Bergsteiger-Strategie gelangen derartige Verfahren schnell zum Ziel; können aber ebenfalls in lokale Optima laufen.
- Stochastische Verfahren erzeugen zufällige Startpunkte. Auf Basis der jeweiligen Zielerreichung werden ausgehend von günstigen Lösungen neue Punkte erzeugt. Derartige Verfahren arbeiten in der Regel effektiv, erfordern jedoch einen hohen Simulationsaufwand.
- Evolutionäre und genetische Verfahren gehen von einer zufällig bestimmten Elternmenge aus. Durch Mutation oder Rekombination werden neue Kinderelemente erzeugt. Im anschließenden Selektionsschritt werden die Elemente entfernt, die vorgegebene Ziele am schlechtesten erreichen. Die Optimierung gestaltet sich typischerweise zeitaufwendig.
- Schwellwertverfahren prüfen die Zielerreichung lokaler Nachbarpunkte. Dabei werden die Punkte weiter verfolgt, die eine gewisse, vom Fortschritt abhängige Schwelle nicht unterschreiten.
- Permutationsverfahren variieren nach einem festgelegten Muster die Modellparameter. Das Vorgehen entspricht dem faktoriellen Experiment nach [Ver97].

Es wurden mehrere **Dimensionierungsverfahren mit Fokus auf Flexibilität und Wandlungsfähigkeit** entwickelt. Die meisten dieser Verfahren basieren auf dem Zu- und Abschalten von Ressourcen nach festgelegten Regeln während der Simulation, vgl. [Kra13, Kob00].

Die **Kostensimulation** zielt darauf ab, Kosten möglichst verursachungsgerecht zu erfassen und ggf. auf Kostenträger aufzuteilen [Wun02]. Derartige Ansätze können nicht unmittelbar zur Dimensionierung herangezogen werden, sie ermöglichen jedoch eine präzise monetäre Bewertung und einhergehenden hohen Aufwand.

Keine direkte Simulation im Sinne dynamischer Prozessbetrachtung stellt die **Logistische Kennlinientheorie** von NYHUIS und WIENDAHL dar [NyWi12]. Dabei werden Arbeitssysteme mit einem Trichtermodell beschrieben und über Durchlaufdiagramme logistische Kennzahlen abgeleitet. Durch Untersuchung unterschiedlicher Betriebszustände lassen sich dadurch Kennlinien ableiten [NyWi12, S. 37]. Anhand dieser Kennlinien ließen sich mit weiterer Modifikation auch Dimensionierungsfragestellungen bearbeiten.

Vor dem Hintergrund hoher Praxistauglichkeit, dem Umfang der Prozesskette additiver Fertigungsverfahren, verschiedener Kapazitätseinflüsse aus Festlegungen zum Wertschöpfungsmodus und -tiefenfestlegungen erscheinen die zuerst genannten Optimierungsverfahren zur effektiven Lösung geeignet.

3 Definition des Forschungsbedarfs

Der Forschungsbedarf der marktorientierten Technikwissenschaften ergibt sich aus einer marktseitigen und einer technikwissenschaftlichen Komponente. Beide Komponenten stehen in Wechselwirkung, wie in Abbildung 3-1 verdeutlicht. Marktseitig ist der Forschungsbedarf durch die Rahmenbedingungen fehlender effizienter Planungsmethoden als auch dem Bedarf nach Steigerung der Wirtschaftlichkeit der Prozesskette der additiven Fertigung charakterisiert. Der forschungsseitige Bedarf ergibt sich aus einer notwendigen Vernetzung der Forschungsdisziplinen additiver Fertigungstechnologien, Fabrikplanung und Simulation.

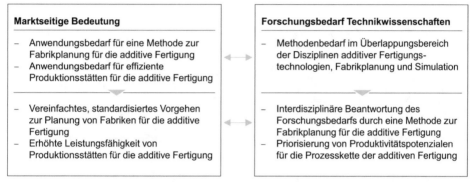

Abbildung 3-1: Forschungsbedarf für die Gestaltung von Fabrikstrukturen für die additive Fertigung

Sowohl die marktseitige Bedeutung als auch der Forschungsbedarf der Technikwissenschaften sind im Folgenden detaillierter dargestellt.

3.1 Marktseitige Bedeutung

3.1.1 Gesamtentwicklung additiver Produktionskapazitäten

Über die Jahre 1988-2015 konnte der Umsatz von Gütern und Dienstleistungen mit additiven Fertigungsverfahren ein Wachstum von 26% verzeichnen. Die Fertigung findet für verschiedene Anwendungsbereiche bereits im Jahr 2016 in Fabrikmaßstäben statt. Das Unternehmen GE stellt beispielsweise mehr als 30.000 Einspritzdüsen für das LEAP-Flugzeugtriebwerk in additiver Fertigung her. Die Firma Airbus plant, im Jahr 2018 Metallkomponenten im Umfang von monatlich 30 Tonnen herzustellen [WCC16, S. 288f.]. Verschiedene Auftragsfertiger fertigen mit mehr als zehn Maschinen Metallkomponenten in additiven Verfahren. Fortschritte durch Automatisierung und Industrialisierung, Produktivitätssteigerung, Qualität und Prozesssicherheit sowie Datenverarbeitung und -schnittstellen entlang der gesamten Prozesskette der additiven Fertigung, vgl. Abschnitt 2.1.5, lassen weitere Anwendungsfälle erwarten.

Abbildung 3-2 zeigt die Anzahl verkaufter metallischer additiver Fertigungssysteme für die Jahre 2000-2015. Im Jahr 2015 wurden demnach insgesamt 808 Systeme verkauft. Die Entwicklung der Verkaufszahlen kann in zwei Perioden unterteilt werden: Von

© Springer-Verlag GmbH Deutschland, ein Teil von Springer Nature 2018
M. Möhrle, *Gestaltung von Fabrikstrukturen für die additive Fertigung*,
Light Engineering für die Praxis, https://doi.org/10.1007/978-3-662-57707-3_3

2000-2010 wurde ein durchschnittliches jährliches Wachstum von 24% erzielt. Von 2010-2015 lag mit 43% durchschnittlicher Wachstumsrate eine noch dynamischere Marktentwicklung vor.

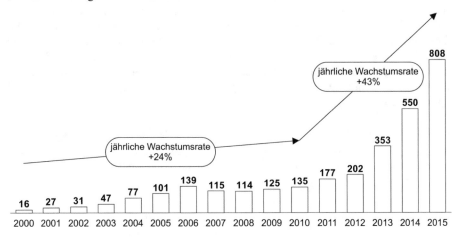

Abbildung 3-2: Anzahl verkaufter metallischer additiver Fertigungssysteme[47]

Ferner ermittelt WOHLERS, dass im Jahr 2015 bis zu 52%[48] der mit additiven Fertigungsverfahren erzielten Umsätze mit der Herstellung von Endprodukten erzielt wurden. Zu Beginn der Ermittlung im Jahr 2003 lag dieser Wert unter 4%. Die Entwicklung zeigt zunehmende Wachstumsraten für die Produktion von Gütern und verdeutlicht, dass in den nächsten Jahren eine zunehmende Anzahl an Vorgängen zur Planung, Aufbau und Betrieb von Fabriken für die additive Fertigung notwendig wird [WCC16, S. 166f.].

3.1.2 Bedeutung entlang der Wertschöpfungskette

Abbildung 3-3 zeigt die Aspekte der marktseitigen Bedeutung der Planung additiver Fabriken für verschiedene Anspruchsgruppen. Dabei muss zwischen der Bedeutung der Planungsmethode und den gewünschten Planungsergebnissen, d. h. wirtschaftlichen Prozessketten, unterschieden werden. Der Markt wird ferner in drei Anspruchsgruppen eingeteilt: Abnehmerbranchen, Technologiebetreiber und Technologieanbieter additiver Fertigungsverfahren. Die Abnehmerbranchen profitieren lediglich von additiv hergestellten Produkten und unterliegen somit keinem Einfluss der methodischen Planung additiver Fabriken. Durch wirtschaftliche Prozessketten sinken jedoch die durch sie zu zahlenden Preise, sodass neue Einsatzfelder für additiv hergestellte Produkte entstehen und Wirtschaftlichkeitspotenziale in einer Gesamtkostenbetrachtung anfallen. Die Technologiebetreiber profitieren von der Planungsmethode und dem Planungsergebnis. Die Vereinfachung des Planungsprozesses erleichtert es, Fabriken für die additive Fertigung zu gestalten. Durch die mit der methodischen Planung im Zielzustand einhergehende Ver-

---

[47] Vgl. [WCC16, S. 146]
[48] Dieser von WOHLERS in einer Umfrage ermittelte Wert enthält auf Grund von Ungenauigkeiten bei der Beantwortung des Autors neben Endprodukten auch Vorrichtungen, Werkzeuge und Formen

besserung des Planungsergebnisses wird ferner die Wirtschaftlichkeit gesteigert. Eine Verbesserung in den Dimensionen Durchlaufzeit, Kosten und Qualität führt langfristig zur Erschließung weiterer Abnehmer. Aus Sicht der Technologieanbieter ermöglicht die Kenntnis methodischer Planung additiver Fabriken eine Priorisierung von Forschungs- und Entwicklungstätigkeiten. Durch die Steigerung der Leistungsfähigkeit additiver Prozessketten entstehen Absatzeffekte für die Technologieanbieter, die sich in Folge einer gesteigerten Wirtschaftlichkeit und damit Nachfrage durch Technologiebetreiber und Abnehmerbranchen ergeben.

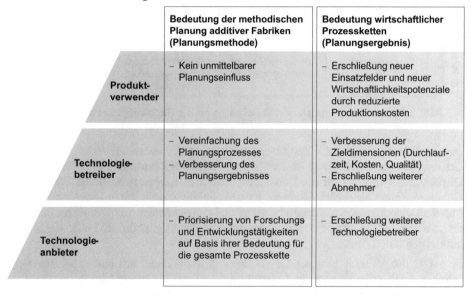

	Bedeutung der methodischen Planung additiver Fabriken (Planungsmethode)	Bedeutung wirtschaftlicher Prozessketten (Planungsergebnis)
Produkt-verwender	– Kein unmittelbarer Planungseinfluss	– Erschließung neuer Einsatzfelder und neuer Wirtschaftlichkeitspotenziale durch reduzierte Produktionskosten
Technologie-betreiber	– Vereinfachung des Planungsprozesses – Verbesserung des Planungsergebnisses	– Verbesserung der Zieldimensionen (Durchlauf-zeit, Kosten, Qualität) – Erschließung weiterer Abnehmer
Technologie-anbieter	– Priorisierung von Forschungs und Entwicklungstätigkeiten auf Basis ihrer Bedeutung für die gesamte Prozesskette	– Erschließung weiterer Technologiebetreiber

Abbildung 3-3: Bedeutung der Planung additiver Fabriken entlang der Wertschöpfungskette

3.2   Forschungsbedarf

3.2.1   Unzulänglichkeit bestehender Methoden und Anforderungen an eine Methode für die Gestaltung von Fabrikstrukturen für additive Fertigungsverfahren

Die Strukturplanung hat zum Ziel, die Elemente der Fabrik unter funktionalen, wirt-schaftlichen und ergonomischen Aspekten zu verknüpfen. Unter Elementen werden Produktionstechnik, Logistik und Organisation einschließlich Hilfsbetrieben und Ver-waltungsbereichen verstanden, wie schon in Abschnitt 2.2.2 dargestellt. Dazu werden die Schritte der Funktionsbestimmung, Dimensionierung, Strukturierung und Gestaltung sukzessive durchlaufen.

In Abschnitt 3.1 wurde auf die wachsende marktseitige Bedeutung verwiesen, der die Planung additiver Fertigungsstätten unterliegt. Daher ist ein effektiver und effizienter Ansatz gesucht, um Fabrikstrukturen für die additive Fertigung zu gestalten. Bisherige Methoden sind für die Anwendung bei der Gestaltung von Fabrikstrukturen für additive Fertigungsverfahren unter den sich wandelnden Anforderungen nur eingeschränkt verwendbar. Die nachfolgend beschriebenen Anforderungen und Vereinfachungspotenziale bei der Gestaltung von Fabrikstrukturen für die additive Fertigung sind in Abbildung 3-4 dargestellt. Durch eine Berücksichtigung der genannten Aspekte anhand konkreter Anwendungsklassen und praxisnaher Einsatzfälle soll eine Hilfestellung für die Beurteilung und Gestaltung additiver Fertigungsprozessketten anhand erzielbarer Leistungskenngrößen gegeben werden.

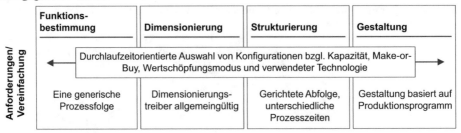

Abbildung 3-4: Anforderungen/Vereinfachungen bei der Gestaltung von Fabrikstrukturen

Bei der Gestaltung von Fabrikstrukturen spielt neben den notwendigen Investitionen die Leistungsfähigkeit eine große Rolle. Die für viele Anwendungsfälle erforderliche kurze **Durchlaufzeit** (Rapid) für die Herstellung macht es erforderlich, diesen Wert bei der Dimensionierung zu berücksichtigen. Es ist ersichtlich, dass kurze Durchlaufzeiten im Mittel zu einem größeren Kapazitätsbedarf und damit höheren Investitionen führen und damit einen Zielkonflikt begründen.[49] Bestehende Planungsmethoden bieten dafür keine praxisorientierte Lösung.

Eine Unzulänglichkeit bestehender Ansätze ist, dass **nicht erforderliche Planungsschritte** durchlaufen werden. In Abschnitt 2.1.2 wurde die generische Prozesskette der additiven Fertigungsverfahren gezeigt. Diese Prozesskette zieht den jeweils gleich geordneten Ablauf der einzelnen Schritte mit sich, wobei einige der Schritte nur optional zu durchlaufen sind. Die für die Schritte zu verwendenden Fertigungseinrichtungen unterliegen einem weitgehend linearen Prozessablauf, unterscheiden sich jedoch stark in den einzelnen Produktionsprozesszeiten. Durch die vergleichbare Form additiver Prozessketten können die Schritte der Funktionsbestimmung und Strukturierung bei der Gestaltung additiver Fabrikstrukturen durch Vorgaben mit einem breiteren Geltungsbereich stärker generalisiert werden.

Weiterhin ist die **Automatisierbarkeit** bisheriger Ansätze **eingeschränkt**. Dies ist bedingt durch die notwendigen manuellen Abstraktionsschritte, die bei der Funktionsbestimmung und Strukturierung sowie der Ableitung von Dimensionierungsgrößen anfallen. Wenn diese jedoch entfallen, und für die Dimensionierung ein in weiten Bereichen gültiger Ansatz gefunden wird, dann kann die Skalierung der Fabrikstruktur nur auf Basis der Anforderungen reaktionsschnell erfolgen. Kurze Reaktionszeiten zur Änderung sind ein entscheidendes Merkmal, um erhöhter Veränderungs- und Innovationsgeschwindigkeit zu begegnen [WeLö16, S. 152]. Eine Automatisierung ermöglicht auch

---

[49] Durch Gruppierung von Fertigungsschritten nach Werkstoffen oder Produkten kann dieser Relation im eingeschränkten Rahmen entgegengewirkt werden, wie in Abschnitt 5.3.2 dargestellt

die schnelle Bewertung von alternativen Planungsvarianten. Dies erfordert im bisherigen Vorgehen das Durchlaufen der gesamten Planungskette.

Die Wechselwirkung von Fabrikstruktur und Festlegungen zur **Wertschöpfungsgestal-tung ist in bestehenden Ansätzen nicht ausreichend berücksichtigt**. Auf Basis von Festlegungen zur Wertschöpfungstiefe (Make-or-Buy-Entscheidung) und dem Wert-schöpfungsmodus hinsichtlich Personaleinsatz und Maschinenbetrieb ergeben sich Ver-änderungen in der Fabrikstruktur mit Auswirkungen auf die Wirtschaftlichkeit. Diese gilt es, bereits in der Strukturplanung zu berücksichtigen.

Durch die schnelle technologische Weiterentwicklung additiver Fertigungsverfahren hinsichtlich der Maschinenproduktivität ist auch die **Berücksichtigung der Leistungs-entwicklung** und des Ablaufs der Einzelaktivitäten je Maschine erforderlich. Dafür bieten sich virtuelle (simulationsbasierte) Planungsmethoden an, die im konventionellen Planungsansatz keine Berücksichtigung finden.

Durch eine Konkretisierung der Schritte Funktionsbestimmung, Dimensionierung und Strukturierung auf den Anwendungsfall bei additiven Fertigungsverfahren ist zusätzlich eine **planerische Vereinfachung** gegeben. Durch das Wachstumspotenzial der additiven Fertigungsverfahren werden Fabrikstrukturen in vielen Fällen bei der Neuplanung von Fabriken erfolgen. In diesem praxisbezogenen Anwendungsfall sind meist keine Erfah-rungswerte für die Leistungsfähigkeit verwendeter Maschinentechnologien zur Bestim-mung von Dimensionierungsgrößen gegeben. Eine Ermittlung entsprechender Modelle ermöglicht die Verwendung des Ansatzes bei der Bestimmung von Fabrikstrukturen.

3.2.2 Fehlende ganzheitliche Bewertung von Produktivitätspoten-zialen

Die hohe Bedeutung weiterer Produktivitätssteigerung der additiven Fertigung wurde in Forschung und Praxis erkannt [MME17, Mar14, Gau13]. Zur Umsetzung möglicher Produktivitätssteigerung wird eine Vielzahl unterschiedlicher Stoßrichtungen verfolgt, siehe bspw. die 8 in Abschnitt 2.1.5 dargestellten Optimierungsbereiche. Bisher wurde jedoch **keine ganzheitliche Bewertung der Produktivitätspotenziale** bezüglich ihres Einflusses auf die Gesamtwirtschaftlichkeit der additiven Prozesskette vorgenommen. Eine solche Bewertung ist erforderlich, um die Effektivität und Effizienz von Weiter-entwicklungen vor, während und nach der Durchführung von Forschungs- und Entwick-lungsaktivitäten abschätzen zu können. Auf Basis einer solchen Bewertung kann sowohl der Suchbereich für mögliche Weiterentwicklungen aufgespannt werden als auch beste-hende Ideen bewertet werden. Durch eine Priorisierung kann eine Hilfestellung für die Allokation begrenzter Forschungs- und Entwicklungsmittel gegeben werden.

3.3 Ableitung des Forschungsbedarfs und Berücksichtigung in dieser Arbeit

Um die grundlegenden Zusammenhänge aus Fabrikstruktur und ihrer Leistung für ver-schiedene Anwendungsfälle ermitteln zu können, muss zunächst ein Modell zur Leis-tungsbewertung von Fabrikstrukturen erstellt werden, Kapitel 1. Mit diesem Modell wird auf Basis von Beobachtungen und Daten des Produktionsbetriebs additiver Fertigung das Abbilden und Bewerten von Fabrikstrukturen ermöglicht, die real nicht existieren.

Unter Verwendung der erhaltenen Fähigkeit wird dann im darauffolgenden Kapitel 1 eine Methode zur Gestaltung von Fabrikstrukturen für die additive Fertigung vorgestellt. Auf Basis von Optionen zu Kapazität, Wertschöpfungsmodus und -tiefe ermöglicht die Methode eine Konfiguration der zugehörigen Fabrikstrukturen. Durch die Verwendung dieser werden die im Modell bewerteten Zusammenhänge industriepraktisch verwendbar gemacht, da die arbeitsaufwändigen Schritte Modellaufbau und Analyse entfallen. Abstrakte Zusammenhänge zur Ermittlung von Grundtypen additiver Fabrikstrukturen werden aufgedeckt.

Aus den vorhergehenden Ausführungen ergibt sich weiterhin ein Bedarf nach ganzheitlicher Bewertung von Produktivitätspotenzialen. In Kapitel 6 werden Produktivitätspotenziale in Form beschriebener Maßnahmen modelliert und bewertet. Der Fokus liegt dabei auf der Priorisierung von Weiterentwicklungspotenzialen für die Prozesskette.

Eingangsdaten	Forschungsbedarf	Resultat
– Beobachtungen und Daten des Produktionsbetriebs additiver Fertigung	Modell zur Bewertung von Fabrikstrukturen für die additive Fertigung (Kapitel 4)	– Fähigkeit zur Ermittlung von quantitativen Zusammenhängen aus Fabrikstruktur und Leistung
– Geschäftsmodelle und deren Produktionsprogramme als Anforderungstypen	Methode zur Gestaltung von Fabrikstrukturen für die additive Fertigung (Kapitel 5)	– Praxisorientierte, dynamische Gestaltung von Fabrikstrukturen
– Maßnahmen/Optimierungs- gegenstände der Prozesskette additiver Fertigung	Produktivitätspotenziale der Prozesskette additiver Fertigungsverfahren (Kapitel 6)	– Priorisierung von Weiter- entwicklungspotenzialen der Prozesskette additiver Fertigung

Abbildung 3-5: Berücksichtigung des ermittelten Forschungsbedarfs in dieser Arbeit

4 Modell zur Bewertung von Fabrikstrukturen für die additive Fertigung

Die Erstellung eines Modells zur Bewertung von Fabrikstrukturen für die additive Fertigung folgt der in Abschnitt 2.4.2 eingeführten Vorgehensweise bei der Durchführung einer Simulationsstudie nach ASIM bzw. VDI-Richtlinie 3633. Der Aufbau des Kapitels und der Unterkapitel orientiert sich an dessen einzelnen Phasenabschnitten.

4.1 Aufgabendefinition

Mit der Zielsetzung, Fabrikstrukturen für verschiedene Anwendungsfälle bewerten zu können, liegt die Modellaufgabe in der Transformation von variablen Eingangsdaten zu Ausgangsgrößen. Dadurch sollen die untersuchten Anforderungen und Zielsysteme möglichst gut abgebildet werden. Die Aufgaben des Modells zur Bewertung von Fabrikstrukturen für die additive Fertigung lassen sich somit wie folgt definieren:

- Abbilden des Verhaltens einer Fabrikstruktur entlang der Prozesskette der additiven Fertigung, vgl. Abbildung 2-6,
- Abbildungsmöglichkeit für Produktionsprogramm-Szenarien unter Variation der Ausprägungen des Produktionsprogramms, vgl. Abbildung 2-22,
- Abbildungsmöglichkeit für Fabrikstruktur-Szenarien unter Variation der Fertigungskapazitäten Maschinen und Werker entlang der Prozesskette der additiven Fertigung,
- Abbildungsmöglichkeit für verschiedene Ausprägungen der Wertschöpfungstiefe, d. h. Make-or-Buy-Entscheidungen, und
- Abbildungsmöglichkeit für Parameter der Disposition, im Sinne einer Zuteilung von Aufträgen zu Baujobs und Werkergruppen zu Anlagen.

Insgesamt soll das Modell variabel ausgestaltet sein, um die Bandbreite der Fragestellungen hinsichtlich der Gestaltung von Fabrikstrukturen und der Bewertung von Produktivitätspotenzialen beantworten zu können.

4.2 Beobachtungen am Realsystem

Ausgangspunkt für die Modellbildungen sind Beobachtungen am Realsystem der additiven Fabrik. Durch die Abbildung der dort vorgefundenen Zusammenhänge können diese auf weitere Szenarien per Modell übertragen werden. Abbildung 4-1 zeigt die im Folgenden beschriebenen Hauptbestandteile des Fabriksystems der additiven Prozesskette.

Im Realsystem bettet sich die additive Fabrik entsprechend ihrer Lage entlang der Wertschöpfungskette zwischen Zulieferern für Roh-, Hilfs- und Betriebsstoffe und Kunden ein, die additiv hergestellte Produkte vermarkten oder weiterverwenden. Zulieferer können auch für einzelne Prozessschritte in Betracht kommen, wenn eine benötigte Prozesstechnologie in der additiven Fabrik nicht zur Verfügung steht. In einem solchen Fall wird von Fremdvergabeumfängen gesprochen. In der Regel findet die Belieferung direkt oder indirekt über Lagerstätten von und zu den jeweiligen Fabriken statt, jedoch ist auch die direkte Belieferung von Endkunden möglich.

© Springer-Verlag GmbH Deutschland, ein Teil von Springer Nature 2018
M. Möhrle, *Gestaltung von Fabrikstrukturen für die additive Fertigung*,
Light Engineering für die Praxis, https://doi.org/10.1007/978-3-662-57707-3_4

Die Austauschbeziehungen zwischen den Hauptbestandteilen des Fabriksystems folgen verschiedenen Mechanismen. Der Lieferung von Gütern geht regelmäßig eine Bestellung voraus, die meist von Akteuren aus den Unternehmensfunktionen Einkauf bzw. Vertrieb abgewickelt wird. Für Fremdvergabeumfänge müssen Prozessschritte an einem existierenden Halbfertigerzeugnis durchgeführt werden, das vorher von der additiven Fabrik an die Zuliefererfabrik zu liefern ist. Ferner ist der Austausch von Produkt-, Bedarfs- und Maschinendaten zwischen den einzelnen Fabrikbestandteilen notwendig. Während Daten zur Produktgeometrie, zur Maschinensteuerung und Maschinenbetriebsdaten zumeist in standardisierten Datenformaten ausgetauscht werden, liegen komplementäre Daten zu logistischen Größen, wie z. B. Bestellmengen oder Terminen, und an der Zulieferschnittstelle zumeist nicht in standardisierter Form vor.

Die Elemente der additiven Fabrik bestehen aus den zur Durchführung der Aktivitäten entlang der Prozesskette der additiven Fertigung notwendigen Maschinen, Werkern und Arbeitsplätzen. Diese Elemente durchläuft ein Auftrag, ausgelöst durch eine Kundenbestellung, und wird so unter Verwendung und Weiterverarbeitung von Halbfertigerzeugnissen zum finalen Produkt. Infrastruktur und Equipment ermöglichen bzw. unterstützen den Prozessdurchlauf. Durch die im Vergleich mit konventionellen Fertigungsverfahren langen Prozesszeiten des additiven Fertigungsprozesses kommt unterstützendem Equipment und Automatisierungsansätzen im Status Quo eine untergeordnete Rolle zu.

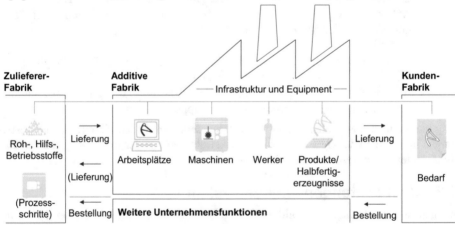

Abbildung 4-1: Hauptbestandteile des Fabriksystems der additiven Prozesskette

4.3   Systemanalyse

Zur Systemanalyse wird zunächst das System definiert; anschließend werden Aufbaustruktur und Ablaufstruktur beschrieben. Die Schritte der Systemanalyse fokussieren bereits auf die hinsichtlich der Zielsetzung relevanten Systemaspekte und zielen auf die Modellumsetzung ab, vgl. [Ver13b].

4.3.1   Systemdefinition

Zur Systemdefinition ist das System durch Systemgrenzen, Ein- und Ausgangsgrößen, ablaufende Prozesse und Modellelemente festzulegen, vgl. Abschnitt 2.4.2.

Abbildung 4-2 zeigt, welche Bestandteile zu den Ein- und Ausgangsgrößen sowie dem modellierten Fabriksystem zählen. In Abgrenzung dazu ist in der Abbildung ebenfalls eine Auswahl explizit vom Modell ausgenommener Elemente dargestellt. In den folgenden Abschnitten werden die jeweiligen Aspekte erläutert.

Abbildung 4-2: Bestandteile des modellierten Systems

4.3.1.1 Systemgrenzen

Aus den geforderten Elementen der Fabrik ergeben sich als relevante Bestandteile innerhalb der Grenzen des Fabriksystems die zu fertigenden Produkte und die Menge und Art von Maschinen und Werkern der Fabrik. Das Modell bildet den Prozess der zu fertigenden Produkte durch die Fabrik auf Basis der gegebenen Maschinen und Werkern ab und spiegelt so auch die geforderte Beziehung der Elemente wider. Als Fertigungsprozess wird die Prozesskette der additiven Fertigung, beginnend mit vollständigen und fehlerfreien Volumenmodellen und endend mit finalen Bauteilen, wie in Abbildung 2-6 dargestellt. Außerhalb der Systemgrenzen liegen Infrastrukturbestandteile, deren Einflüsse auf die Leistungsgrößen der Fabrik vernachlässigbar sind. Der Fertigungsprozess kann bezüglich des Dispositionsverhaltens und Fremdvergabeumfängen variieren, was innerhalb der Systemgrenzen abgebildet wird. Bei der Abbildung des Prozesses werden ferner die Zusammenhänge des Materialflusses abgebildet, wobei die Prozessreihenfolge berücksichtigt ist. Der bei den relativ geringen Bauteildimensionen und -massen der additiven Fertigung geringe Transportaufwand kann jedoch vernachlässigt werden. Die Interaktion mit weiteren unternehmerischen Funktionen, wie z. B. Einkauf oder Vertrieb, ist nicht berücksichtigt, um Fremdeinflüsse auf die Bewertung auszuschließen. Selbiges gilt für die Interaktion mit Kunden und Zuliefern sowie den externen Materialfluss und der Eingangs- und Ausgangslogistik. Neben dem Werkstattprinzip mit überlappter Fertigung werden Fertigungsprinzip-Alternativen durch das Modell nicht betrachtet. Zusammenfassend fokussiert das Modell auf die fabrikinternen Vorgänge und beteiligten Elemente, die zur Durchführung der Prozesskette additiver Fertigung erforderlich sind.

4.3.1.2 Eingangsgrößen

Als Eingangsgrößen für das modellierte System werden alle Daten gewählt, die die Systemlast und die Fabrikstruktur definieren und Auswirkungen auf die unter Abschnitt 4.3.1.3 genannten Ausgangsgrößen haben. Dadurch kann das Modell schnell für die Erschließung verschiedener Anwendungsfälle genutzt werden. Ausgenommen sind die nicht veränderlichen Ablaufrangfolgen, die fest im Modell hinterlegt sind.

Zu den variablen Eingangsgrößen zählt das Produktionsprogramm, welches alle den Produktionsablauf bestimmenden Produktdaten enthält. Somit wird durch das Produktionsprogramm die Menge der sich aus Bestellungen ergebenden Produktionsaufträge zusammengefasst, die durch Kunden der Fabrik getätigt werden. Die zeitwirtschaftlichen Daten legen die Zeitbedarfe als konstanten Wert oder Rechenvorschrift für alle im Modelldurchlauf vorkommenden Aktivitäten fest und steuern so die zeitliche Ausprägung der Abläufe. Durch die Menge und Art der Fabrikelemente wird, in Kombination mit den im Modell abgebildeten Abläufen, eine konkrete Fabrikstruktur vorgegeben. Die finanzwirtschaftlichen Daten enthalten die für die Verwendung von Fabrikelementen anfallenden Kosten als periodenbezogene Abschreibungen oder laufende Kosten.

4.3.1.3 Ausgangsgrößen

Das Zielsystem erhält die produktionslogistischen Zielgrößen als Durchschnitts- und Streuungswerte für Durchlaufzeiten, Auslastungen, Bestand und Kosten. NYHUIS und WIENDAHL führen zusätzlich noch Termineinhaltung als weitere Zielgröße ein [NyWi12, S. 10]. Bezüglich des gesuchten Zusammenhangs von Fabrikstrukturen und deren Leistungsfähigkeit werden jedoch keine konkreten Liefertermine bewertet, sondern vielmehr die Fähigkeit, bestimmte geplante Durchlaufzeiten einzuhalten. Daher wird die Durchlaufzeit als universelle Zielgröße verwendet. Für durchgeführte Aufträge sind sowohl die Mittelwerte als auch deren Streuung zu bewerten. Die Streuung zählt als Maß für die Prozesssicherheit und wirkt sich auf die Planbarkeit der Produktionsprozesse aus. [NyWi12, S. 143]

Bei der Gestaltung von Fabrikstrukturen auf Basis der durch Geschäftsmodelle gegebenen Marktanforderungen sind zunächst die aus Kundensicht erfahrbaren externen logistischen Zielgrößen *Lieferzeit, Lieferterminabweichung und Liefertreue* entscheidend, vgl. [Löd16, S. 21]. Die Lieferzeit ist für eine streng sequenzielle Auftragserfüllung definiert wie nachfolgend dargestellt [Löd16, S. 44f.]:

$$LZ = DLZ + BZ + LZP + VZ + BV + ADZ \qquad (4.1)$$

mit LZ Lieferzeit [Tage]

DLZ Durchlaufzeit [Tage]

BZ Beschaffungszeit [Tage]

LZP Lieferzeitpuffer [Tage]

VZ Versandzeit [Tage]

BV Belastungsverschiebung [Tage]

ADZ Administrationszeit [Tage]

Da bei additiver Fertigung keine spezifischen Vorerzeugnisse beschafft werden, gilt $BZ = 0$. Der Lieferzeitpuffer ermöglicht, auch bei streuenden Terminabweichungen eine hohe Liefertreue zu erreichen. Mit dem vorliegenden Ziel, Fabrikstrukturen auf Basis der Leistungsfähigkeit zu planen, sind noch keine Liefertermine bekannt, der Lieferzeitpuffer kann bei der Bewertung mit $LZP = 0$ entfallen. Ferner werden Aufträge direkt bei Auftragseingang ausgelöst, sodass für die Belastungsverschiebung $BV = 0$ gilt. Ein hoher Anteil der Administrationszeit ADZ, z. B. die Arbeitsvorbereitung, sind Bestandteil der modellierten Prozesskette und fallen daher unter die Durchlaufzeit. Für den grundlegenden Zusammenhang aus Lieferzeit und Durchlaufzeit kann die Gleichung daher für den hier betrachteten Fall vereinfacht werden zu

$$LZ = DLZ + VZ \qquad (4.2)$$

Im unmittelbaren Einflussbereich der Betrachtungen von Fabrikstrukturen liegt nur der Summand DLZ, d. h. die Durchlaufzeit vom Eingang eines Kundenauftrags ins Fabriksystem bis zu dessen Fertigstellung.

Häufig werden betriebsbezogene Zeitdimensionen verwendet, wie z. B. Werktage oder Betriebskalendertage. Um einerseits eine stringente Markt- und Kundenorientierung herzustellen und andererseits dem Sachverhalt Rechnung zu tragen, dass ein hoher Anteil der Wertschöpfung der additiven Prozesskette durch die langen Prozesszeiten unabhängig vom betrieblichen Regelungen stattfinden kann, werden in dieser Arbeit Kalendertage herangezogen.

Weitere Ausgangsgröße sind die Ist-Fertigungskosten, ermittelt aus Personalkosten, kalkulatorischen Abschreibungen für die Maschinen sowie Sondereinzelkosten und Wartungskosten, vgl. [Fre12, S. 89ff.]. Vor dem Hintergrund, Fabrikstrukturen vergleichend zu bewerten werden, wie auch in anderen Ausführungen der Fabrikplanung [HGM+04] zu finden, produktabhängige variable Kosten und geringfügige Kostenkomponenten ausgenommen. Fremdvergabeumfänge, die sich ebenfalls aus der Dimensionierung ergeben, sind wiederum inkludiert. Kosten für Gebäude und -technik skalieren mit der gesamten Anlagengrundfläche. Da sie stark von Grundstückspreisen und Gebäudeausstattung abhängen, sind diese Kosten ebenfalls ausgeschlossen.

4.3.1.4 Ablaufende Prozesse

Die im modellierten System ablaufenden Prozesse spiegeln die Prozesskette der additiven Fertigung wider, wie sie in Abbildung 2-6 eingeführt wurde. Diese enthält in den nachgelagerten Prozessen noch die Hauptbezeichnungen der Fertigungsverfahren nach DIN 8580, deren Vielfalt zur Begrenzung des Modellumfangs noch auf einige Verfahren konkretisiert wird. Außerdem wurden für die Modellierung die Schritte der Datenvorbereitung zu einem Schritt kombiniert und die Rüstschritte im In-Prozess und das Reinigen der Bauteile als Bestandteil des Schrittes Baujob fertigen aufgefasst. Der Schritt Pulver prüfen, der parallel und nur sporadisch erforderlich ist, wurde vernachlässigt, da er die Durchlaufzeiten des Systems nur vernachlässigbar beeinflusst.

Es wurden in den nachgelagerten Prozessen die aus industrieller Sicht bedeutendsten Repräsentanten der für die additive Fertigung geeigneten Fertigungsverfahren gewählt, darunter

- Gleitschleifen zur kostengünstigen Nachbearbeitung komplexer und mit konventionellen Werkzeugen schwer erreichbarer Geometrien,
- Fräsen (Schlichten) als flexibles Fertigungsverfahren zur Nachbearbeitung von Funktionsflächen und

– Montageoperationen für nicht maschinengestützte Tätigkeiten, z. B. dem Herstellen von Gewinden oder Gewindeeinsätzen.

Mit der definierten Prozesskette kann die Fertigung eines breiten Spektrums additiv gefertigter Bauteile modelliert werden.

4.3.1.5 Modellelemente

Die Modellelemente können in die beiden grundlegenden Klassen Bausteine und Objekte unterteilt werden. Bausteine gelten dabei als aktive Elemente und besitzen eine eigene Aufbaulogik, während Objekte passive Elemente darstellen [Ver14a]. Ihre Zustände verändern sich durch aktive Einwirkung von außen und sind somit durch Bausteine verursacht. Die im Modell zur Bewertung von Fabrikstrukturen für die additive Fertigung abgebildeten Elemente sind in Abbildung 4-3 dargestellt, deren Struktur sich an den Vorgaben der VDI-Richtlinie 3633 orientiert.

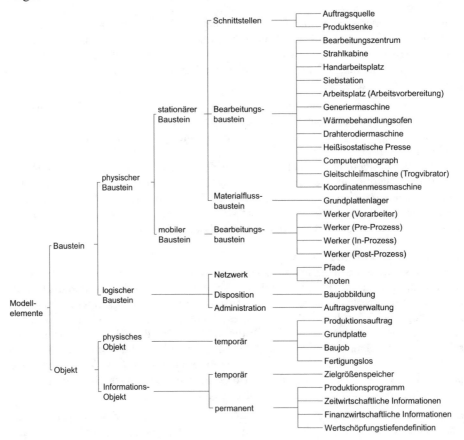

Abbildung 4-3: Elemente des Modells zur Bewertung von Fabrikstrukturen für die additive Fertigung

Es wird unterschieden zwischen physischen Bausteinen mit materieller Entsprechung im realen Fabriksystem und logischen Bausteinen zur Darstellung abstrakter oder gedanklicher Konstrukte. Physische Bausteine können ferner stationärer oder mobiler Art sein. Stationäre Schnittstellen sind die Auftragsquelle und Produktsenke, an denen Produktionsaufträge erzeugt werden und als fertige Werkstücke das System verlassen. Die Bearbeitungsbausteine bilden die zur Fertigung entlang der abgebildeten Prozesskette benötigten Maschinen ab. Materialflussbausteine, bspw. Transportmittel, sind im Modell nicht abgebildet, da ihre Wirkung auf die Fabrikleistung und -kosten gering ist[50]. Das einzige in dieser Kategorie enthaltene Element Grundplattenlager ist erforderlich, um die Anzahl verwendeter Grundplatten als Auslegungsgröße für eine Fertigung abschätzen zu können. Als mobile Bearbeitungsbausteine sind die Werker in verschiedenen Ausprägungen im Modell abgebildet, darunter Vorarbeiter mit einer prozesskettenübergreifenden Kompetenz sowie spezialisierte Werker, die jeweils die Teilbereiche Pre-, In- und Post-Prozess der Prozesskette abdecken können.

Logische Bausteine sind in die Kategorien Netzwerk, Disposition und Administration strukturiert. Netzwerkelemente regeln den Transport von Objekten zwischen den Bausteinen des Modells. Pfade und Knoten geben in dem betrachteten Modell das Netzwerk vor und ermöglichen den Objektfluss im Modell. Unter Disposition wird die Bildung von Fertigungslosen und von Baujobs verstanden, die als Teilaufgabe der Sekundärbedarfsplanung anfällt, vgl. [Sie17]. Der Transport zwischen den Bausteinen des Models kann vereinzelt oder in Losen erfolgen und ist in Abschnitt 4.3.3 beschrieben. Eine Auftragsverwaltung übernimmt die Ansteuerung der additiven Fertigungsmaschinen unter Berücksichtigung gerüsteter Werkstoffe und initiiert Umrüstungsvorgänge, wenn notwendig.

Objekte können physisch vorliegen oder durch Daten als Informationsobjekt repräsentiert sein. Sie können jeweils temporär oder permanent im System existieren. Im definierten Modell sind die physischen Objekte Produktionsauftrag, Baujob und Grundplatte temporär vorhanden. Produktionsaufträge enthalten die Informationen zu fertigender Produkte und werden auf Basis der Veränderungen, die sie an den einzelnen Bausteinen erfahren, zu Produkten. Grundplatten werden als Hilfsmittel bei der additiven Fertigung von Produkten benötigt. Baujobs sind eine Zusammenfassung von Produktionsaufträgen und Grundplatten zu den auf Generiermaschinen zu fertigenden Losen; werden bei der Fertigung auf den übrigen Maschinen Lose benötigt, so sind diese als Fertigungslos definiert und bestehen aus einer Zusammenfassung von Produktionsaufträgen ohne Grundplatten.

Informationsobjekte versorgen das Modell mit Eingangsdaten und enthalten die fortlaufend ermittelten Zielgrößen. Diese werden in temporärer Form gespeichert, da sie nur während der Laufzeit des Modells erzeugt und fortlaufend aktualisiert werden. Permanent wird das Modell mit Eingangsdaten versorgt. Dazu zählt das Produktionsprogramm, das die zu erzeugenden Produktionsaufträge einschließlich ihrer Merkmale führt. Die zeitwirtschaftlichen Informationen versorgen die Maschinen mit den zur Berechnung der

---

[50] Durch die mit konventionellen Fertigungsverfahren verglichenen, langen Prozesszeiten des additiven Fertigungsprozesses kommt unterstützendem Equipment und Automatisierungsansätzen eine untergeordnete Rolle zu; ferner können viele Transportschritte ad-hoc manuell ohne unterstützendes Equipment durchgeführt werden, da die Bauteilgrößen und Massen sehr gering sind

auftragsbezogenen Fertigungszeiten erforderlichen Informationen; Kosten für Maschinen (Investitionen und Abschreibungen), Werker, Fremdvergaben und Betrieb stehen in Form finanzwirtschaftlicher Informationen bereit und ermöglichen die Bestimmung der Produktionskosten. Eine Wertschöpfungstiefendefinition legt fest, welche der Fertigungsschritte als Eigenfertigungsumfang und welche der Schritte als Fremdvergabeumfang durch Zulieferer abgebildet werden. Die Eingangsdaten bleiben während der Laufzeit des Modells konstant, können aber zwischen einzelnen Durchläufen verändert werden, um unterschiedliche Rahmenbedingungen oder Produktionsszenarien zu reflektieren.

4.3.2 Aufbaustruktur des Systems

Abbildung 4-4 und Abbildung 4-5 zeigen die Aufbaustruktur des Systems als Blockdiagramm-Entwurf[51] des Fabriksystems additiver Fertigung. Dabei gilt die Konvention, dass Variablenbezeichnungen kleingeschrieben, Blockbezeichnungen großgeschrieben werden. Die Bedeutungen der einzelnen Elemente (Blöcke) als auch ihre dargestellten Eigenschaften und Assoziationen werden anschließend erläutert, wobei analog zur Struktur aus Abschnitt 4.3.1.5 die Gliederung in physische Objekte, Informationsobjekte, stationäre und mobile sowie logische Bausteine beibehalten bleibt. Finden über Einzelschritte hinausgehende Abläufe an einzelnen Elementen statt, so sind diese aus Gründen der Verständlichkeit als Ablaufstruktur in Abschnitt 4.3.3 beschrieben.

---

[51] Das dargestellte Blockdiagramm dient der Beschreibung der Systemarchitektur und folgt den Konventionen der Systemmodellierungssprache SysML, vgl. [Obj15]

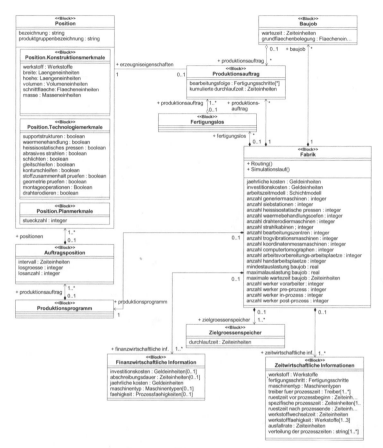

Abbildung 4-4: Blockdiagramm des Fabriksystems (Teil 1/2)

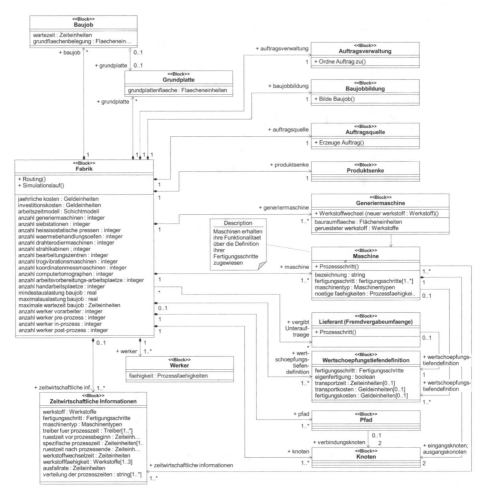

Abbildung 4-5: Blockdiagramm des Fabriksystems (Teil 2/2)

4.3.2.1 Datentypen

Das dargestellte Blockdiagramm verwendet verschiedene Datentypen. Diese werden nachfolgend eingeführt.

Die Strukturelemente des Modells gebrauchen Variablen, in denen sie Parameter, Attribute oder Zustände lesen und schreiben. Die dabei verwendeten Datentypen sind in Abbildung 4-6 dargestellt und an dieser Stelle erläutert.

Fertigungsschritte	Maschinentypen	Dimensionen
– Plattform abtragen	– Bearbeitungszentrum	– Flächeneinheiten
– Plattform strahlen	– Strahlkabine	– Geldeinheiten
– Plattform prüfen	– Handarbeitsplatz	– Längeneinheiten
– Pulver sieben	– Siebstation	– Masseneinheiten
– Daten vorbereiten	– Arbeitsplatz	– Mengeneinheiten
– Baujob fertigen	(Arbeitsvorbereitung)	– Volumeneinheiten
– Spannungsarmglühen	– Generiermaschine	– Zeiteinheiten
– Bauteile und Plattform	– Wärmebehandlungsofen	
trennen	– Drahterodiermaschine	**Treiber**
– Entfernen von	– Heißisostatische Presse	
Hilfsgeometrien	– Gleitschleifmaschine	– Anzahl der Baujobs/Lose
– Heißisostatisches Pressen	(Trogvibrator)	– Anzahl der Bauteile
– Strahlen	– Computertomograph	– Volumen des Bauteils
– Qualitätssicherung	– Koordinatenmessmaschine	– Höhe des Baujobs
(Stoffzusammenhalt)	– Grundplattenlager	– Schnittfläche des Bauteils
– Gleitschleifen		– Funktionsfläche des Bauteils
– Fräsen (Schlichten)	**Schichtsystem**	– Fläche der Grundplatte
– Montageoperationen		
– Qualitätssicherung	– Einschichtbetrieb	**Prozessfähigkeiten**
(Geometrie)	– Zweischichtbetrieb	
	– Dreischichtbetrieb	– Vorarbeiter
Roh-, Hils- und Betriebsstoffe	– Vollkontinuierlich	– Pre-Prozess
		– In-Prozess
– Grundplatten	**Werkstoffe**	– Post-Prozess
– Metallpulver		
– Prozessgas	– Aluminium	
– Verschleißteile	– Stahl	
	– Titan	

Abbildung 4-6: Im Modell verwendete Datentypen

Eine Zuweisung von Fertigungsschritten auf Maschinentypen ist notwendig, um die je Produkt erforderliche Produktionsprozessabfolge in einen maschinenbezogenen Ablaufplan überführen zu können. Zur Quantifizierung von Dimensionen werden Einheiten aus dem Internationalen Einheitensystem (SI) verwendet, vgl. [Bur06]. Zur Bestimmung der Prozesszeiten für die Wertschöpfungsschritte der Fabrik wird ein Treibersystem[52] herangezogen, bei dem für verschiedene Merkmale des zu bearbeitenden Objekts ein Zeitansatz gefunden wird. Die dargestellten Treiber werden im Modell verwendet. Roh-, Hilfsund Betriebsstoffe werden bei der Durchführung der Prozessschritte auf den Maschinen benötigt. Metallpulver stellt den primären Werkstoff dar. Die Wahlmöglichkeiten bzgl. des Schichtsystems und die Prozessfähigkeiten regeln die Verwendung des Modellbausteins Werker. Erstere beschreibt die arbeitszeitbedingte Anwesenheit, letztere die spezifischen Fähigkeiten, welche notwendige Qualifikationen zum Maschinenbetrieb abbilden.

4.3.2.2   Fabrik als zentrales Element

Die Fabrik bildet das zentrale Element des Modells, welches die zugeordneten Elemente virtuell erzeugt, zur Laufzeit koordiniert und anschließend wieder zerstört. Alle Eigenschaften, die im Rahmen eines Experiments variiert werden sollen, sind dem Fabrikele-

---

[52] Vergleichbare Treibersysteme werden auch zur Ermittlung von Fabrikstrukturen mit statischen Fabrikbetrachtung verwendet, vgl. [MöEm16]

ment zugeordnet. Bei der experimentellen Bewertung wird lediglich eine Instanz der Fabrik erzeugt, die ihre Fabrikstruktur erhält. Die Elemente, Beziehungen und Abläufe erstellt sie daraufhin eigenständig.

Um die entsprechenden Anzahlen an Maschinen, Arbeitsplätzen und Werkern erzeugen zu können, werden diese als Merkmalsausprägungen zugewiesen. Selbiges gilt für die Parameter zur Wertschöpfungsgestaltung und Disposition. Die Festlegung des Arbeits-zeitmodelles definiert, wann Werker im Modell als anwesend gelten; der Maschinenbe-trieb ist davon nicht betroffen und kann fortgesetzt werden, solange keine Bedienung notwendig ist. Die Dispositionsparameter Mindestauslastung, Maximalauslastung und maximale Wartezeit legen fest, auf welche Weise Baujobs gebildet werden.[53] Zur Analy-se von Auswirkungen gesteigerter Produktivität von Maschinen- und Rüstschritten wer-den Produktivitätsfaktoren vorgesehen, die es erlauben, verschiedene Szenarien bilden zu können.

Die Fabrik bestimmt zur Laufzeit ihre Investitionsausgaben und ihre jährlichen Kosten auf Basis der Anzahl an Maschinen und Werker und der elementweisen Investitionsaus-gaben und jährlichen Kosten.

4.3.2.3 Physische Objekte: Produktionsauftrag, Grundplatte, Baujob und Fertigungslos

Die physischen Objekte Produktionsauftrag, Grundplatte, Baujob und Fertigungslos werden durch die Fabrik erzeugt; in Abhängigkeit des Szenarios können sie in beliebigen Anzahlen vorhanden sein.

Produktionsaufträge sind das maßgebliche Objekt des Modells und ergeben im Laufe ihres Systemdurchlaufs fertige Produkte. Produktionsaufträge werden aus Positionen des Produktionsprogramms erzeugt und sind assoziiert mit ihrer eigenschaftsbestimmenden Position. Ein Produktionsauftrag führt in seinen Eigenschaften die Bearbeitungsfolge mit sich. Auf Basis der jeweils nächsten Elemente dieser Folge ergibt sich der Materialfluss des Objektes durch das System. Bei der Bearbeitungsfolge handelt es sich um eine Liste noch zu erledigender Fertigungsschritte, die der Auftrag bis zu seiner Fertigstellung durchlaufen muss. Als zweite Eigenschaft führen Produktionsaufträge die kumulierte Durchlaufzeit mit sich. Dabei handelt es sich um die Differenz des Eintrittszeitpunkts des Auftrags ins System und der aktuellen Zeit, solange er sich im System befindet. Nach Fertigstellung und Verlassen des Systems wird der finale Wert in den Zielgrößen-speicher übertragen.

Fertigungslose und **Baujobs** aggregieren Produktionsaufträge, um diese bei ihrem Pro-zessdurchlauf gemeinsam betrachten zu können[54]. Fertigungslose bestehen aus einer maschinenspezifisch zusammengefassten Anzahl an Produktionsaufträgen, während Baujobs zusätzlich noch höchstens eine Grundplatte zugewiesen bekommen können. **Grundplatten** führen den Flächeninhalt ihrer Grundplatte mit sich, um die Integrität

---

[53] Vgl. Abschnitt 4.3.3 zur Wirkungsweise der Dispositionsparameter und Mechanismus der Bau-jobbildung
[54] Dies geschieht sowohl bei den Prozessschritten der additiven Fertigung als auch in den konven-tionellen, nachgelagerten Schritten mit der Motivation, Skaleneffekte in der Fertigung zu realisie-ren

verwendeter Grundplatten, ihrer jeweiligen Bearbeitungsaufwände und den Bauraumgrößen von Maschinen und Baujobs sicherzustellen.

4.3.2.4 Informationsobjekte: Produktionsprogramm, Wertschöpfungstiefendefinition, zeitwirtschaftliche und finanzwirtschaftliche Informationen, Zielgrößenspeicher

Neben den bereits eingeführten experimentierbaren Parametern, die der Fabrik direkt
zugeordnet sind, wird das Modellverhalten durch weitere Daten bestimmt, die zwischen
verschiedenen Modelldurchläufen eines Simulationsexperiments nicht verändert werden.
Um eine flexible Verwendung und Aktualisierung zu ermöglichen, sind diese Daten in
Form von Informationsobjekten mit definiertem Format gespeichert. Dies gilt für das
Produktionsprogramm, welches die Systemlast widerspiegelt sowie die zeitwirtschaftlichen und finanzwirtschaftlichen Informationen, welche die Prozesszeiten und Kosten der
Systemelemente definieren. Der Zielgrößenspeicher wird erst zur Laufzeit erstellt und
kann nach Beendigung des Laufs gespeichert und weiterverwendet werden.

Das **Produktionsprogramm** bedient sich der in Abbildung 4-7 dargestellten obligatorischen, d. h. im Modell verwendeten Merkmale des Produktionsprogramms.[55] Die als
optional gekennzeichneten Merkmale können mitgeführt werden, um weiterführende
Zusammenhänge betrachten zu können. Einige Merkmale wurden zur Verwendung
durch das Modell noch weiter konkretisiert. So wird die Gegenstandsgeometrie durch ihr
Volumen, Schnittfläche und Funktionsfläche beschrieben. Die Schnittfläche beschreibt
diejenige Fläche, mit der ein Produkt bei der additiven Fertigung an der Grundplatte
angebunden ist; diese Fläche muss beim Vereinzeln im Prozessschritt Trennen von Bauteilen und Plattform geschnitten werden. Die Funktionsfläche ist die Fläche des Produkts, die durch nachgelagerte Prozessschritte bearbeitet wird. Die Arbeitsgangfolge
findet Berücksichtigung, indem für optionale Prozessschritte, die sich aus den Produktanforderungen ergeben, mittels einer booleschen Variable angegeben wird, ob dieser
Schritt zu durchlaufen ist.

---

[55] Die Struktur von Produktionsprogrammen einschließlich ihrer Merkmalsmenge wurde in Abschnitt 2.3.2 dargestellt; die hier nicht dargestellte Kategorie abgeleitete Größen ist für alle Produktionsprogramme festgelegt: Güterart: Materiell – Zusammensetzung der Güter: Einteilig –
Produktgestalt: Stückgut – Produktmobilität: Mobil

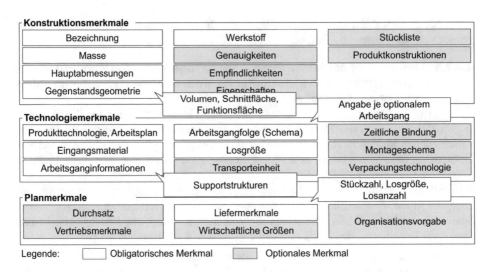

Abbildung 4-7: Im Modell verwendete Merkmale des Produktionsprogramms

Die **Wertschöpfungstiefendefinition** gibt je Fertigungsschritt vor, ob dieser in Eigenfertigung oder in Fremdvergabe durchgeführt wird. Für den Fall der Fremdvergabe sind in diesem Informationsobjekt noch die zusätzlich anfallende Transportzeit zum abgebildeten Lieferanten sowie Transport- und Fertigungskosten enthalten.

Die **zeitwirtschaftlichen Informationen** haben zum Ziel, je Kombination aus Maschine, Fertigungsschritt und Werkstoff die Ermittlung der Prozesszeiten an den Maschinen zu ermöglichen. Entsprechend muss jede Kombinationsmöglichkeit durch einen Datensatz aus Werkstoff, Fertigungsschritt und Maschinentyp ausgedrückt werden. Neben den losabhängigen und konfigurationsabhängigen Rüstzeiten werden je Datensatz für alle Treiber des Modells spezifische Prozesszeiten einschließlich ihrer Verteilungsfunktion bereitgestellt. Für den Fall von Werkstoffwechseln werden die erforderliche Zeit und ein Fähigkeitsparameter geführt. Die Zuverlässigkeit wird anhand der Ausfallrate[56] beschrieben.

Die **finanzwirtschaftlichen Informationen** sind die Grundlage zur Berechnung der Investitionsausgaben und jährlichen Kosten der Fabrik. Dazu liegen entweder je Maschinentyp oder je Werker gemäß Prozessfähigkeiten die Investitionsausgaben, Abschreibungsdauer und jährliche Kosten vor. Für Werker sind nur die jährlichen Kosten definiert.

Der **Zielgrößenspeicher** wird während des Modelllaufs sukzessive mit den Durchlaufzeiten der einzelnen Produktionsaufträge gefüllt und erlaubt die abschließende Berechnung von durchschnittlichen Durchlaufzeiten und Streuungswerten.

---

[56] Das Konzept der Ausfallrate eignet sich zur quantitativen Systemauslegung und ist durch gute Akzeptanz und Allgemeingültigkeit charakterisiert, vgl. [Deu04]

4.3.2.5 Stationäre Bausteine: Auftragsquelle, Produktsenke, Maschinen, Generiermaschinen, Lieferanten

Die stationären Bausteine Auftragsquelle, Produktsenke, Maschinen, Generiermaschinen und Lieferanten nehmen Veränderungen an Objekten vor und bilden somit die Basis bei der Modellierung der Wertschöpfungsvorgänge der Fabrik.

Die **Auftragsquelle** und **Produktsenke** stellen dabei die materialflussbezogenen Begrenzungspunkte des Prozessdurchlaufs dar. In der Auftragsquelle werden Produktionsaufträge mit den zugehörigen Auftragspositionen des Produktionsprogramms gebildet, in der Produktsenke werden diese dem System wieder entnommen.

Maschinen und **Generiermaschinen** werden durch die Fabrik in der dort definierten Anzahl gebildet. Maschinen erhalten eine Bezeichnung und sind hinsichtlich ihrer Funktionsweise durch die Zuweisung eines Maschinentyps und eines Fertigungsschritts charakterisiert. Die nötigen Fähigkeiten schränken die Prozessfähigkeiten der Werker ein, die Bedienungsschritte an der Maschine durchführen können. Werden Objekte zu dem Eingangsknoten einer Maschine transferiert, dann werden dort Prozessschritte durchgeführt. Auf Grundlage von Fertigungsschritt und Maschinentyp, der Produktdaten und der zeitwirtschaftlichen Information wird dort die Bearbeitung mit der zugeordneten Zeit simuliert. Generiermaschinen sind aus Maschinen abgeleitet und ergänzen diese um die Bauraumfläche und den gerüsteten Werkstoff. Durch die erste Eigenschaft wird sichergestellt, dass an Generiermaschinen nur die passende maschinencharakteristische Grundplattengröße gefertigt wird. Die zweite Eigenschaft spiegelt die Werkstoffrestriktion einer Generiermaschine wider. Sie ermöglicht es der Auftragsverwaltung, nur Baujobs mit dem gerüsteten Werkstoff auf einer Maschine zu fertigen. Durch einen Werkstoffwechsel kann dieser geändert werden.

Lieferanten erfüllen die Funktion von Maschinen für Fertigungsschritte, die in Fremdvergabe erfolgen. Es ist jedoch im Unterschied zu Maschinen und Generiermaschinen kein Zugriff auf die Werker der internen Fabrikstruktur notwendig. Stattdessen findet eine Verrechnung auf Kostenbasis statt, deren Informationen in der Wertschöpfungstiefendefinition für Fertigungsschritte in Fremdvergabe gespeichert sind.

4.3.2.6 Mobile Bausteine: Werker

Maschinen benötigen **Werker**, um dort manuelle Schritte durchzuführen; dabei können sie nur Werker mit der benötigten Prozessfähigkeit abrufen, die dort als Eigenschaft hinterlegt ist. Die Fabrik erzeugt die zugewiesene Anzahl an Werkern je Prozessfähigkeit. Diese Werker sind dort je nach Arbeitszeitmodell verfügbar. Wenn eine Maschine einen Werker verwendet, gilt dieser als beschäftigt und kann keiner weiteren Aktivität nachgehen. Werker mit der Prozessfähigkeit Pre-Prozess werden in den Schritten des datenseitigen Pre-Prozesses angewendet. In-Prozess-Werker führen die Maschinenvorbereitung und die Schritte des In-Prozess durch. Alle Schritte des Bereichs Post-Prozess/nachgelagerte Prozesse können durch Werker mit der Prozessfähigkeit Vorarbeiter bewerkstelligt werden. Es kann außerdem ein Werker mit der Prozessfähigkeit Post-Prozess die Teile dieses Bereichs abdecken, die keine umfangreiche Maschinenbedienung erfordern. Dabei handelt es sich um die Tätigkeiten am Handarbeitsplatz, der Strahlkabine und der Gleitschleifmaschine.

4.3.2.7   Logische Bausteine: Pfade, Knoten, Baujobbildung, Auftragsverwaltung

Diese Kategorie enthält Elemente, die den Modellablauf mittels logischer Regeln beeinflussen.

Die mobilen Objekte können sich entlang von **Pfaden** und **Knoten** durch das Modell bewegen. Knoten stellen im Modell die Verbindung zwischen einem oder mehreren Pfaden her. Der Materialfluss von und zu Maschinen wird über je einen Eingangs- und einen Ausgangsknoten dargestellt.

Die **Baujobbildung** kombiniert einen oder mehrere Produktionsaufträge zusammen mit einer Grundplatte zu einem Baujob. Sie bildet die wirkenden Gesetzmäßigkeiten eines Produktionsszenarios regelbasiert ab. Die Regeln machen Gebrauch von den Parametern Maximalauslastung, Mindestauslastung und maximale Wartezeit. Der Algorithmus ist im Rahmen der Ablaufstruktur des Modells, Abschnitt 4.3.3, dokumentiert.

Die **Auftragsverwaltung** kommt zum Einsatz, wenn die Belegung einer Maschine von FIFO abweichenden Regeln folgen soll. Dies ist im beschriebenen Modell nur an Generiermaschinen der Fall. Dort stellt die Auftragsverwaltung sicher, dass nur Baujobs mit dem auf Maschinen gerüsteten Werkstoff gefertigt werden und Umrüstungen so vorgenommen werden, dass Werkstoffe nach vorgegebenen Regeln Berücksichtigung finden.

4.3.3   Ablaufstruktur des Systems

Die Ablaufstruktur des modellierten Fabriksystems ist durch das Aktivitätsdiagramm in Abbildung 4-8 beschrieben. Die am linken Rand der Abbildung dargestellten Schwimmbahnen bezeichnen die jeweils aktiven Bausteine. Dieser Abschnitt beschreibt zunächst den Gesamtzusammenhang. Anschließend wird detaillierter auf die Abläufe der Baujobbildung, der Auftragsverwaltung und der Maschinenschritte eingegangen.

Im ersten Schritt erzeugt die Auftragsquelle einen Produktionsauftrag im in der Auftragsposition festgelegten Intervall. Diesem Auftrag ordnet sie die Auftragsdaten zu, die durch die jeweils zugehörige Position im Produktionsprogramm vorgegeben sind.

Dieser Produktionsauftrag wird zur Baujobbildung transferiert. Nach dem in Abschnitt 4.3.3.1 beschriebenen Vorgehen werden aus einem oder mehreren geeigneten Produktionsaufträgen Baujobs gebildet.

Die Fabrik steuert den Materialfluss über die verschiedenen Maschinen sowohl für neugebildete Baujobs als auch für Bauteile und Produktionsaufträge[57], die einen Fertigungsschritt gerade verlassen haben und noch weitere Schritte in ihrer Bearbeitungsfolge durchlaufen müssen. Dazu prüft sie, ob der nächste Schritt in der Bearbeitungsfolge in Eigenfertigung stattfindet. Ist dies nicht der Fall, leitet sie den Baujob zum zugehörigen Lieferanten. Für Fertigungsschritte in Eigenfertigung wird auf Basis der Prüfung, ob eine Auftragsverwaltung vorgeschaltet ist, der nächste Schritt ausgewählt.

Ist eine Auftragsverwaltung vorgeschaltet, wie es für den Generierschritt der Fall ist, gelangt der Baujob oder Produktionsauftrag in dessen Warteschlange. Abschnitt 4.3.3.2 zeigt, mit welchem Ablauf die Aufträge den Generiermaschinen zugeteilt werden.

---

[57] Nach der Baujobbildung und bis zum Trennen von Bauteilen und Plattform liegt ein Baujob vor, anschließend ein Produktionsauftrag

Sowohl durch die Auftragsverwaltung als auch die Materialflusssteuerung der Fabrik gelangen Baujobs oder Produktionsaufträge auf die Maschine oder Generiermaschine. Zwischen den beiden Maschinenkategorien wird hier nicht unterschieden, da sich die Prozessabläufe in ihrer Struktur nicht unterscheiden. Die Maschine führt den Prozessschritt, wie in Abschnitt 4.3.3.3 beschrieben, durch. Um das Maschinenverhalten abzubilden, werden weitere Elemente verwendet:

- zusätzliche Grundplatten, die an der Generiermaschine dem Baujob hinzugefügt werden,
- Werker mit den an der Maschine benötigten Fähigkeiten, um manuelle Operationen abzubilden und
- zeitwirtschaftliche Informationen, um die jeweiligen Zeiten der Maschinenabläufe zu bestimmen.

Prozessschritte in Fremdvergabe an Produktionsaufträgen und Baujobs werden bei Lieferanten durchgeführt. Der Lieferant führt den Prozessschritt, siehe Abschnitt 4.3.3.3, durch und greift auf die zeitwirtschaftlichen Informationen zu, um eine Bestimmung der Fertigungszeit analog zur Fertigung auf internen Maschinen zu ermöglichen. Die Kosten für Fertigung und Transport stehen ebenso wie die Transportzeiten durch die Wertschöpfungstiefendefinition zur Verfügung.

Nach jedem Verlassen von Maschinen, Generiermaschinen oder Lieferanten prüft die Fabrik, ob noch weitere Schritte in der Bearbeitungsfolge eines Baujobs oder Produktionsauftrags vorliegen. Liegen weitere Schritte vor, beginnt der beschriebene Ablauf aus Materialflusssteuerung und Prozessschritten erneut.

Sind alle Schritte der Bearbeitungsfolge durchlaufen, werden die ermittelten Zielgrößen je Baujob oder Produktionsauftrag in einen Zielgrößenspeicher geschrieben und jener in der Produktsenke aus dem System entfernt.

Mit Hinblick auf die in Abschnitt 2.2.2 vorgestellten Fertigungsprinzipien entspricht die modellierte Ablaufstruktur im Wesentlichen dem Werkstattprinzip. Sind mehrere Maschinen für einen Produktionsprozess vorhanden, so werden diese zu einem Kapazitätspool zusammengefasst, der Produktionsaufträge aus einer gemeinsamen Warteschlange bedient. Diese Wahl des Fertigungsprinzips ermöglicht gute Maschinenauslastungen. Durch die hohe Auslastung und den meist in Transportlosen realisierten Materialtransport ergeben sich jedoch typischerweise hohe Durchlaufzeiten. Daher erfolgt die Weitergabe von Produktionsaufträgen zwischen den Produktionsprozessen in der kleinsten durch die Maschinentechnologie möglichen Losgröße. Zwischen den Schritten Datenvorbereitung und dem Spannungsarmglühen findet entsprechend ein Transport in Fertigungslosen statt, ebenso wie nach den chargenorientierten Prozessen Spannungsarmglühen, heißisostatisches Pressen und Gleitschleifen. Zwischen den übrigen Prozessschritten werden die Bauteile vereinzelt weitergereicht, was den Materialfluss optimiert. Dies bildet insofern die Fertigungspraxis ab, als dass die geringen Bauteildimensionen und -massen problemlos durch einen Werker transportiert werden können. Im Falle einer leeren Warteschlange würde der Werker bereits im vorhergehenden Fertigungsschritt fertiggestellte, aber noch nicht transportierte Teile mit vernachlässigbarem Zeitbedarf abholen. Dieses Teilefluss-Prinzip wird überlappte Fertigung genannt [Löd16, S. 129f.].

Eine Spezialisierung von Produktionskapazitäten für bestimmte Teile des Produktionsprogramms kann durch eine stärkere Ausrichtung an der Arbeitsfolge definierter Varianten im Fließprinzip oder durch Ausrichtung an Teilefamilien im Gruppenprinzip erfolgen. Die stark unterschiedlichen Bearbeitungszeiten der Produktionsprozessschritte erschweren ein Ausbalancieren solcher Linien jedoch. Es ergäbe sich zwar eine kürzere Durchlaufzeit bezogen auf die so geschaffene Linie, ihre geringere Auslastung führt jedoch zu einer Erhöhung der Durchlaufzeiten für die übrigen Varianten bzw. zu erhöhten Liegezeiten vor der Linie, wenn die Gesamtkapazitäten unverändert bleiben. Im Rahmen der Modellierung wird daher nur die Werkstattfertigung mit flussoptimiertem Materialtransport betrachtet.

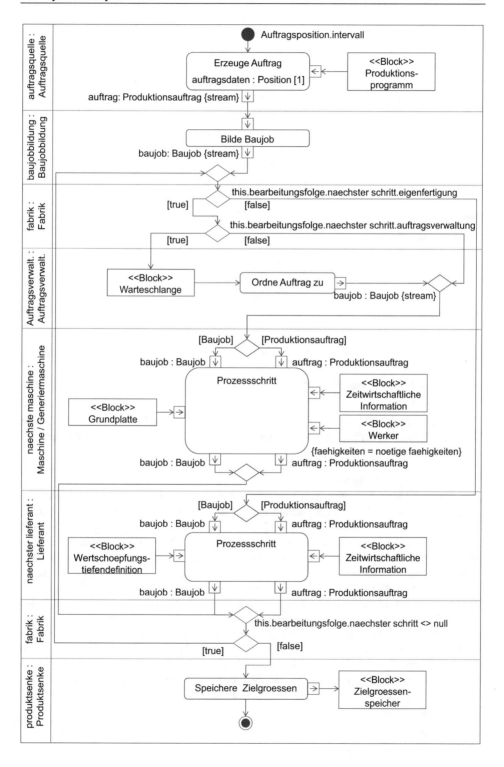

Abbildung 4-8: Aktivitätsdiagramm des Systems (aggregiert)

Neben dem Durchlauf eines Auftrags führt das System zu Beginn und nach Abschluss des Modelldurchlaufs weitere Prozesse durch. Vor Beginn des Durchlaufs werden etwa die Bausteine des Modells in der jeweils festgelegten Anzahl erzeugt. Nach dem Durchlauf werden die Zielgrößen, vgl. Abschnitt 4.3.1.3, bestimmt. Für die jährlichen Kosten c_a gilt

$$c_a = \sum_{i=1}^{n_M} I_{M,i}/t_{M,i} + \sum_{i=1}^{n_W} c_{W,i} \qquad (4.3)$$

mit $I_{M,i}$ als Investitionsausgaben, $t_{M,i}$ als Abschreibungsdauer der i-ten aus n_M Maschinen und $c_{W,i}$ als jährliche Kosten des i-ten aus n_W Werkern.

Für den arithmetischen Mittelwert der Durchlaufzeit der Produktionsaufträge $\overline{DLZ_P}$ gilt

$$\overline{DLZ_P} = \frac{1}{n_P} \sum_{i=1}^{n_P} DLZ_{P,i} \qquad (4.4)$$

und für dessen Varianz s_{DLZ}^2

$$s_{DLZ}^2 = \frac{1}{n_p} \sum_{i=1}^{n_P} (DLZ_{P,i} - \overline{DLZ_P})^2 \qquad (4.5)$$

mit der Anzahl an Produktionsaufträgen n_P und der Durchlaufzeit des i-ten Produktionsauftrages $DLZ_{P,i}$.

Die übrigen Zielgrößen Auslastung und Bestände ergeben sich analog als Mittelwert über den Simulationszeitraum und können direkt durch die Modellwelt bestimmt werden.

4.3.3.1 Baujobbildung

Die Baujobbildung hat zum Ziel, hereinkommende Produktionsaufträge zu Baujobs zusammenzufassen. Dabei ist zwischen den in Konflikt stehenden Zielen einer kurzen Wartezeit bis zur Fertigstellung von Baujobs und einer hohen Auslastung mit eventuell längeren Wartezeiten auf geeignete Produktionsaufträge abzuwägen. Das in Abbildung 4-9 dargestellte Vorgehen entspricht einer sequenziellen Zuordnung von Produktionsaufträgen zu Baujobs und basiert auf der Vorgabe einer Mindestauslastung und einer maximalen Wartezeit. Der Algorithmus wird hier als Näherung zur in der Praxis beim Laser-Strahlschmelzen eingesetzten erfahrungsbasierten Bauteilanordnung verwendet, vgl. Abschnitt 2.1.2. Er übernimmt die zweidimensionale Anordnung der auf eine rechteckige Hüllfläche reduzierten Bauteilkonturen im Bauraum. Die Reduzierung der Bauteile auf ihre zweidimensionale Grundfläche spiegelt wider, dass Bauteile eine Anbindung an die Grundplatte, direkt oder indirekt über Hilfsgeometrien, benötigen. Durch die unmittelbare Zuordnung eintreffender Produktionsaufträge wird ferner die zeitlich eingeschränkte Sicht auf später liegende Produktionsaufträge abgebildet. Das Vorgehen ist nachfolgend beschrieben.

Erreicht ein Produktionsauftrag diesen Aktivitätsschritt, wird zunächst geprüft, ob er auf einem bereits angefangenen Baujob platziert werden kann. Dazu muss sich im Baujobpool mindestens ein eröffneter Baujob befinden, für den folgende Kriterien erfüllt sind:

- gleicher Werkstoff wie der zu platzierende Produktionsauftrag,
- Übereinstimmung mit dem zu platzierenden Produktionsauftrag im Post-Prozess für Schritte, die am gesamten Baujob durchgeführt werden, d. h. Spannungsarmglühen und Trennen von Bauteilen und Plattform per Drahterodieren, und
- ausreichend freier Platz auf der Grundplatte. Der Flächenbedarf kann nach folgender Gleichung bestimmt werden:

$$
\begin{aligned}
A_{Produktionsauftrag} \\
\leq A_{Grundplatte\ des\ Baujobs} * maximalauslastung \\
- \sum A_{Produktionsauftrag\ des\ Baujobs}
\end{aligned}
\tag{4.6}
$$

Der Auftrag wird dann dem Baujob mit höchstmöglicher Grundflächenbelegung $\sum A_{Produktionsauftrag\ des\ Baujobs}$ hinzugefügt, für den die beschriebenen Bedingungen erfüllt sind. Wenn kein Baujob im Baujobpool den Bedingungen entspricht, wird ein neuer eröffnet und der Auftrag hinzugefügt.

Nachdem der Produktionsauftrag einem bestehenden oder neuen Baujob hinzugefügt wurde, wird geprüft, ob die Mindestauslastung erreicht ist. Ist dies nicht zutreffend, gelangt der Baujob in den Baujobpool. Ansonsten wird der Baujob finalisiert und verlässt die Aktivität.

Regelmäßig verlassen Baujobs den Baujobpool und werden ebenfalls finalisiert, wenn sie die definierte maximale Wartezeit erreicht haben. Dadurch wird sichergestellt, dass Baujobs mit selten auftretenden Merkmalen keine unbegrenzte Zeit im System verbringen.

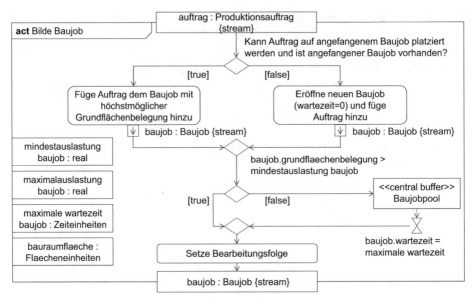

Abbildung 4-9: Aktivitätsdiagramm Baujobbildung (aggregiert)

4.3.3.2   Auftragsverwaltung

Ziel der Auftragsverwaltung ist es, die Belegung der Generiermaschinen zu steuern und dabei auf Maschinen gerüstete Werkstoffe und deren Wechsel, falls notwendig, zu berücksichtigen. Dabei sind zwei Teilziele zu erreichen. Einerseits benötigt ein Werkstoffwechsel Zeit, sodass eine möglichst geringe Anzahl an Werkstoffwechseln zu höherer Maschinenproduktivität führt. Andererseits sollen sich, auch bei unterschiedlichen Anteilen von Werkstoffen im Produktionsprogramm, keine überproportional hohen Durchlaufzeiten in Folge von Wartezeiten durch verzögerte Werkstoffwechsel einstellen. Die hier vorgestellte Auftragsverwaltung stellt eine Lösungsmöglichkeit für diesen Zielkonflikt auf Basis vorgegebener maximaler Wartezeiten und maximaler Werkstoffverhältnisse in der Warteschlange dar und ist nachfolgend beschrieben. Abbildung 4-10 zeigt das zugehörige Aktivitätsdiagramm.

Die Auftragsverwaltung wird im Unterschied zu den übrigen dargestellten Prozessen nicht durch ein eintreffendes Token aktiviert, sondern durch eintretende Ereignisse. Das erste Ereignis, das die Aktivität *Ordne Auftrag zu* auslöst, ist das Freiwerden einer Generiermaschine. Daraufhin überprüft die Auftragsverwaltung, ob sich wartende Baujobs in der Warteschlange befinden. Im negativen Fall wird auf das nächste Ereignis, das Eintreffen von Baujobs, gewartet.

Im positiven Fall findet eine Überprüfung statt: Ist im Auftragspool mindestens ein Baujob mit dem auf der Generiermaschine gerüsteten Werkstoff? Falls nicht, wird der Baujob mit dem nach Anzahl dominierenden Werkstoff aus der Warteschlange entnommen und ein Werkstoffwechsel vorgenommen. Liegt ein Baujob gleichen Werkstoffs im Auftragspool, wird noch geprüft, ob Baujobs mit einem anderen als dem derzeit gerüsteten Werkstoff die Variable *maximale wartezeit fertigung* überschreiten oder die Anzahl von Baujobs mit dem gerüsteten Werkstoff in der Warteschlange um den Faktor *um-*

ruestfaktor überschreiten. Bei positiver Prüfung wird ebenfalls ein Baujob mit dominierendem Werkstoff und längster Wartezeit aus der Warteschlange entnommen. Bei negativem Ausgang wird der Baujob mit der längsten Wartezeit und dem gerüsteten Werkstoff aus der Warteschlange entnommen. Abschließend wird der entnommene Baujob jeweils zur Generiermaschine gesendet.

Wenn nach Freiwerden der Generiermaschine keine Baujobs in der Warteschlange vorhanden waren und infolgedessen auf eintreffende Baujobs gewartet wird, können Baujobs mit dem gerüsteten Werkstoff direkt zur Generiermaschine gesendet werden. Ist der Werkstoff jedoch ein anderer, dann ist ein Umrüsten unter bestimmten Bedingungen nicht notwendig. Dies ist dann der Fall, wenn in der Zwischenzeit eine weitere Generiermaschine mit dem erforderlichen Werkstoff freigeworden ist; dann sendet die Auftragsverwaltung den Baujob zur zuerst freigewordenen Generiermaschine. Ansonsten findet der bereits beschriebene Werkstoffwechsel mit anschließender Prüfung statt.

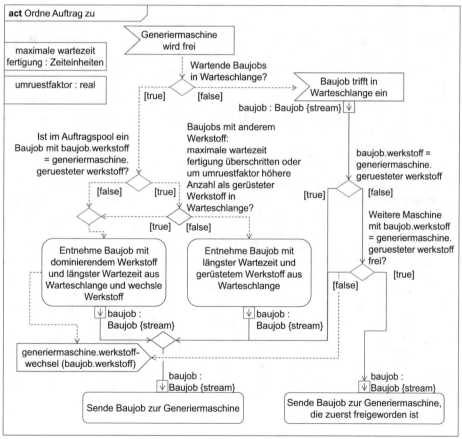

Abbildung 4-10: Aktivitätsdiagramm Auftragsverwaltung (aggregiert)

4.3.3.3   Maschine/Generiermaschine und Lieferant

Die Aktivitäten der Maschine/Generiermaschine und des Lieferanten zielen darauf ab, das Bearbeitungsverhalten im eigenen Fabriksystem beziehungsweise bei Lieferanten abzubilden. Der nachfolgende Abschnitt beschreibt die Aktivitäten Prozessschritt sowie Werkstoffwechsel.

Da das Bearbeitungsverhalten von Maschinen und Generiermaschinen den gleichen Abläufen folgt, kann die Aktivität Prozessschritt für beide Maschinentypen im selben Aktivitätsdiagramm, Abbildung 4-11, dargestellt werden. Die Aktivität beginnt mit eintreffenden Produktionsaufträgen oder Baujobs. Beide Objekttypen durchlaufen fortan den gleichen Prozess – Durch die Bearbeitungsfolge ist bereits sichergestellt, dass nur für den jeweiligen Fertigungsschritt geeignete Objekte eintreffen.[58] Zunächst werden beide Objektarten in die Warteschlange gebracht. Sobald die Maschine frei wird, gelangen diese nach dem FIFO-Prinzip zu den nachfolgenden Schritten, welche die eigentliche maschinelle Bearbeitung simulieren.

Im ersten Abschnitt werden Veränderungen an der Objektstruktur[59] vorgenommen, falls diese durch den Fertigungsschritt bedingt sind. Dies ist erforderlich für den Schritt *Baujob fertigen* – hier müssen Grundplatten und Werkstoff angefordert und verwendet werden, einem eingehenden Baujob wird eine Grundplatte hinzugefügt. Beim Schritt *trennen von Bauteilen und Plattform* wird ein Baujob wieder in die einzelnen Produktionsaufträge und die zugehörige Grundplatte aufgeteilt. Alle übrigen Fertigungsschritte bedingen keine Veränderungen an der Objektstruktur, sodass diese direkt die Ablaufschritte der Maschine durchlaufen.

Im zweiten Abschnitt werden die Ablaufschritte der Maschine abgebildet. Dazu wird zunächst ein Werker mit den benötigten Prozessfähigkeiten belegt, um die Rüstzeit vor Prozessbeginn verzögert und wieder freigelassen. Dies spiegelt manuelle Rüst- und Vorbereitungsaktivitäten wider. Nachdem die nachfolgend genauer beschriebene Prozesszeit des Auftrags ohne Werker abgelaufen ist, wird erneut ein geeigneter Werker für die Rüstzeit nach Prozessende belegt, was nachgelagerte Rüstschritte, z. B. zum Entnehmen von Fertigteilen oder einer Reinigung der Maschine, abbildet. Alle verwendeten Zeiten entstammen den zeitwirtschaftlichen Informationen für den gegebenen Werkstoff und Fertigungsschritt auf dem durchlaufenen Maschinentyp. Während der Verzögerungsschritte können die Maschine und, wenn belegt, der Werker für keine weitere Tätigkeit genutzt werden. Bevor die Produktionsaufträge und Baujobs die Aktivität verlassen, wird der durchgeführte Fertigungsschritt aus der Bearbeitungsfolge entfernt. Sowohl die Rüstschritte als auch die Prozesszeit können mit einem Produktivitätsfaktor belegt werden, um die Modellierung veränderter Produktivität ohne Anpassung der zu Grunde liegenden zeitwirtschaftlichen Information zu ermöglichen. Dieser Faktor ist im Normalzustand 1. Ein Produktivitätsfaktor von 2 bedeutet, dass sich die Produktivität verdoppelt und die resultierende Prozesszeit halbiert.

---

[58] Beispielsweise können nur Baujobs ohne Grundplatte den Fertigungsschritt Baujob fertigen und nur Baujobs mit Grundplatte den Schritt Trennen von Grundlatte und Plattform erreichen

[59] Die Objektstruktur bezeichnet die Menge und Art der Systemobjekte Baujob, Fertigungsauftrag und Grundplatte, die zu einem Fertigungsverbund zusammengefasst sind; Veränderungen von Objekteigenschaften durch Fertigungsschritte fallen nicht unter die Objektstruktur

Die Prozesszeit ergibt sich aus dem Treibermodell[60] nach

$$t_{prozess} = \sum_{i=1}^{n} \left(\sum_{k=2}^{6} (p_k * l_k) + l_1 \right) + l_0 \qquad (4.7)$$

mit $t_{prozess}$ Prozesszeit [h]

k Bezeichner des k-ten Treibers bzw. der k-ten spezifischen Zeit

i Bezeichner des i-ten Produktionsauftrags

n Anzahl der Produktionsaufträge auf einem Produktions-los/Baujob; werden Produktionsaufträge einzeln gefertigt, gilt $n = 1$

l_0 los- bzw. spezifische baujobabhängige Zeit [h]

l_1 spezifische produktionsauftragsabhängige Zeit [h]

p_2/l_2 Volumen [mm³] und spezifische volumenabhängige Zeit [h/mm³]

p_3/l_3 Höhe [mm] und spezifische höhenabhängige Zeit [h/mm]

p_4/l_4 Schnittfläche [mm²] und spezifische schnittflächenabhängige Zeit [h/mm²]

p_5/l_5 Funktionsfläche [mm²] und spezifische funktionsflächenabhängige Zeit [h/mm²]

p_6/l_6 Fläche der Grundplatte [mm²] und spezifische von der Fläche der Grundplatte abhängige Zeit [h/mm²]

Dabei entsprechen die Faktoren p_k der Summengleichung den produktbedingten Treibern und Faktoren l_k den Leistungsfaktoren, welche die Leistungsfähigkeit von Maschinen abbilden.

Die Aktivität *Prozessschritt* wird auch für Fremdvergabeumfänge bei einem Lieferanten durchgeführt. Der Prozessablauf entspricht mit wenigen Unterschieden dem der Maschine/Generiermaschine. Es werden jedoch keine Werker der internen Fabrikstruktur verwendet. Ferner sind die notwendigen Transportschritte über in der Wertschöpfungstiefendefinition hinterlegte Transportzeiten abgebildet. Finanzwirtschaftlich werden Leistungen von Lieferanten nicht wie Maschinen über Investition und Abschreibungen berücksichtigt, sondern über Verrechnungskosten, die als *Transportkosten* und *Fertigungskosten* in der Wertschöpfungstiefendefinition des Modells abgelegt sind.

---

[60] Dieser Ansatz entspricht der fertigungsschrittspezifischen Darstellung des Treibermodells nach [MöEm16]

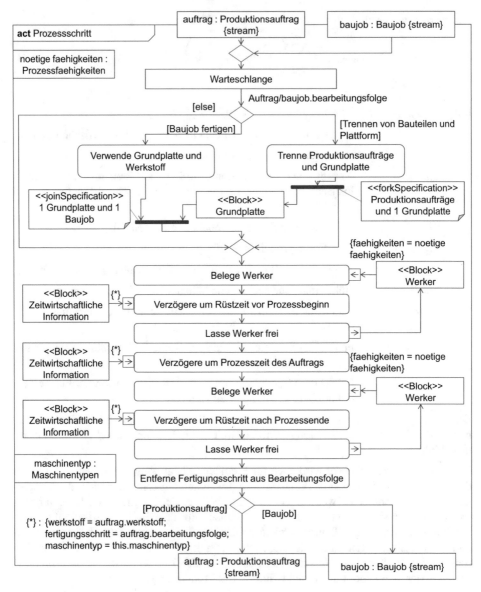

Abbildung 4-11: Aktivitätsdiagramm Maschine/Generiermaschine (aggregiert)

Die Aktivität Werkstoffwechsel wird durch die Auftragsverwaltung an einer Generier-maschine initiiert. Beim Werkstoffwechsel wird ein Werker mit der Prozessfähigkeit In-Prozess belegt und für die in der zeitwirtschaftlichen Information hinterlegte Werkstoff-wechselzeit gemeinsam mit der Maschine verzögert. Anschließend wird der neue Werk-stoff der Maschine als gerüsteter Werkstoff gespeichert.

4.4 Datenbeschaffung und -aufbereitung

Es wurden bereits die Struktur und die Abläufe des Modells hergeleitet. Um in dem dadurch aufgespannten Rahmen das Modellverhalten in realen oder fiktiven Szenarien variieren zu können, sind die verwendeten finanzwirtschaftlichen und zeitwirtschaftlichen Informationen als separate Datentabellen geführt. Dieses Kapitel zeigt die Erhebung finanzwirtschaftlicher und zeitwirtschaftlicher Information auf Basis durch den Autor betrachteter, realer Gegebenheiten. Dabei handelt es sich um Momentaufnahmen, die Veränderungen im zeitlichen Verlauf, etwa durch Produktivitäts-, Preis- oder Marktveränderungen, unterliegen. Andererseits unterliegen auch die zu einem Bezugszeitpunkt erfassten Ausprägungen erheblicher Varianz, welche die Heterogenität des Fertigungsumfeldes abbildet. Exemplarisch seien hier als Ursache für mögliche Abweichungen konkurrierender Fertigungsverfahren, Anbieter- und Marktunterschiede, Qualifikationen oder geografische Unterschiede genannt. Um diese Vielfalt für die Gestaltung von Fabrikstrukturen für die additive Fertigung beherrschbar zu machen, werden im Folgenden praxiserprobte Informationen hergeleitet, die als Richtwerte zu verstehen sind. Sie stellen die Gegebenheiten während des Entstehungszeitraums dieses Werkes für den Standort Deutschland wider. Eine fallspezifische Anpassung ist notwendig und unbedingt empfohlen, wenn Unterschiede in den damit einhergehenden Bedingungen vorliegen oder um in konkreten Anwendungsfällen eine höhere Genauigkeit zu erhalten.

4.4.1 Finanzwirtschaftliche Information

Die finanzwirtschaftliche Information hat das Ziel, die Bestimmung der Kosten einer Fabrikstruktur zu ermöglichen. Dies sind im Konkreten die Eingangsgrößen der Formel 4.3 zur Bestimmung der jährlichen Kosten.

Abbildung 4-12 zeigt die Investitionsausgaben $I_{M,i}$ und Abschreibungsdauern $t_{M,i}$ der verwendeten Maschinentypen. Es wurden jeweils praxistypische Mittelwerte verwendet. Die Abschreibungsdauern entstammen den AfA-Tabellen des deutschen Bundesministeriums der Finanzen. Falls vorhanden, wurden Vorgaben für die Industrien Maschinenbau bzw. Eisen-, Blech- und Metallwaren herangezogen, andernfalls die Vorgaben für allgemein verwendbare Anlagegüter.

Maschinentyp	Investitions-ausgaben I_M ['000 EUR]	Abschreibungs-dauer t_M [Jahre]	AfA-Tabelle	Nr.
Bearbeitungszentrum	300	7	Maschinenbau	1.3.1
Strahlkabine	10	5	Eisen-, Blech- und Metallwarenindustrie	3.21
Handarbeitsplatz	3	14	Allgemein verwendbare Anlagegüter	6.1
Siebstation		in Generiermaschine enthalten		
Arbeitsplatz (Arbeitsvorbereitung)	3	3	Allgemein verwendbare Anlagegüter	6.14.3.2
Generiermaschine	siehe unten	5	Maschinenbau	4.2.3[1]
Wärmebehandlungsofen	15	5	Eisen-, Blech- und Metallwarenindustrie	3.13
Drahterodiermaschine	150	8	Maschinenbau	4.1
Heißisostatische Presse	1.000	5	Eisen-, Blech- und Metallwarenindustrie	3.13
Gleitschleifmaschine (Trogvibrator)	15	8	Eisen-, Blech- und Metallwarenindustrie	3.10
Computertomograph	500	6	Maschinenbau	5.2.5
Koordinatenmessmaschine	100	6	Maschinenbau	5.2.5
Grundplattenlager	1	14	Allgemein verwendbare Anlagegüter	6.1

1) Laser-Schweißanlagen als vergleichbarer Maschinentyp, da nicht unmittelbar in AfA-Tabelle geführt

Abbildung 4-12: Im Modell verwendete finanzwirtschaftliche Information für Investitionsobjekte[61]

Zusätzlich zu den Investitionskosten fallen noch Kosten für Wartung und Betrieb der Maschinen an, die überschlägig zu 10% der jährlichen Maschinenabschreibung gesetzt werden. Im Kontext additiver Fertigung können die Energiekosten auf Grund ihres geringen Anteils an den Gesamtproduktionskosten vernachlässigt werden, analog [CFL+17].

Der relativ hohe Bedarf an Kapazitäten der Generiermaschine im Verhältnis zu den übrigen Maschinentypen, vgl. [MöEm16], führt zu hohen Auswirkungen auf die jährlichen Kosten. Daher wird dieser Maschinentyp im Folgenden differenziert betrachtet, siehe Abbildung 4-13. Es ergibt sich eine Korrelation zwischen dem Volumen des Bauraums bzw. den daraus abgeleiteten Größenklassen zu den Maschinenpreisen. Diese finden als Investitionsausgaben im Modell Berücksichtigung, wobei zuvor die Größenklasse zu wählen ist. Wenn nicht anders dargestellt, kommt die Größenklasse *mittel* zum Einsatz, die derzeit am gebräuchlichsten ist. Da die Bauteile beim Generierprozess eine Anbindung an die Grundplatte benötigen, ist anstelle des Volumens des Bauraums auch die reine Grundfläche des Bauraums ein Kriterium für die Leistungsfähigkeit der Maschine. An der in Abbildung 4-13 dargestellten Verteilung ändert dies jedoch wenig.

---

[61] Datenherkunft: für die Abschreibungsdauern [Bun01, Bun00, Bun97]; für die Investitionsausgaben [Ter17, Möh16a, SpMö16]

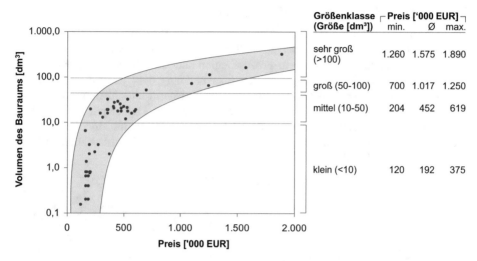

Abbildung 4-13: Preis je Größenklasse additiver Fertigungsmaschinen[62]

Die Arbeitskosten wurden am Standort Deutschland erhoben und ergeben sich für den Wirtschaftszweig produzierendes Gewerbe (Klassifizierung WZ08-B-05) zu EUR/h 36,30 im Jahr 2015 [Sta16]. Dabei handelt es sich um einen Mittelwert, in dem sich Abweichungen in der Qualifikation und zwischen verschiedenen ausgeübten Funktionen widerspiegeln. Um stärker auf das Segment der Fachangestellten und angelernten Arbeitnehmer zu fokussieren, kann noch die Abweichung der im Modell verwendeten Tätigkeitsarten vom Mittelwert berücksichtigt werden:[63]

- Die Werker mit Prozessfähigkeit In-Prozess und Post-Prozess werden entsprechend der Tätigkeitsklasse *Fachangestellte* berücksichtigt. Die Arbeitskosten liegen 16% unter dem Mittelwert und betragen EUR/h 30,50.
- Werker mit Prozessfähigkeit Vorarbeiter und Pre-Prozess benötigen Wissen und Fähigkeiten, um die gesamte Prozesskette zu überblicken. Daher werden sie als *herausgehobene Fachkräfte* berücksichtigt. Die Arbeitskosten liegen 22% über dem Mittelwert und betragen EUR/h 44,30.

Ferner steht dem Arbeitgeber für in Nachtarbeit geleistete Arbeitsstunden eine angemessene zeitliche oder monetäre Entlohnung auf das Bruttoarbeitsentgelt zu [BGB94, §6 Abs. 5]. Entsprechend wird im Modell ein konservativer Zuschlag von 50% für die Spät- und Nachtschicht berücksichtigt.

---

[62] Eigene Darstellung, basierend auf Kosten- und Bauraumvolumenangaben aus [WCC16, S. 305ff.] und eigenen Recherchen

[63] Zur Fokussierung der Arbeitskosten wurden diese mit den Abweichungen in den Bruttojahresverdiensten nach Art der Tätigkeit linear skaliert; Datenherkunft der relativen Abweichungen ist [Sta09]

4.4.2 Zeitwirtschaftliche Information

Die zeitwirtschaftliche Information hat zum Ziel, die im System veranschlagten Zeiten für den Objektfluss zur Verfügung zu stellen. Dazu zählen sowohl die in Abschnitt 4.3.3.3 beschriebenen Rüstzeiten vor Prozessbeginn und nach Prozessende sowie die in Formel 4.7 verwendeten Leistungsfaktoren l_k. Abbildung 4-14 zeigt die im zeitwirtschaftlichen Modell verwendeten Treiber je Fertigungsschritt einschließlich der Indices k der verwendeten Leistungsfaktoren. Für nicht verwendete Treiber gilt $l_k = 0$. Nachfolgend werden die Leistungsfaktoren für die Fertigungsschritte des Modells diskutiert. Die Schritte sind nach Fertigungsmaschinen gegliedert, da das Maschinenverhalten maßgeblich für die Prozesszeit ist.

Fertigungsschritt	Maschinentyp	Anzahl der Baujobs/Lose $k=0$	Anzahl der Bauteile $k=1$	Volumen des Bauteils $k=2$	Höhe des Baujobs $k=3$	Schnittfläche des Bauteils $k=4$	Funktionsfläche des Bauteils $k=5$	Fläche der Grundplatte $k=6$
Plattform abtragen	Bearbeitungszentrum	✓	–	–	–	–	–	✓
Plattform strahlen	Strahlkabine	✓	–	–	–	–	–	
Plattform prüfen	Handarbeitsplatz	✓	–	–	–	–	–	
Pulver sieben	Siebstation	✓	–	–	–	–	–	
Daten vorbereiten	Arbeitsplatz (Arbeitsvorbereitung)	✓	✓	–	–	–	–	
Baujob fertigen	Generiermaschine	✓	–	✓	✓	–	–	
Spannungsarmglühen	Wärmebehandlungsofen	✓	–	–	–	–	–	
Bauteile und Plattform trennen	Drahterodiermaschine	✓	–	–	–	✓	–	
Entfernen von Hilfsgeometrien	Handarbeitsplatz	–	✓	–	–	–	–	
Heißisostatisches Pressen	Heißisostatische Presse	✓	–	–	–	–	–	
Strahlen	Strahlkabine	–	✓	–	–	–	–	
Qualitätssicherung (Stoffzus.)	Computertomograph	–	✓	–	–	–	–	
Gleitschleifen	Gleitschleifmaschine (Trogvibr.)	✓	–	–	–	–	–	
Fräsen (Schlichten)	Bearbeitungszentrum	✓	✓	–	–	–	✓	
Montageoperationen	Handarbeitsplatz	–	✓	–	–	–	–	
Qualitätssicherung (Geometrie)	Koordinatenmessmaschine	–	✓	–	–	–	–	

Treiber für Prozesszeit

Legende: ✓ Treiber   – nicht als Treiber berücksichtigt

Abbildung 4-14: Im zeitwirtschaftlichen Modell verwendete Treiber je Fertigungsschritt

4.4.2.1 Plattform abtragen und Fräsen (Schlichten, Bearbeitungszentrum)

Die beiden Schritte *Plattform abtragen* und *Fräsen (Schlichten)* werden auf einem Bearbeitungszentrum zum CNC-Fräsen durchgeführt. Das Abtragen der Grundplatte vollzieht sich in einem Schlichtvorgang der Plattenoberseite und der Mantelfläche und das Einbringen einer Fase an der Kante beider Flächen. Beim Schlichten als Teil des Post-Prozesses additiv gefertigter Produktionsaufträge können mitunter auch Freiformflächen zum Einsatz kommen. Als universelle Maschine bieten sich 5-Achs Bearbeitungszentren an.

SCHMIDT stellt einen Ansatz zur Bestimmung der Maschinenzeiten vor. Die einzelnen Zeitkomponenten dieses Modells werden auf dieser Basis im Folgenden abgeleitet [Sch16, S. 156ff.].

Als Rüstzeiten vor Prozessbeginn empfiehlt der Ansatz

$$t_{Ruest,vor} = t_{SF} + t_{CNC,RZ} \tag{4.8}$$

mit t_{SF} Dauer zur Definition der Schnittfolgen [h]

        $t_{CNC,RZ}$ Rüstzeiten der CNC-Maschine [h]

Rüstzeiten nach Prozessende, etwa zum Entnehmen von Bauteilen oder ähnlich, sieht der Ansatz nicht vor. Die beiden Summanden entfallen auf jeweils ein Fertigungslos. Ohne nähere Kenntnis der konkreten Einspannsituation kann die Rüstzeit zu rund 20 Minuten bestimmt werden [Kle74, S. 56].

Die Prozesszeit selbst bestimmt sich zu

$$t_{fräsen} = t_{Sr} + t_{Sl} + t_{Fin} + t_U \tag{4.9}$$

mit t_{Sr} Fräsdauer für das Schruppen [h]

        t_{Sl} Fräsdauer für das Schlichten [h]

        t_{Fin} Fräsdauer für das Finish der Funktionsflächen [h]

        t_U Dauer der Umspannvorgänge [h]

Dieser Unterteilung liegt die Vorstellung zu Grunde, dass zunächst mit hoher Geschwindigkeit aus einem Halbzeug bis nahe an die Sollkontur geschruppt und anschließend geschlichtet wird. Im letzten Schritt, dem Finish, werden Funktionsflächen und Bohrungen nachbearbeitet. [Sch16, S. 157]

Der vorliegende Fall der Bearbeitung von Grundplatten und additiv gefertigter Bauteile erfordert jedoch keine trennende Formgebung aus dem Halbzeug, sondern lediglich endkonturnahe Bearbeitung. Daher kann $t_{Sr} = 0$ gesetzt werden. Zusätzlich wird praxisnah angenommen, dass lediglich Funktionsflächen im Schlichtverfahren nachbearbeitet werden und zusätzliches Finishing vernachlässigbar ist ($t_{Fin} = 0$).

Weiter aufgelöst (vgl. [Sch16, S. 158]) ergibt sich als Prozesszeit

$$t_{fräsen} = r_{Sl} * A_F * \delta + t_U \tag{4.10}$$

mit r_{Sl} Durchschnittliche Bearbeitungsrate beim Schlichten [mm²/s]

        A_F Funktionsfläche des Bauteils [mm²]

        δ Aufmaß zur Sollgeometrie [mm]

Das Schlichtaufmaß δ kann konservativ zu 0,5 mm abgeschätzt werden. Mit diesem Zusammenhang sind die zeitwirtschaftlichen Leistungsfaktoren beschrieben und es folgen die Variablen für die Fertigungsschritte an der Fräsmaschine:

$$p_5 = A_F \tag{4.11}$$

$$l_5 = r_{Sl} \tag{4.12}$$

$$l_0 = t_U \text{ (Plattform abtragen) bzw. } l_1 = t_U \text{ (Schlichten)} \tag{4.13}$$

Im Mittel ermittelt SCHMIDT für die einzelnen Werkstoffe folgende Abtragraten im Schlichtbetrieb:

Aluminium: $l_5 = \dfrac{1}{130} \dfrac{\min}{\mathrm{mm}^3} * 0,5 \text{ mm}$ (4.14)

Stahl:
$$l_5 = \frac{1}{150} \frac{min}{mm^3} * 0,5 \text{ mm} \qquad (4.15)$$

Titan:
$$l_5 = \frac{1}{50} \frac{min}{mm^3} * 0,5 \text{ mm} \qquad (4.16)$$

Beim Abtragen der Plattform wird aus gemessenen Prozesszeiten bestimmt [Möh17a]:

Aluminium:
$$l_6 = 1,6 * 10^{-4} \frac{min}{mm^2} \qquad (4.17)$$

Stahl:
$$l_6 = 3,2 * 10^{-4} \frac{min}{mm^2} \qquad (4.18)$$

Titan:
$$l_6 = 9,6 * 10^{-4} \frac{min}{mm^2} \qquad (4.19)$$

4.4.2.2 Plattform strahlen und Strahlen (Strahlkabine)

Sowohl das Strahlen der Plattform als auch der Bauteile findet in der Strahlkabine statt und benötigt im betrachteten Automatisierungsgrad der Fertigung durchgängig einen Werker zur Bedienung der Maschine.

Die Prozesszeit beginnt mit einer Rüstzeit $t_{Ruest,vor}$, in welcher die Werkstücke in die Strahlkabine gebracht werden und die Betriebsbereitschaft hergestellt wird. Es schließt sich die Prozesszeit als l_0 für Grundplatten bzw. l_1 für Werkstücke an. Diese wird je Werkstück veranschlagt und steht in Abhängigkeit zur Größe des Werkstücks und dem Werkstoff. Anschließend findet noch eine Rüstzeit $t_{Ruest,nach}$ statt.

Die Prozesszeiten für die Rüstzeiten vor Prozessbeginn und nach Prozessende können zu jeweils 1 min bestimmt werden. Die Prozesszeiten l_0 bzw. l_1 können je Größenklasse und Werkstoff der nachfolgenden Abbildung 4-15 entnommen werden.

Größenklasse	Maximale Kantenlänge [mm]	Prozesszeit l_0/l_1 je Werkstück [min]		
		Aluminium	Stahl	Titan
klein	30	0,5	0,3	2,4
mittel	100	1,7	1,1	9,7
groß	250	2,2	1,4	11,5
Bauplattform	250-280	12,5	8,2	16,7

Abbildung 4-15: Prozesszeit für das Sandstrahlen für verschiedene Größenklassen[64]

Die Größen von Werkstücken können in der Realität kontinuierlich zwischen den Klassengrenzen rangieren. Zusätzlich existieren weitere Einflüsse auf die Prozesszeit, wie z. B. die Komplexität/Zugänglichkeit des Werkstücks. Um die Bandbreite unterschiedlich komplexer Produktionsaufträge im Modell abzudecken, wird näherungsweise eine Gleichverteilung mit den Werten für kleine Größen als Untergrenze und große Größen als Obergrenze herangezogen.

---

[64] Erfassung auf Basis von n=123 beobachteten Vorgängen; teilweise interpoliert auf Basis ungewichteter Mittelwerte in den Kategorien

4.4.2.3 Plattform prüfen, Montageoperationen und Entfernen von Hilfs- geometrien (Handarbeitsplatz)

Die am Handarbeitsplatz durchführbaren Schritte erfordern einen Werker während der gesamten Prozesszeit. Die Prozesszeit beginnt ebenfalls mit einer Rüstzeit $t_{Ruest,vor}$, in welcher die Werkstücke zum Handarbeitsplatz gebracht werden und der Arbeitsplatz vorbereitet wird. Es schließt sich die Prozesszeit als l_0 für Grundplatten bzw. l_1 für Werkstücke an. Diese wird je Werkstück veranschlagt und steht in Abhängigkeit der Komplexitätsklasse des Werkstücks. Anschließend findet noch eine Rüstzeit $t_{Ruest,nach}$ statt.

Die Komplexitätsklasse wird anhand der Anzahl erfüllter Komplexitätsmerkmale je Werkstück gemäß nachfolgender Abbildung 4-16 gebildet. Als Komplexitätsmerkmale werden Hinterschnitte, mit dem Werkzeug schwer erreichbare Stellen und zu entfernen- de Supportstrukturen gewertet.

Die Prozesszeiten für die Rüstzeiten vor Prozessbeginn und nach Prozessende können zu jeweils 1 min bestimmt werden. Die Prozesszeiten l_0 bzw. l_1 können je Komplexitäts- klasse und Werkstoff der Abbildung 4-16 entnommen werden. Das Prüfen von Plattfor- men erfolgt unabhängig vom Werkstoff mit $l_0 = 5$ min.

		Prozesszeit l_0/l_1 je Werkstück [min]		
Komplexitätsklasse	erfüllte Merkmale	Aluminium	Stahl	Titan
niedrig	0-1	3,9	4,0	11,0
mittel	2	15,6	15,0	44,3
hoch	3	73,6	83,5	86,2

Abbildung 4-16: Prozesszeit für die Montageoperationen und das Entfernen von Hilfsgeometrien für verschiedene Komplexitätsklassen[65]

Die Komplexität von Werkstücken entspricht in der Realität jedoch nicht einem definier- ten Idealtyp. Dies spiegeln auch die zu Grunde liegenden Messwerte wider, die keiner in der Simulationstechnik üblicherweise verwendeten Verteilungsfunktion entsprechen. Um die Bandbreite unterschiedlich komplexer Produktionsaufträge im Modell abzude- cken, wird näherungsweise eine Gleichverteilung mit den Werten für niedrige Komple- xität als Untergrenze und hoher Komplexität als Obergrenze herangezogen.

4.4.2.4 Pulver sieben (Siebstation)

Die Prozesszeit für das Sieben des verwendeten Metallpulvers an der Siebstation kann mit einem pauschalen Ansatz bestimmt werden zu

$$t_{prozess} = l_0 \tag{4.20}$$

Mit einer Prozesszeit von $l_0 = 1$ h kann für die in der additiven Fertigung üblicherweise verwendeten Baujobs die geeignete Pulvermenge gesiebt werden. Grundsätzlich ist die Prozesszeit abhängig von der zu verwendenden Pulvermenge. In der betrieblichen Praxis wird jedoch mangels Abschaltautomatik die Siebstation typischerweise für die oben genannte Zeitspanne betrieben. Bei Baujobs mit hohem Pulverbedarf kann repetitives

---

[65] Eigene Erfassung auf Basis von n=41 beobachteten Vorgängen; teilweise interpoliert auf Basis ungewichteter Mittelwerte in den Kategorien

Sieben erforderlich werden, was jedoch durch zunehmend verfügbare automatische Pulverkreislaufsysteme ohne manuelle Eingriffe parallel zum Prozess der additiven Fertigung abläuft [Möh17a]. Der Betriebsmodus macht den Ansatz verteilter Zeiten nicht erforderlich.

4.4.2.5   Daten vorbereiten (Arbeitsplatz, Arbeitsvorbereitung)

Die Prozesszeit für die Datenvorbereitung kann als durchschnittliche Zeit l_1 je Teil für das Erzeugen von Grundplattenanbindung/Supportstrukturen zuzüglich einer durchschnittlichen Zeit l_0 je Baujob für die Anordnung der Bauteile bestimmt werden.

Die Zeiten für l_1 gestalten sich stark abhängig von der Geometrie des Teils [RSW13]. Je nach Komplexitätsgrad rangieren sie in der Praxis zwischen 30 und 90 Minuten und werden hier gleichverteilt angenommen bzw. in Festwerten zu durchschnittlich 60 Minuten bestimmt. Die Zeiten für l_0 können zu rund 45 Minuten abgeschätzt werden [Möh17a].

4.4.2.6   Baujob fertigen (Generiermaschine)

RICKENBACHER ET AL. schlagen eine lineare Regressionsgleichung zur Abschätzung der Prozesszeiten vor [RSW13]:

$$t_{Baujob} = a_0 + a_1 * N_L + a_2 * V_{tot} + a_3 * S_{Supp_{tot}} + a_4 * \sum_i N_i + a_5 * S_{tot} \qquad (4.21)$$

mit t_{Baujob} Zeit für die Fertigung des Baujobs [h]

$a_0, \dots, a_5$ Regressionskoeffizienten

N_L Anzahl an Schichten

V_{tot} Gesamtvolumen des Baujobs [mm³]

$S_{Supp_{tot}}$ Gesamtoberfläche der Supportstrukturen [mm²]

N_i Anzahl an Teilen mit i-ter Geometrie

S_{tot} Gesamtoberfläche des Baujobs [mm²]

Die Zeitbestimmung nach diesem Ansatz erfordert umfassendere Kenntnisse der jeweiligen Bauteilgeometrie. Insbesondere zur Bestimmung von $S_{Supp_{tot}}$ und S_{tot} sind bereits die Schritte *Bauteilanordnung festlegen* und *Hilfsgeometrien anlegen* durchzuführen. Um eine Zeitbestimmung ausschließlich auf Basis der Geometrie der Produktionsaufträge durchzuführen, bietet sich die Vereinfachung der Regressionsgleichung mit einer Abschätzung des Gesamtvolumens von $V_{tot} = V_{Bauteile} * 1{,}10$ und Regressionskoeffizienten $a_0 = a_3 = a_4 = a_5 = 0$ an [Sch16, S. 147ff.]. Die für das vorgestellte Regressionsmodell erhobenen Daten sind in Abbildung 4-17 weiteren Vergleichsdaten gegenübergestellt. Es zeigt sich, dass der Verlust bzgl. des adjustierten Bestimmtheitsmaßes bei Vernachlässigung der genannten Regressionskoeffizienten gering ist. Die Aufbauraten für Stahl und Titan sind auf vergleichbarem Niveau [Sch16, S. 147ff.], sodass dieselben Regressionskoeffizienten verwendet werden dürfen.

						Regressionskoeffizient				
					a_0	a_1	a_2	a_3	a_4	a_5
					–	10^{-3}	10^{-4}	10^{-4}	–	10^{-4}
Quelle	Maschine	Werkstoff	n	$\bar{R}^2$	[h]	[h]	[h/mm³]	[h/mm²]	[h]	[h/mm²]
Eigene Erhebung	M2 Cusing	Stahl	23	0,92	-	6,07	0,94	-	-	-
Eigene Erhebung	SLM 250 HL	AlSi10Mg	19	0,89	-	6,16	0,24	-	-	-
RICKENBACHER (2013)	nicht angegeben	nicht angegeben	24	0,96	-1,29	4,53	1,80	1,59	0,35	-1,33
SCHMIDT (2015)	M2 Cusing	TiAl6V4	7	-	-	2,53	1,00	-	-	-
SCHMIDT (2015)	SLM 250 HL	AlSi12	5	-	-	2,78	0,42	-	-	-

Abbildung 4-17: Regressionskoeffizienten (Baujob fertigen)[66]

Somit ergeben sich für die Zeitgleichung die Modellvariablen zu

$$l_2 = a_2 * 1,10 \tag{4.22}$$

$$l_3 = a_1 / l_z \tag{4.23}$$

In den beschrieben Modellen wird ferner auf Rüstzeiten und Zeiten für das Entfernen von Pulver und Bauteilen aus der Maschine verwiesen[67], Zeiten jedoch nur pauschal angegeben. Da es sich dabei auch um manuelle Schritte handelt, werden diese Zeiten im Folgenden analysiert. Abbildung 4-18 beschreibt den Ablauf des Rüstens vor Prozessbeginn und gliedert ihn in die zu messenden Zeitbestandteile t_1 bis t_5.

---

[66] n bezeichnet die Anzahl der zur Bestimmung der Regressionskoeffizienten herangezogenen Baujobs, $\bar{R}^2$ das adjustierte Bestimmtheitsmaß; für die herangezogenen Vergleichsdaten vgl. [Sch16, S. 151f.] und [RSW13]; der in der eigenen Erhebung insbesondere gegenüber SCHMIDT höher ausfallende Regressionskoeffizient a_1 ergibt sich, da in der eigenen Erfassung gegenüber der gesamten gemessenen Prozesszeit bewertet wurde und nicht gegenüber der gemessenen Beschichtungszeit je Vorgang. Somit sind auch auftretende Wartezeiten inkludiert, die zur Erklärung der Gesamtzeit notwendig sind.

[67] RICKENBACHER verweist auf Setup-Zeiten von 0,75 h/Baujob bzw. Auspackzeiten von 0,5 h/Baujob

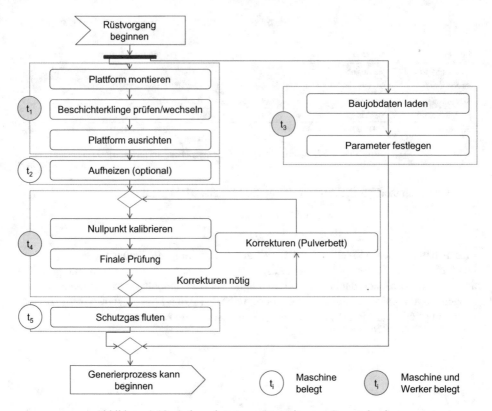

Abbildung 4-18: Anlagenbezogene Rüstzeiten vor Prozessbeginn

Mit den dargestellten Definitionen ergibt sich die Rüstzeit vor Prozessbeginn zu

$$t_{Ruest,vor} = \max(t_1 + t_2 + t_4 + t_5; t_3) \tag{4.24}$$

In der Praxis ist die Zeit t_3 für die datenseitige Vorbereitung erheblich geringer als die übrigen mechanischen Einzelschritte. Der Werker wird die datenseitige Vorbereitung parallel zu den bereits für sich genommen längeren Schritten *Aufheizen* oder *Schutzgas fluten* vornehmen. Unter dieser Bedingung ist die Maschine belegt für die Zeit

$$t_{Ruest,vor,M} = t_1 + t_2 + t_4 + t_5 \tag{4.25}$$

Und der Werker näherungsweise für

$$t_{Ruest,vor,W} = t_1 + t_3 + t_4 \tag{4.26}$$

Das Rüsten nach Prozessende folgt dem in Abbildung 4-19 skizzierten Vorgehen mit zu messenden Zeitbestandteile t_6 bis t_8.

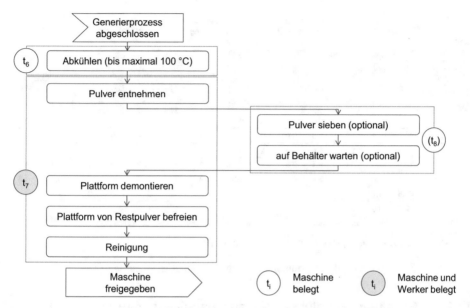

Abbildung 4-19: Anlagenbezogene Rüstzeiten nach Prozessende

Während des Rüstens nach Prozessende sind die optionalen Schritte *Pulver sieben* und *auf Behälter warten* nur dann erforderlich, wenn nicht ausreichend leere Behälter für das entnommene Pulver zur Verfügung stehen. Da dies unter Produktivbedingungen nicht zu erwarten ist, bestimmen sich die Rüstzeiten bezogen auf die Maschine zu:

$$t_{Ruest,nach,M} = t_6 + t_7 \tag{4.27}$$

und bezogen auf den Werker zu:

$$t_{Ruest,nach,W} = t_7 \tag{4.28}$$

Die ermittelten Werte für die anlagenbezogenen Rüstzeiten sind in Abbildung 4-20 dargestellt. Die Rüstzeiten können als normalverteilt mit $\phi(x|\bar{x}; \sigma^2)$ betrachtet werden, wie durch den Kolmogorov-Smirnov-Test und den Anderson-Darling-Test gezeigt wurde.

Zeit	SLM Solutions SLM 250 HL			SLM Solutions SLM 500 HL[1]			Concept Laser M2 Cusing			EOS EOSINT M290			Mittelwert	
	$\bar{x}$	σ	n	$\bar{x}$	σ	n	$\bar{x}$	σ	n	$\bar{x}$	σ	n	$\bar{x}$	σ
$t_{Ruest,vor,M}$	95,5	36,0	-	121,8	31,7	-	56,7	26,8	-	105,1	19,1	-	116,4	32,5
$t_{Ruest,vor,W}$	31,9	23,9	-	44,3	30,2	-	51,0	23,8	-	61,1	30,1	-	47,1	27,0
$t_{Ruest,nach,M}$	120,1	36,2	-	186,3	34,3	-	54,9	31,9	-	67,9	22,8	-	125,4	38,4
$t_{Ruest,nach,W}$	52,5	25,0	-	86,3	34,3	-	54,9	31,9	-	17,9	5,4	-	52,9	24,2
t_1	9,7	7,0	22	30,0	24,9	8	18,0	6,0	33	19,4	5,0	17	19,3	10,7
t_2	60,8	13,4	24	60,0	0,0	3	-	-	-	78,0	11,0	5	66,3	8,1
t_3	6,3	4,9	26	5,9	2,9	9	22,5	13,8	20	34,0	21,9	5	17,2	10,9
t_4	15,9	12,0	26	8,4	2,3	8	10,5	4,0	15	7,7	3,2	15	10,6	5,4
t_5	9,1	3,6	25	23,4	4,4	8	28,2	16,8	17	-[2]	-[2]	-[2]	20,2	8,3
t_6	67,6	11,1	13	100,0	-	1	-	-	-	50,0	17,3	3	72,5	14,2
t_7	52,5	25,0	33	86,3	34,3	8	54,9	31,9	33	17,9	5,4	14	52,9	24,2

1) Mit separater Entnahmestation und zweitem Bauzylinder kann der überwiegende Anteil der Zeiten parallel zum Fertigungsprozess verlaufen
2) Die Teilzeit Schutzgas fluten (t_5) ist in der Teilzeit Aufheizen (t_2) inbegriffen

Abbildung 4-20: Ermittelte anlagenbezogene Rüstzeiten [min][68]

4.4.2.7 Spannungsarmglühen (Wärmebehandlungsofen)

Die Prozesszeit für das Spannungsarmglühen mittels Wärmebehandlungsofen kann je Baujob bestimmt werden:

$$t_{prozess} = l_0 \qquad (4.29)$$

Bei der Prozessführung wird eine Haltezeit von 2,0 bis 2,5 Stunden bei Prozessbedingungen angestrebt. Einschließlich der Zeiten für die Beladung, optionale Gasflutung, das Aufheizen, Halten und Abkühlen der Ofencharge kann eine Zykluszeit von $l_0 = 12$ h für die mit additiver Fertigung üblicherweise gefertigten Baujobs konservativ abgeschätzt werden. Dabei kann jeweils ein Baujob in typischerweise verwendeten kleinen Wärmebehandlungsöfen gefertigt werden. Bauteilspezifische Vorbereitungen sind bei diesem Prozessschritt nicht erforderlich. Durch die zeitorientierte Prozessführung ist davon auszugehen, dass die Prozesszeiten nicht zufallsverteilt modelliert werden müssen.

4.4.2.8 Bauteile und Plattform trennen (Drahterodiermaschine)

Die Prozesszeit für das Trennen von Bauteilen und Plattform an der Drahterodiermaschine setzt sich zusammen aus den Rüstzeiten vor Prozessbeginn und nach Prozessende sowie der Prozesszeit.

In der Rüstzeit vor Prozessbeginn sind die folgenden Hauptschritte durchzuführen:

- die Montage des Werkstücks (hier: Bauplattform) auf den Maschinentisch,
- Laden, Anpassen und Starten des CNC-Programms für die Bearbeitung und
- Befüllung der Maschine mit dem Arbeitsmedium.

Nach Abschluss der Bearbeitungszeit sind ebenfalls drei Hauptschritte durchzuführen:

---

[68] In der verwendeten Maschine vom Typ Concept Laser M2 Cusing wurde keine Bauraumbeheizung verwendet, sodass t_2 und t_6 entfallen; je nach verwendetem Werkstoff können sich noch untergeordnete Einflüsse auf die Verarbeitungsfähigkeit und -zeiten ergeben

- das Abpumpen des Arbeitsmediums aus dem Bearbeitungsraum,
- das Demontieren und Entnehmen des Werkstücks und
- die abschließende Reinigung des Maschinenbehälters.

Während der Prozesszeit durchtrennt der Draht die Schnittfläche und vereinzelt die Werkstücke und die Grundplatte. Die flächenspezifische Schnittgeschwindigkeit ist weitgehend konstant und kann so über den Parameter l_4 bestimmt werden.

Die Rüstzeiten können zu jeweils rund 20 Minuten abgeschätzt werden [Möh17a]. Die Schnittgeschwindigkeit kann bei ungünstigen Spülbedingungen, wie sie beim Schneiden von Supportstrukturen vorliegen, zu $l_4 = 50 \; \frac{mm^2}{min}$ gesetzt werden [Wel16]. Durch die weitgehend automatisierte Prozessführung und den bei gefüllten Plattformen verhältnismäßig kleinen Anteil der Rüstzeiten können die Prozesszeiten als nicht zufallsverteilt angesehen werden.

4.4.2.9 Heißisostatisches Pressen (heißisostatische Presse)

Die Prozesszeit für das heißisostatische Pressen kann mit einem pauschalen Ansatz bestimmt werden zu

$$t_{prozess} = l_0 \qquad (4.30)$$

Bei der Prozessführung wird eine Haltezeit von 2,0 bis 2,5 Stunden bei Prozessbedingungen[69] angestrebt. Einschließlich der Zeiten für die Beladung, Evakuieren, Gasflutung, Pumpen, das Aufheizen, Halten, Abkühlen, Ausgleichen, Zurückpumpen und Entspannen der heißisostatisch gepressten Charge kann eine Zykluszeit von $l_0 = 12h$ für die mit additiver Fertigung üblicherweise gefertigten Bauteile abgeschätzt werden. Dabei kann jeweils ein (von der Kundenlosgröße verschiedenes) Fertigungslos entsprechend der Kapazität der Prozesskapsel gefertigt werden. Wird eine temperaturausgleichend wirkende Schnellkühlvorrichtung verwendet (URC, Uniform Rapid Cooling), so kann die Abkühlphase um bis zu 80% verkürzt und die gesamte Zeit für einen HIP-Zyklus auf rund 5 h gesenkt werden [Eur17, S. 11]. Bauteilspezifische Vorbereitungen sind bei diesem Prozessschritt nicht erforderlich. Durch die zeitorientierte Prozessführung ist davon auszugehen, dass die Prozesszeiten nicht zufallsverteilt modelliert werden müssen.

4.4.2.10 Qualitätssicherung (Stoffzusammenhalt, Computertomograph)

Die Prozesszeit für die Qualitätssicherung (Stoffzusammenhalt) mittels Computertomographie kann mit einem pauschalen Ansatz bestimmt werden zu

$$t_{prozess} = l_1 \qquad (4.31)$$

Mit einer Prozesszeit von $l_1 = 1$ h kann für die in der additiven Fertigung üblicherweise verwendeten Bauteile ein geeigneter Computertomographie-Scan durchgeführt werden[70]. Bauteilspezifische Vorbereitungen, z. B. Rüsten oder Programmierung, sind darüber hinaus nicht erforderlich [SpMö16]. Die Zeiten werden als konstant angenommen.

---

[69] Prozessparameter für gängige Werkstoffe der additiven Fertigung sind in Abschnitt 2.1.2 aufgeführt

[70] Konservative Abschätzung; aus [PfSc10, S. 370] gehen auch z. T. kürzere Zeiten von 20-60 Minuten hervor

4.4.2.11 Gleitschleifen (Gleitschleifmaschine (Trogvibrator))

Die Prozesszeit beim Gleitschleifen entfällt jeweils als durchschnittliche Zeit l_0 auf jeweils ein Fertigungslos.

Vor Prozessbeginn und Prozessende ergeben sich Rüstzeiten von jeweils rund 5 Minuten. In dieser Zeit werden alle Werkstücke eines Fertigungsloses in den Vibrationstrog gefüllt und gegebenenfalls die darin befindlichen Schleifsteine gewechselt.[71] Für die Prozesszeiten gilt der folgende Wert [Möh16a]:

$$l_0 = 16 \text{ h} \tag{4.32}$$

Auch hier gilt, dass die Prozesszeiten wegen der zeitorientierten Prozessführung nicht verteilt modelliert werden.

4.4.2.12 Qualitätssicherung (Geometrie, Koordinatenmessmaschine)

Die Prozesszeit für die Qualitätssicherung (Geometrie) mittels taktiler Messung kann mit einem pauschalen Ansatz bestimmt werden zu:

$$t_{prozess} = l_1 \tag{4.33}$$

Für die Messungen fällt eine durchschnittliche Prozesszeit je Teil an:

$$l_1 = 0{,}075 \text{ h} \tag{4.34}$$

Es ist eine bauteilspezifische Vorbereitung für die Programmierung der zu messenden Merkmale erforderlich, welche anteilig als Rüstaufwand zur Maschinenvorbereitung je Bauteil angenommen wird:

$$t_{Ruest} = 25 \text{ min} \tag{4.35}$$

4.4.3 Wertschöpfungstiefendefinition

Die Wertschöpfungstiefendefinition legt fest, welche Fertigungsschritte der modellierten Prozesskette in Eigenfertigung und welche in Fremdvergabe durchgeführt werden. Da grundsätzlich die Fremdvergabe von Prozessschritten dann sinnvoll ist, wenn eine Verbesserung der Kostenposition ohne erhebliche Verschlechterung der Durchlaufzeit erfolgt, fokussiert sich die Betrachtung von Fremdvergabe auf ausgewählte Prozessschritte. Bei der Betrachtung von Fabrikstrukturen für die additive Fertigung ist es eine Anforderung, dass die additive Fertigung (*Baujob fertigen*) in Eigenfertigung geschieht. Von den übrigen Schritten wird ferner auf diejenigen fokussiert, welche hohe Investitionsausgaben (I_M größer als 100.000 EUR) und Spezialwissen erfordern.

Für diejenigen Schritte, die im Modell in Fremdvergabe erfolgen können, sind zusätzlich die Kosten für Fertigung und Transport sowie die Transportzeiten enthalten. Die Bearbeitungszeiten ergeben sich auch bei Fremdvergabe nach den oben beschriebenen Gesetzmäßigkeiten. Abbildung 4-21 stellt die verwendeten Fremdvergabekosten und -zeiten dar. Dabei handelt es sich um durchschnittliche Werte, die bei üblicher Dringlichkeit erreicht werden können.

---

[71] Dies erfolgt in Abhängigkeit der benötigten Bearbeitungsaufgabe

Fertigungsschritt	Kosten je Werkstück [EUR]	Einmalkosten je Werkstück [EUR]	Transportzeit [Tage]	Transportkosten je Los [EUR]
Heißisostatisches Pressen	400	–		
Bauteile und Plattform trennen	300	–		
Qualitätssicherung (Geometrie)	60	4.000	3	50
Qualitätssicherung (Stoffzusammenhalt)	200	2.000		

Abbildung 4-21: Wertschöpfungstiefendefinition (Fremdvergabekosten und -zeiten)

4.5 Modellformalisierung und Implementierung

Das Simulationsmodell zur Bewertung von Fabrikstrukturen für die additive Fertigung wurde gemäß beschriebenem Entwurf mittels eines Simulationswerkzeuges u.a. in [Hub17] bzw. Vorarbeiten [Cor16] implementiert. Gegenüber der Verwendung universeller Programmiersprachen hat dies den Vorteil, dass erforderliche Komponenten als Paket bereit stehen und grafisch-interaktiv angepasst werden [Ver14a]; ebenso stehen Schnittstellen zur Dateneinbindung, Experimentdurchführung und -auswertung zur Verfügung.

Die Implementierung des Modells erfolgte mit dem Simulationswerkzeug Simio. Dabei wurden die Vorgaben der Aufbau- und Ablauforganisation berücksichtigt. Die Elemente der Fabrik können in einer Fabrikansicht angeordnet werden; durch 2- und 3-dimensionale Darstellungsmöglichkeiten stützt diese Ansicht auch ein räumliches Verständnis der geplanten Fabrikstruktur. Die Elemente sind in dieser Ansicht nach Menge und Art durch ihre variablen Eingangsparameter beschrieben. Eine Prozessansicht ermöglicht die Modellierung der Prozesse durch grafisches Verknüpfen von Prozessbausteinen mit vordefinierten Funktionen. Die im Modell verwendeten Daten sind in einem relationalen Datenmodell hinterlegt. Weiterer Hauptbestandteil ist eine Experimentbildung. Diese ermöglicht es, Szenarien als Variation von Modellvariablen zu definieren, die als Stapelverarbeitung ohne weiteren Eingriff einer Bedienperson simuliert werden können.

Durch Variation je eines Modellparameters ergibt sich ein Szenario. Bedingt durch die Vielzahl verwendeter Modellparameter muss von einer hohen Anzahl an Experimenten ausgegangen werden, wenn Fabrikstrukturen für bestimmte Anwendungsfälle experimentell ermittelt werden. Um eine hohe Anzahl an Szenarien durchführen zu können, wurde ein Rechnerverbund aus bis zu zehn Computern am LZN Laser Zentrum Nord eingebunden. Bei der Durchführung des Experiments verteilt ein zentraler Rechner die Szenarien auf die eingebundenen Rechner und konsolidiert die ermittelten Ergebnisse wieder.

4.6 Verifikation und Validierung

Die Verifikation und Validierung wurde zeitlich parallel zur Durchführung der Simulationsstudie vorgenommen. Dabei wurden die Aktivitäten zur Verifikation und Validierung gemeinsam behandelt.[72]

---

[72] Dies entspricht dem im Rahmen des Vorgehensmodell zur Verifikation und Validierung von Simulationsstudien nach RABE ET. AL. geforderten Ansatz, vgl. [RSW08, S. 118]

4.6.1 Verwendete Verifikations- und Validierungstechniken im Rahmen der Simulationsstudie

Die Verifikation prüft, ob das Modell zwischen seinen Beschreibungsarten korrekt transformiert wurde. Die Validierung stellt die Übereinstimmung zwischen Modell und Originalsystem sicher, vgl. Abschnitt 2.4.2.

Im Rahmen des Modellierungsprozesses können verschiedene Verifikations- und Validierungstechniken zum Einsatz kommen. Dabei soll regelmäßig eine intrinsische, d. h. nur an dem jeweiligen Phasenergebnis orientierte Prüfung stattfinden sowie eine Prüfung an den Phasenergebnissen aller vorhergehender Phasenergebnisse. In Bezug auf die Roh- und aufbereiteten Daten kann diese Prüfung auch wechselseitiger Natur sein – Fehler können sowohl im Modell als auch in den Daten liegen. Einige Prüfungen verlangen neben den vorhergehenden Phasenergebnissen zusätzlich die Modelldaten. [RSW08, S. 118ff.]

Abbildung 4-22 zeigt die im Rahmen dieser Simulationsstudie eingesetzten Verifikations- und Validierungstechniken. Im Folgenden wird kurz das jeweilige Vorgehen beschrieben und in relevanten Auszügen dargestellt.

Verifikations- und Validierungstechniken	Phasenergebnisse des Modellierungsprozesses							
	Zielbeschreibung	Aufgaben-spezifikation	Konzeptmodell	Formales Modell	Ausführbares Modell	Simulations-ergebnisse	Rohdaten	Aufbereitete Daten
Animation	–	–	–	–	✓	✗	–	–
Begutachtung	✓	✓	✓	✓	✓	✓	✓	✓
Dimensionstest	–	–	–	✓	✓	✓	✓	✓
Ereignisvaliditätstest	–	–	–	–	✓	–	–	–
Festwerttest	–	–	–	✓	✓	✓	–	–
Grenzwerttest	–	–	–	✓	✓	✓	–	–
Monitoring	–	–	–	–	✓	✓	–	✗
Schreibtischtest	✓	✓	✓	✓	✓	✓	✓	✓
Sensitivitätsanalyse	–	–	–	–	✓	✓	–	✓
Statistische Techniken	–	–	–	–	✓	✓	✓	✓
Strukturiertes Durchgehen	✓	✓	✓	✓	✓	✓	✓	✓
Test der internen Validität	–	–	–	–	✓	✓	–	–
Test von Teilmodellen	–	–	✓	✓	✓	–	–	–
Trace-Analyse	–	–	–	–	✓	–	–	–
Turing-Test	–	–	–	–	✗	–	–	✗
Ursache-Wirkungs-Graph	–	–	✗	✗	✗	–	–	–
Validierung im Dialog	✓	✓	✓	✓	✓	✓	✓	✓
Validierung von Vorhersagen	–	–	–	–	✗	–	–	–
Vergleich mit anderen Modellen	–	–	–	–	✗	✓	–	–
Vergleich mit aufgezeichneten Daten	–	–	–	–	✗	–	–	–

Legende: – Technik i. Allg. nicht anwendbar   ✓ Technik angewendet   ✗ Technik nicht angewendet

Abbildung 4-22: Anwendung von Verifikations- und Validierungstechniken im Verlauf der Simulationsstudie[73]

4.6.2 Validierung der Simulationsergebnisse

Die Technik der **Animation** kann verwendet werden, um das Modellverhalten für ausgewählte Zeiträume zu überprüfen. Für nicht betrachtete Zeiträume und Situationen kann keine Aussage getätigt werden, und sporadisch auftretendes Fehlverhalten wird so schwer zu entdecken [RSW08, S. 95ff.]. Das Modell zur Bewertung von Fabrikstrukturen für die additive Fertigung basiert tlw. auf generisch ausgelegten Elementen und Abläufen. Dadurch entwickelt die animationsgestützte Überprüfung ausgewählter Abläufe eine gute Aussagekraft. Um die Transparenz weiter zu erhöhen, wurden die durch das Modell fließenden Objekte mit Beschriftungen versehen, die ihren jeweiligen Status widerspiegeln. So konnte im Modell der Prozessdurchlauf von Produktionsaufträgen und Baujobs mit den Kenntnissen des Realsystems verglichen werden.

Eine **Begutachtung** meint die Überprüfung des Modells anhand von Verifikations- und Validierungskriterien durch eine Personengruppe, die sich sowohl aus Mitgliedern mit vertiefter Kenntnis des zu modellierenden Systems als auch Simulationsfachleuten zu-

---

[73] Techniken mit Phasenzuteilung nach [RSW08, S. 113], ergänzt um konkreten Anwendungsbezug im Rahmen der hier verifizierten und validierten Simulationsstudie

sammensetzt[74] [RSW08, S. 97]. Im Rahmen der vorgenommenen Modellierung fand diese Begutachtung durch ein vom Autor gebildetes Konsortium aus Mitgliedern der Wissenschaft und Industriepraxis (Technologieanbieter und -anwender) statt. Die Phasenergebnisse wurden in insgesamt vier projektbegleitenden Sitzungen verifiziert und validiert, vgl. [Möh16b]. Die dabei gewonnenen Erkenntnisse wurden in der weiteren Modellierung berücksichtigt.

Der **Dimensionstest** ist eine Technik zur Prüfung der Konsistenz von Formeln. Sie beschreibt die Prüfung der Dimension beider Seiten einer Gleichung [RSW08, S. 98]. Das Modell verwendet Formeln für die Bestimmung der Zielgrößen und der Zeitgrößen. Entsprechend kann die Korrektheit der Dimensionen in den Abschnitten 4.3.3 und 4.4 nachgewiesen werden. Selbige Validierung wurde für das ausführbare Modell, die Simulationsergebnisse und die Simulationsdaten durchgeführt.

Der **Ereignisvaliditätstest** vergleicht die Auftrittsmuster von Ereignissen im Simulationsmodell mit der Realität [RSW08, S. 98f.]. Folgende Ereigniszusammenhänge wurden im ausführbaren Modell festgestellt:

- Verwendung der Fabrikbausteine gemäß des Produktionsprogramms,
- externe Durchführung aller fremdvergebenen Prozessschritte und interne Durchführung aller Prozessschritte in Eigenfertigung und
- die Anzahlen gefertigter Produkte und Baujobs entsprechen den Festlegungen der Produktionsprogramme

Die Verwendung ausschließlich konstanter anstelle verteilter Bearbeitungszeiten oder nur einer Produktvariante wird **Festwerttest** genannt [RSW08, S. 99f.]. Durch das so erzielte, deterministische Modellverhalten können Hypothesen besser definiert und überprüft werden. Zur Verifizierung und Validierung des vorliegenden Modells wurde der Festwerttest z. B. mit der Trace-Analyse kombiniert, dessen Anwendung in der zugehörigen Sektion beschrieben ist.

Bei einem **Grenzwerttest** wird untersucht, ob die Modellergebnisse auch für Eingangswerte plausibel sind, die an den Grenzen des vom Modell abgebildeten Bereichs liegen. Es sollen Werte gewählt werden, die das Verhalten besser vorhersehbar gestalten [RSW08, S. 100f.]. Das Verfahren wurde im Rahmen der Verifizierung und Validierung ebenfalls in Kombination mit der Trace-Analyse eingesetzt.

Die Verifizierungs- und Validierungstechnik **Monitoring** bezeichnet die kontinuierliche Prüfung von Modellzustand und Modellwerten und ihres Zusammenhangs [RSW08, S. 101f.]. Verschiedene Werte, wie z. B. die Maschinenauslastung und durchschnittliche Durchlaufzeiten wurden im laufenden Modell sichtbar gemacht und zur Verifikation und Validierung herangezogen.

Ein **Schreibtischtest** beschreibt das sorgfältige Prüfen der eigenen Arbeit auf „Vollständigkeit, Korrektheit, Konsistenz und Eindeutigkeit" [RSW08, S. 102]. Dieses Prinzip wurde verinnerlicht und in allen Modellphasen angewendet.

---

[74] RABE ET AL. verwenden den Projektbezug und fordern eine Auswahl der Mitglieder aus Auftraggeber- und Auftragnehmerseite; im vorliegenden Forschungskontext liegt jedoch keine Auftragsbeziehung vor, sodass der fachliche Hintergrund hervorgehoben wird

Unter einer **Sensitivitätsanalyse** werden Variationen von Eingabeparametern des Modells verstanden, deren Auswirkung auf die Ausgabeparameter mit dem Verhalten des Realsystems verglichen wird [RSW08, S. 102f.]. Den in Abschnitt 5.4 dargestellten Analysen liegt eine umfangreiche Variation der Eingangsparameter zu Grunde. Die Ergebnisse untermauern die Plausibilität des Modellverhaltens.

Werden **statistische Techniken** eingesetzt, so meint dies eine quantitative Einschätzung der Sicherheit, mit welcher das Modell oder die verwendeten Eingabegrößen das reale System beschreibt [RSW08, S. 103f.]. Statistische Verfahren wurden eingesetzt, um die zeitwirtschaftlichen Informationen zu beschreiben, vgl. Abschnitt 4.4.2. Ferner wurden die Simulationsergebnisse beim Testen der internen Validität hinsichtlich ihrer Verteilung untersucht.

Strukturiertes Durchgehen bezeichnet eine schrittweise erfolgende Überprüfung der Anweisungen des Simulationsprogramms [RSW08, S. 104f.]. Die Unterscheidung zur Begutachtung (s. o.) liegt im Wesentlichen im veränderten Teilnehmerkreis. Diese Technik wurde für die Ergebnisse jeder Modellierungsphase angewendet.

Zum **Testen der internen Validität** werden bei unveränderten Parametern mehrere Simulationsläufe durchgeführt. Für die verteilten Zeiten müssen unterschiedliche Startwerte der Zufallszahlengeneratoren vorliegen. Die Resultate müssen die Schwankungsbreite des Systems korrekt abbilden. In Abschnitt B.7 sind entsprechende Darstellungen der Schwankungsbreite abgebildet.

Beim **Test von Teilmodellen** werden Teile des Gesamtmodells überprüft, deren Übereinstimmung bezüglich realer Systembestandteile wirksam nachgeprüft werden kann [RSW08, S. 106f.]. Insbesondere wurde das zeitwirtschaftliche Modell als statisches Treibermodell in [MöEm16] getestet. Die Funktion der einzelnen Modellbausteine des dynamischen Simulationsmodells wurde als Bestandteil des Gesamtmodells getestet, indem die vorliegenden Nutzungszeiten jeweils gegen die statisch verwendete Kapazität abgeglichen wurden (s. u.: Vergleich mit anderen Modellen).

Eine **Trace-Analyse** ist eine Technik, bei der einzelne Objekte im Modelldurchlauf verfolgt werden. Ihr Verhalten wird dabei plausibilisiert [RSW08, S. 107]. Für die Trace-Analyse wurden unter Anderem drei Verifikations- und Validierungsaufträge[75] im Festwerttest mit minimaler Produktanzahl (Grenzwerttest) analysiert, deren Sequenzdarstellung Abbildung 4-23 zeigt. Der Nachweis zeigt, dass die Prozess- und Wartezeiten sowie Umfang und Reihenfolge der Prozessschritte dem Realsystem entsprechen.

---

[75] Um eine große Bandbreite der Modellzustände abzudecken, wurden stark unterschiedliche Produktionsaufträge gewählt; Auftrag 1: Stahl – Volumen: 10 cm^3 – mit Supportstrukturen – mit Wärmebehandlung und heißisostatischem Pressen – Nachbearbeitung; Auftrag 2: Aluminium – Volumen 10 cm^3 – mit Supportstrukturen – Nachbearbeitung; Auftrag 3: Titan – Volumen: 100 cm^3 – mit Supportstrukturen – Wärmebehandlung und heißisostatischem Pressen – Nachbearbeitung – Qualitätssicherung

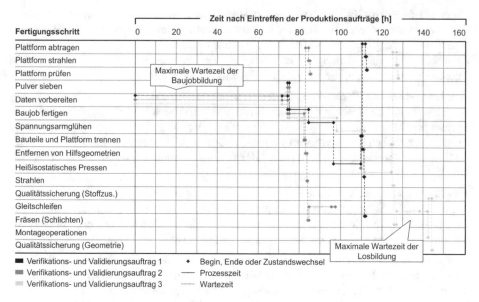

Abbildung 4-23: Sequenzdarstellung der durchgeführten Trace-Analyse

Der **Turing-Test** bezeichnet ein Vorgehen, bei welchem geprüft wird, ob Systemkundige zwischen Ergebnissen des Systems und des Modells unterscheiden können [RSW08, S. 107f.]. Da nur wenige Fertigungsbetriebe unter den im Modell unterstellten Produktivitätsmaßgaben arbeiten und diese restriktiv in ihrer Informationsfreigabe sind, wurde diese Technik nicht angewendet.

Der **Ursache-Wirkungs-Graph** ist die Abbildung und der Vergleich von Kausalbeziehungen im Realsystem und dem Modell [RSW08, S. 108f.]. Da bereits die eintretenden Ereignisse validiert und verifiziert wurden, wird auf die Darstellung dieser Validierungstechnik verzichtet.

Validierung im Dialog ist ein Vorgehen, bei dem Teilnehmer mit Kenntnis des Realsystems die Plausibilität der Phasenergebnisse einschätzen [RSW08, S. 109]. Die Modellierungsschritte wurden dazu auch im Dialog mit den Experten des LZN Laser Zentrum Nords und mit ausgewählten Teilnehmern des begutachtenden Konsortiums, besprochen.

Zur **Validierung von Vorhersagen** werden auf Basis des Simulationsmodells Vorhersagen über das Verhalten des Realsystems a priori generiert und diese am Realsystem überprüft [RSW08, S. 109f.]. Da nur wenige Fertigungsbetriebe unter den im Modell unterstellten Produktivitätsmaßgaben arbeiten und diese restriktiv in ihrer Informationsfreigabe sind, wurde diese Technik nicht angewendet.

Der **Vergleich mit anderen Modellen** und ein **Vergleich mit aufgezeichneten Daten** sind für das Gesamtmodell auf Grund nicht vorhandener Modelle mit vergleichbarem Umfang und Detailgrad im vorliegenden Fall nicht möglich. Zeitwirtschaftliche Vergleichsmodelle konnten jedoch auf Basis ermittelter Ergebnisse mit bestehenden Ansätzen verglichen werden, siehe z. B. Abschnitt 4.4.2.6.

4.6.3   Fazit zur Verifikation und Validierung

Das Modell zur Bewertung von Fabrikstrukturen für die additive Fertigung wurde unter Einsatz der nach dem Stand der Wissenschaft geeigneten Verifikations- und Validierungstechniken erstellt. Dies sichert die Glaubwürdigkeit der durch das Modell gewonnenen Erkenntnisse ab und befähigt es für den Einsatz im Rahmen der nachfolgenden Konzeption und Detaillierung einer Methode zur Gestaltung von Fabrikstrukturen für die additive Fertigung.

5 Methode zur Gestaltung von Fabrikstrukturen für die additive Fertigung

Dieses Kapitel stellt zunächst die Konzeption der Methode zur Gestaltung von Fabrikstrukturen für die additive Fertigung vor. Anschließend wird gezeigt, wie die Methode praktisch angewendet werden kann. An das eingeführte Modellkonzept knüpft die Detaillierung der einzelnen Methodenschritte an. Teile der Methode und ihre Bestandteile wurden in [MöEm16] diskutiert.

5.1 Konzeption der Methode zur Gestaltung von Fabrikstrukturen für die additive Fertigung

Die Methode zur Gestaltung von Fabrikstrukturen für die additive Fertigung zielt ab auf die Ermittlung der Elemente der Fabrik nach Menge und Art sowie der Festlegung der Beziehungen der Elemente zueinander. Dabei werden die Anforderungen, die sich aus dem technologischen Kontext der additiven Fertigungsverfahren ergeben, berücksichtigt. Abbildung 5-1 zeigt die einzelnen Methodenschritte.

Es werden im ersten Hauptschritt die Anforderungen an die zu gestaltende Fabrikstruktur ermittelt. Dazu zählt die Aufnahme des Produktionsprogramms, das aus dem Absatzprogramm abgeleitet wird. Daraus kann auf Basis der Spezifikationen der Produkte die vollständige benötigte Produktionsprozessabfolge bestimmt werden.

Es folgt die Strukturvariantenbildung, die mittels systematischer Variation der einzelnen Untersuchungsaspekte erfolgt: Es werden auf Basis des Produktionsprogramms Varianten bezüglich des Kapazitätsbedarf mit den Eingangsgrößen Produktionsprogramm und Produktionsprozessabfolge für jede Produktionsmaschine und jeden Mitarbeiter abgeleitet. Die getätigte Abschätzung des Kapazitätsbedarfs ermöglicht grundlegende Wirtschaftlichkeitsbetrachtungen an Hand von Auslastung und benötigter Anzahl an Betriebsmitteln. Sie befähigt dadurch zur Diskussion der die Struktur bestimmenden Ausprägungsvarianten von Wertschöpfungsmodus und -tiefe. Die Bestimmung des Wertschöpfungsmodus ergibt die zur Verfügung stehenden möglichen Betriebsstunden je Betriebspersonal und Betriebsmittel. Beeinflussend wirken organisatorische Festlegungen wie Schichtsysteme oder Wartungszyklen. Ferner können in diesem Rahmen werkstoffbezogene Maschinenzuordnungen dedizierte Betriebsmittel erfordern. Im Rahmen des Schrittes Wertschöpfungstiefe wird darüber entschieden, welche Betriebsmittel mit Fremdvergabe- und welche mit Eigenfertigungsvarianten bewertet werden.

Der letzte Hauptschritt zielt auf die Variantenauswahl ab. Die zuvor gebildeten Strukturvarianten werden mit dem Modell zur Bewertung von Fabrikstrukturen für die additive Fertigung bewertet. Auf Basis der im spezifischen Fall vorliegenden Zielgewichtung, die aus dem Geschäftsmodell mit Absatzprogramm abgeleitet wurde, wird die Umsetzungsvariante ausgewählt, die Ziel-Fabrikstruktur ist somit ermittelt.

© Springer-Verlag GmbH Deutschland, ein Teil von Springer Nature 2018
M. Möhrle, *Gestaltung von Fabrikstrukturen für die additive Fertigung*,
Light Engineering für die Praxis, https://doi.org/10.1007/978-3-662-57707-3_5

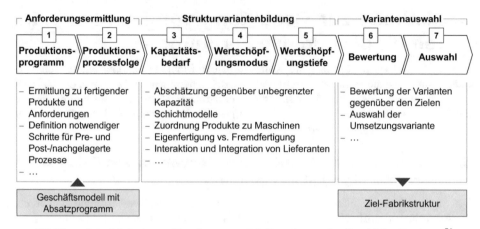

Abbildung 5-1: Methode zur Gestaltung von Fabrikstrukturen für die additive Fertigung[76]

Mit den getätigten Festlegungen ergeben sich die Elemente der Fabrik und die Beziehungen der Elemente zueinander. Somit sind die eingangs beschriebenen, bestimmenden Merkmale der Fabrikstruktur für die additive Fertigung definiert.

5.2 Detaillierung der Methode zur Gestaltung von Fabrikstrukturen für die additive Fertigung

5.2.1 Anforderungsermittlung

5.2.1.1 Produktionsprogramm

Ziel des Schrittes Produktionsprogramm ist es, die in der zu gestaltenden Fabrikstruktur zu produzierenden Produkte hinsichtlich Art, Menge und Periode zu definieren.

Das Produktionsprogramm kann in Konstruktionsmerkmale, Technologiemerkmale, Planmerkmale und abgeleitete Größen untergliedert werden, vgl. Abschnitt 2.3.2. Je nach Anwendungsfall der Methode sind nicht alle Merkmale bekannt, wie in Abbildung 5-2 verdeutlicht.

---

[76] Vgl. [MöEm16]

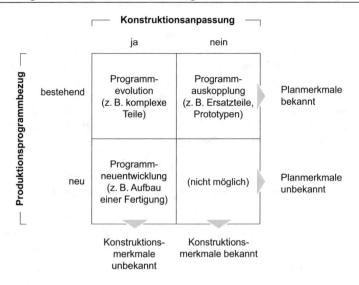

Abbildung 5-2: Ableitung des Produktionsprogramms je Planungsfall

Konstruktionsmerkmale sind dann verfügbar, wenn die additiv zu fertigenden Produkte keiner Designanpassung unterliegen. Sie können direkt aus den CAD-Daten oder in bereits aggregierter Form PDM- oder ERP-Systemdaten entnommen werden. Kommt es zu einer Konstruktionsanpassung, so können sich die Konstruktionseigenschaften z. B. durch Funktionsintegration oder Umgestaltung in Leichtbauweise ändern. In diesem Fall können die Konstruktionsmerkmale noch über Abschätzungen z. B. nach [Sch16] für das Leichtbaupotenzial oder aus Funktionskatalogen ermittelt werden.

Die Planmerkmale sind zumeist dann verfügbar, wenn das Produktionsprogramm für die additive Fabrikstruktur aus einem bestehenden Produktions- und Absatzprogramm abgeleitet wird. Dies kann entweder durch eine Auskopplung bestimmter Umfänge, wie sie z. B. bei der additiven Fertigung von Ersatzteilen stattfindet, vgl. [MBR+16] oder durch eine Programmevolution geschehen. Bei einer Programmevolution werden bestimmte Umfänge erst nach konstruktiver Anpassung der additiven Fertigung unterzogen. In beiden Fällen sind die Planmerkmale aus dem bestehenden Programm abzuleiten. Bei einer Programmneuentwicklung ist kein bestehendes Programm vorhanden, das als Referenz dienen kann. In diesem Fall sind Abschätzungen für das Absatzprogramm z. B. auf Basis von Marktdaten zu treffen. Bei der Abschätzung der erwarteten Auftragszahlen, -losgrößen und Periodizität ist es wichtig, möglichst realitätsnahe Abschätzungen zu tätigen, da sich ein hoher Einfluss auf die Durchlaufzeiten der Aufträge ergibt.[77]

Die Auskopplung/Evolution aus einem bestehenden konventionellen Produktionsprogramm soll als mehrstufiger Filterprozess durchgeführt werden, wie in Abbildung 5-3 verdeutlicht. Dabei wird das bestehende Produktionsprogramm auf Produktebene herangezogen und zunächst beurteilt, welches Gestaltungspotenzial, z. B. Leichtbau oder

---

[77] Abschnitt B.6 zeigt eine Analyse des Durchlaufzeiteinflusses aus Nachbearbeitungssequenz und Auftragslosgröße

Funktionsintegration, durch additive Fertigung erschlossen werden kann. Anschließend wird jedes Produkt sowohl mit als auch ohne Berücksichtigung des Gestaltungspotenzials bzgl. der Technologiefähigkeit untersucht. Im Einzelnen ist dabei zu beantworten, ob die Werkstückdimensionen, Werkstoffe und die Geometrie, ggf. unter Verwendung von Hilfsgeometrien, additiv gefertigt werden kann. Die abschließende Bewertung stellt gegenüber dem jeweiligen Zielsystem fest, ob die additive Fertigung gegenüber der konventionellen Fertigung zur Zielerfüllung positiv beiträgt. Produkte mit positivem Ausgang können dem additiven Produktionsprogramm zugerechnet werden.

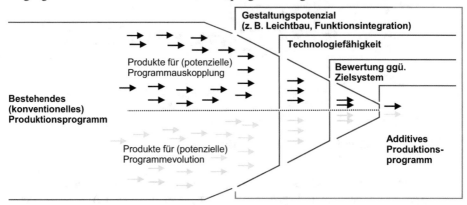

Abbildung 5-3: Programmauskopplung/-evolution aus einem bestehenden Produktionsprogramm

5.2.1.2   Produktionsprozessabfolge

Ziel des Schrittes ist es, die zur Fertigung des zuvor definierten Produktionsprogramms benötigten Prozesse und Technologien hinsichtlich ihrer Art und Reihenfolge zu bestimmen. Die Planung der Produktionsprozessabfolge muss bei Produktionsprogrammen, die mit konventionellen Fertigungsverfahren gefertigt werden, verschiedene Fertigungsalternativen[78] bewerten. Die Produktionsprozessabfolge eines additiven Fertigungsprogramms folgt dem in Abschnitt 2.1.2 dargestellten Vorgehen. Zur Übersicht sei besonders auf Abbildung 2-6 verwiesen. Bauteile verlassen den In-Prozess endkonturnah und erfordern daher im Post-Prozess und den nachgelagerten Schritten nur die zum Herstellen der gewünschten Bauteilspezifikation notwendigen Produktionsprozesse. Im Unterschied zum Vorgehen mit konventionellen Fertigungsverfahren ist die Produktionsprozessabfolge daher stärker generalisiert und durch optionale Verwendung von Post-Prozessen und nachgelagerten Schritten geprägt.

Aus den bereits im vorherigen Schritt erfassten Konstruktionsmerkmalen des Produktionsprogramms werden in diesem Schritt die Technologiemerkmale abgeleitet. Dazu können experimentell ermittelte Orientierungswerte herangezogen werden, um je Konstruktionsmerkmal die zum Erreichen der Ausprägungen benötigten Technologien abzuschätzen.

---

[78] So ergeben sich alternative Prozessabfolgen bereits aus verschiedenen Optionen bei der Wahl von Halbzeugen (Standardmaterialien gegenüber produktspezifisch urgeformten Körpern)

Je nach Prozessverlauf ergeben sich die Festlegungen:

– die Datenvorbereitung mit den Schritten Daten aufbereiten, Bauteilanordnung festlegen, Hilfsgeometrien anlegen und Fertigungsdaten erstellen findet vor dem erstmaligen Fertigen eines Bauteils bzw. Baujobs statt und

– das Entfernen von Hilfsgeometrien ist immer dann erforderlich, wenn diese in der Datenvorbereitung angelegt wurden.

Die Erfordernisse einiger Prozessschritte ergeben sich direkt aus den Produktanforderungen, die z. B. branchenüblichen Richtwerten folgen. Dazu zählen die Schritte:

– Bauteile reinigen und

– Qualitätssicherungsschritte für Plattform, Werkstoffe und Bauteile.

Üblicherweise bei der Auswertung herangezogene Ausprägungskombinationen sind in Abbildung 5-4 dargestellt. Insbesondere um einen eigenspannungsbedingten Verzug von Bauteilen beim Trennen von der Plattform zu vermeiden, wird für die hier betrachteten Werkstoffe das Spannungsarmglühen empfohlen. Durch eine Vorheizung des Bauraums können diese alternativ bereits während des Fertigungsprozesses reduziert werden [BSM+11], was wegen der geringeren erforderlichen Temperaturen[79] bei industriell verfügbaren Maschinen v. a. für Aluminiumwerkstoffe angewandt wird. Erhöhte Anforderungen an die Schwingfestigkeit können durch eine Kombination aus verbesserter Bauteiloberfläche und thermischer Behandlung erzielt werden. Zum Erreichen höherer Allgemeintoleranzen und Oberflächengüten kommen die verschiedenen abtragenden Verfahren zum Einsatz. Neben den dargestellten Zusammenhängen sind fallweise weitere Auswahlkriterien heranzuziehen. Durch die hohen Abkühlraten beim Laser-Strahlschmelzen ergibt sich beispielsweise eine geringe Korngröße des Materials. Daher liegen zunächst sehr hohe Festigkeitswerte vor, die durch verschiedene Wärmebehandlungsverfahren reduziert werden können. Für eine Übersicht weiterer gemessener Werte sei auf [HSW+16] verwiesen.

---

[79] Für den Werkstoff AlSi10Mg stellt sich bereits ab einer Vorwärmtemperatur von 150 °C eine signifikante Reduzierung des Spannungsverzugs ein; ab 250 °C sind keine Verzüge mehr messbar, siehe [BSM+11]

Werkstoff	Aluminium		Stahl		Titan	
Fertigungsgerechte Wärmebehandlung	Spannungsarmglühen oder Vorwärmung		Spannungsarmglühen		Spannungsarmglühen	
Schwingfestigkeit* Ti-6Al-4V [MPa]	< 200-210		bis 330	bis 400		bis 680
Prozesse	Spannungsarmglühen	Lösungsglühen/ Auslagern		Lösungsglühen/ Auslagern/Schlichten		HIP/Polieren
Allgemeintoleranzen ISO 2768-1	v (sehr grob)	c (grob)		m (mittel)		f (fein)
Prozessfolge	Unbearbeitet			Nachbearbeitung		
Oberflächengüte Mittenrauwert R_a [µm]	5 – 12	2,5 – 6,5	3,2	1,6	0,1	0,012 – 0,4
Prozessfolge	unbearbeitet	Strahlen	Schruppen	Schlichten	Flach-umf.-schleifen	Polierschleifen

*) σ_{max} bei 10^7 Lastwechseln und Ruhegrad $R = 0,1$

Abbildung 5-4: Ableitung der Produktionsprozessabfolge aus den Konstruktionseigenschaften (Orientierungswerte)[80]

Je Produkt des Produktionsprogramms sind die Produktionsprozessabfolgen zu bestimmen, um eine Basis für die Ermittlung des Kapazitätsbedarfs zu erhalten. Neben den Planmerkmalen kommt einer möglichst realitätsnahen Abschätzung der Produktionsprozessabfolge hohe Bedeutung zu, da diese einen starken Einfluss auf die Durchlaufzeiten hat.[81]

5.2.2 Strukturvariantenbildung

In diesem Methodenabschnitt werden durch Variation der Eingangsgrößen des Modells zur Bewertung von Fabrikstrukturen für die additive Fertigung mehrere Strukturvarianten gebildet, aus denen anschließend die unter dem Gesichtspunkt der Zielerfüllung am besten geeignete ausgewählt wird. Im Einzelnen befassen sich die nachfolgenden Abschnitte mit der Variation der Menge und Art der Fabrikelemente, Abschnitt 5.2.2.1, verschiedener die Wertschöpfungsabläufe bestimmenden Parameter, Abschnitt 5.2.2.2, und der Wertschöpfungstiefendefinition, Abschnitt 5.2.2.3.

Auf Grund der Modellzusammenhänge ist bekannt, dass die genannten Parameter die modellierten Fertigungskapazitäten der Prozessschritte unmittelbar oder mittelbar verändern. Dabei können schwer vorhersehbare Wechselwirkungen entstehen, beispielsweise Engpasssituationen, die eine faktorielle Experimentbildung sinnvoll erscheinen lassen.

---

[80] Für die einzelnen Quellen: Schwingfestigkeit (Ti-6Al-4V): [HSW+16]; [WSS+14]; [Kau13]; [Bra10]; fertigungsgerechte Wärmebehandlung: [Möh17a]; Allgemeintoleranzen: Angaben von Maschinenherstellern und Auftragsfertigern sowie [OSK+15] mit Tendenz zu besseren Toleranzklassen in unbearbeiteter Form für einen eingeschränkten Betrachtungsfall; Oberflächengüten: [Möh17a], [Deu81] (inzwischen zurückgezogen, da die Messbedingungen nach DIN 4768-1 überarbeitet wurden – Die Überarbeitung beeinflusst die Streubereiche jedoch nur unwesentlich, sodass sie immer noch als praktische Orientierung nutzbar sind, vgl. [Vol13, S. 158])

[81] Abschnitt B.6 zeigt eine Analyse des Durchlaufzeiteinflusses aus Nachbearbeitungssequenz und Auftragslosgröße

Jedoch bedingt dies eine exponentielle Zunahme der Szenarien mit jedem untersuchten Parameter [Ver97, S. 5]. Da jede gebildete Variante im Anschluss durch das Modell bewertet werden muss, was entsprechende Rechenzeit erfordert, fokussiert die Methode daher auf ein faktorielles Experimentdesign mit Optimierungsfokus auf die Parameter, die den höchsten Einfluss auf die Zielerreichung haben. Als Fertigungsprinzip wird für alle Varianten das modellierte Werkstattprinzip verfolgt, vgl. Abschnitt 4.3.3.

5.2.2.1 Kapazitätsbedarf

Ziel dieses Schrittes ist die Bestimmung des Kapazitätsbedarfs, um die zur Fertigung des gegebenen Produktionsprogramms zu untersuchenden Kapazitätsausprägungen für Mitarbeiter und Maschinen abzuleiten. Dazu wird zunächst der durchschnittliche Kapazitätsbedarf des Produktionsprogramms gegen quasi-unbegrenzte Kapazitäten als Bezugsgröße für die Variation ermittelt. Anschließend werden Fabrikelemente ausgewählt und für diese Variationen gebildet.

Zur Bestimmung des durchschnittlichen Kapazitätsbedarfs werden zunächst die Anzahlen aller Fabrikelemente als unbegrenzt angenommen, um Kapazitätseinflüsse aus Nichtverfügbarkeit von Ressourcen, z. B. Werkern an Maschinen oder Grundplatten, auszuschließen. Anschließend wird ein Modelldurchlauf des Produktionsprogramms durchgeführt und aus den gemessenen Betriebszeiten die durchschnittlichen in Anspruch genommenen Kapazitäten bestimmt. Alternativ kann die durchschnittlich benötigte Kapazität auch mit einem statischen Rechenwerk bestimmt werden. Dadurch, dass die Eingangsdaten jedoch ohnehin für das Modell aufbereitet werden müssen, ist die modellgestützte Form der Bewertung mit geringerem Aufwand verbunden.

Daraufhin werden Strukturvarianten gebildet, indem die Anzahl der Fabrikelemente um die durchschnittliche Auslastung variiert wird. Üblicherweise werden dabei je Variable 2 oder 3 Stufen[82] verwendet. Um in denjenigen Elementen, die für die Zielerreichung besonders relevant sind, selektiv höhere Genauigkeit zu erzielen, werden in dem hier empfohlenen Experimentaufbau bis zu 5 Stufen nahegelegt. Abbildung 5-5 illustriert das Vorgehen: Die jährlichen Kosten beim ermittelten durchschnittlichen Kapazitätsbedarf werden je Fabrikelement in einem Paretodiagramm aufgetragen. Es lassen sich dann wie im Beispiel Segmente ableiten, die eine erhöhte Stufenanzahl in den besonders hohe Kosten verursachenden Fabrikelementen ermöglichen. Elemente, die nur einen geringen Kosteneinfluss verursachen, werden mit geringen Zusatzkosten in ausreichender Anzahl oberhalb des Durchschnittsbedarfs verwendet; die experimentelle Optimierung bietet hier nur geringen Mehrwert.

---

[82] Der Begriff Stufe entspricht hier einer bestimmten Anzahl eines Fabrikelements, die für ein Szenario Berücksichtigung findet

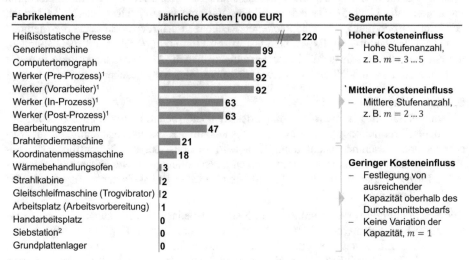

Abbildung 5-5: Bestimmung der Stufenanzahl durch Paretoanalyse (Illustration)

Im dargestellten Beispiel ergibt sich somit für die maximalen Ausprägungen von m die folgende Anzahl an Szenarien:

$$n = 5^2 * 3^7 * 1^8 = 18.225 \qquad (5.1)$$

Diese Anzahl fällt im Vergleich zum faktoriellen Experimentplan 1. Ordnung mit $m = 2$ für alle Fabrikelemente klein aus und füllt den für die Zielerfüllung im Anwendungsfall relevanten Untersuchungsbereich besser aus. Der faktorielle Experimentplan 1. Ordnung benötigt die folgende Anzahl an Szenarien:

$$n = 2^{17} = 131.072 \qquad (5.2)$$

5.2.2.2   Wertschöpfungsmodus

Der Schritt Wertschöpfungsmodus zielt darauf ab, Festlegungen zur Art und Weise der Wertschöpfung zu treffen. Gestaltungsaspekte sind hier Festlegungen, die einen wesentlichen Einfluss auf Zielerreichung der in der Fabrikstruktur stattfindenden Wertschöpfungsprozesse haben. Dazu zählen sowohl Festlegungen zum Betriebsmodus einzelner Fabrikelemente als auch zum Zusammenspiel bzw. der Zuteilung von Fabrikelementen zueinander.

Aus einer systematischen Betrachtung der Fabrikelemente und ihrer möglichen Zuordnungen und Interaktionen ergeben sich als relevante Einflüsse die verwendeten Schichtsysteme, Regeln zur Verteilung von Aufträgen auf zu fertigende Baujobs und Belegungsrichtlinien zur Verteilung von Werkstoffen auf Maschinen. Die Gestaltungsgegenstände und mögliche Ausprägungen stellt Abbildung 5-6 dar.

Gestaltungs-gegenstand	Ausprägungen		Erläuterung
Schichtsystem (Betrifft: Werker)	Einschichtsystem Zweischichtsystem Dreischichtsystem Vollkontinuierliches System		– Abbildung der Anwesenheit von Werkern – Ggf. abhängig von betrieblichen Vorgaben
Baujobbildung (Betrifft: Baujobbildung)	Mindestauslastung Baujob Maximalauslastung Baujob Maximale Wartezeit Baujob	$(0 ... 100\%)$ $(0 ... 100\%)$ $(0 ... 365\,d)$	– Dispositionsparameter, vgl. Abschnitt 4.3.3.1
Werkstoffwechsel (Betrifft: Generier-maschine)	Werkstoffwechsel zulassen Werkstoffwechsel nicht zulassen		– Verwendung mehrerer Werkstoffe je Maschine – Ggf. abhängig von Produktanforderungen (z. B. Reinheit)

Abbildung 5-6: Gestaltungsgegenstände und Variationen zur Wertschöpfungsgestaltung

Die Festlegung des Schichtsystems kann für die typischerweise verwendeten Schichtsysteme der Früh-, Spät-, Nacht- und Wochenendschicht untersucht werden [PEH+12, S. 60ff.]. Die Schichtsysteme können zur Untersuchung inkrementell vom Einschichtsystem bis zum vollkontinuierlichen System modelliert werden; die zu untersuchenden Systeme können ggf. durch betriebliche Vorgaben oder Vereinbarungen eingeschränkt werden.

Im Rahmen der Baujobbildung können die in Abschnitt 4.3.3.1 eingeführten Dispositionsparameter zur Festlegung der Mindest- und Maximalauslastung sowie die maximale Wartezeit variiert werden. Es wurden praxisübliche Werte für die erreichbare Maximalauslastung von ca. 80% gemessen, als wirtschaftliche Mindestauslastung können 50% bei 3 Tagen maximaler Wartezeit im Basisfall angenommen werden. Abhängig von der Zielsetzung kann hier für kurze Durchlaufzeiten zu niedrigen Parametern bzw. für niedrige Kosten zu höheren Parametern variiert werden.

Ebenfalls ist festzulegen, ob ein Wechsel von Werkstoffen im Rahmen der Auftragsverwaltung, vgl. Abschnitt 4.3.3.2, zugelassen wird. Grundsätzlich sollten Werkstoffwechsel zugelassen werden, um die Flexibilität der Maschinenverwendung zu steigern und die Auslastung potenziell zu erhöhen. Spezifische Anforderungen, z. B. die Vermeidung von Kontamination des verwendeten Pulvers, können jedoch dazu beitragen, dass diese Variation eingeschränkt werden kann.

5.2.2.3 Wertschöpfungstiefe

Ziel des Schrittes Wertschöpfungstiefe ist es, zwischen Eigenfertigung und Fremdfertigung zu entscheiden und so Untersuchungsvarianten zur Festlegung der internen und externen Elemente der Fabrik abzuleiten.

Mit Ausnahme der die additive Fabrikstruktur konstituierenden Generiermaschine kann grundsätzlich für alle Maschinen[83] der Fabrik die Fremdvergabe untersucht werden. Zur

---

[83] Die Werker werden zum Betrieb einer oder mehrerer Maschinen benötigt; ihre Internalisierung/Externalisierung ergibt sich daher als Sekundäreffekt aus der Wertschöpfungsgestaltung der Maschinen

Begrenzung des Experimentumfanges ist jedoch eine Einschränkung aller Maschinen auf potenzielle, unter unternehmensstrategischen Gesichtspunkten sinnvolle Kandidaten notwendig. Zur Bestimmung der potenziellen Kandidaten werden die von PICOT aus der Transaktionskostentheorie abgeleiteten Kriterien der Spezifität, strategischen Bedeutung und Unsicherheit sowie Barrieren für die Fremdvergabe herangezogen, vgl. [Pic92]. Leistungen mit niedriger Ausprägung in beiden Kriterien eignen sich gut für die Fremdvergabe.

Die Maschinen der additiven Prozesskette können anhand der Kriterien wie in Abbildung 5-7 klassifiziert werden. Die Maschinen des Pre- und In-Prozess der additiven Prozesskette, Arbeitsplatz (AV) und Generiermaschine, weisen zwar keine hohe Spezifität durch produktspezifische Werkzeuge oder Vorrichtungen auf, haben aber aus Sicht der Gestaltung additiver Fabrikstrukturen hohe strategische Bedeutung und sind durch relativ schwache Wissensverfügbarkeit, vgl. [MME17], gekennzeichnet. Die weiteren Maschinentypen bestehen aus konventionellen Fertigungs- und Prüfverfahren, die aus Sicht des Betreibers additiver Fabrikstrukturen eine verhältnismäßig geringe Spezifität aufweisen. Aus der recht engen Vernetzung der Strahlkabine, dem Handarbeitsplatz und dem Bearbeitungszentrum, die sowohl im Materialfluss der Bauplattform als auch der Werkstücke liegen, ergibt sich eine hohe Barriere für die Fremdvergabe. Durch die teilweise zum Generierbetrieb parallel notwendigen Siebaktivitäten unterliegt das Fremdvergeben der Siebstation ebenfalls hohen Barrieren. Die übrigen Maschinen können aus unternehmensstrategischer Perspektive ausgelagert werden und sind die Kandidaten, für die Fremdvergabe als Bewertungsvariante mit aufgenommen werden sollte, wenn diese einen entsprechenden Kosteneinfluss beim gegebenen Produktionsprogramm ausmachen. Entsprechend ergibt sich die finale Entscheidung der Wertschöpfungstiefe aus der im nachfolgenden Schritt ausgewählten Fabrikstrukturvariante und berücksichtigt somit den Kosten- und Durchlaufzeiteinfluss für die Entscheidung.

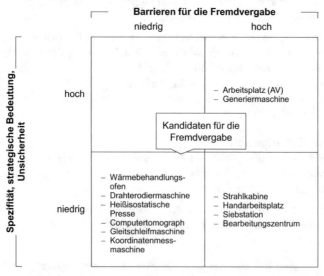

Abbildung 5-7: Auswahl potenzieller Kandidaten für die Fremdvergabe

5.2.3 Variantenauswahl

5.2.3.1 Bewertung

Im Rahmen der Bewertung werden zunächst die bei der Strukturvariantenbildung definierten Stufen zu Szenarien formalisiert und dann in ihrer Gesamtheit als Experiment unter Anwendung des Modells zur Bewertung von Fabrikstrukturen für die additive Fertigung bewertet.

Zur Experimentbildung werden die in Abschnitt 5.2.2 definierten Stufen in einem faktoriellen Experiment kombiniert. Jede Kombinationsmöglichkeit entspricht dann einem Szenario, sodass sich folgende Anzahl n an Szenarien ergibt

$$n = \prod m_{i,\,\text{Kapazitätsbedarf}} * \prod m_{i,\,\text{Wertschöpfungsmodus}} * \prod m_{i,\,\text{Wertschöpfungstiefe}} \qquad (5.3)$$

Dabei steht m für die Anzahl an Stufen je Gestaltungsgegenstand der drei Bereiche der Strukturvariantenbildung Kapazitätsbedarf, vgl. Abschnitt 5.2.2.1, Wertschöpfungsmodus, vgl. Abschnitt 5.2.2.2, und Wertschöpfungstiefe, vgl. Abschnitt 5.2.2.3. Jede der Kombinationen beschreibt eine Fabrikstrukturvariante, die bezüglich der Erreichung ihrer Ziele bewertet wird. Dies geschieht durch Modellaufrufe mit den in Abschnitt 4.3.1.2 beschriebenen, erforderlichen Eingangsgrößen Produktionsprogramm, zeitwirtschaftlichen Daten, finanzwirtschaftlichen Daten und der eben definierten Fabrikstruktur. Die zur Durchführung benötigte Rechenkapazität ist stark abhängig von der Höhe der untersuchten Stufen m, der Anzahl und Art der verwendeten Fabrikelemente, dem Umfang des Produktionsprogramms und der Wahl des Wertschöpfungsmodus. Zur Durchführung wird die Verwendung eines leistungsfähigen und ggf. verteilten EDV-Systems empfohlen. Im Resultat werden die bestimmten produktionslogistischen Zielgrößen Durchlaufzeiten, Auslastungen sowie Bestand und Kosten, vgl. Abschnitt 4.3.1.3, je Strukturvariante gespeichert.

Die Zielgrößen Durchlaufzeit und Kosten haben bei der Gestaltung von Fabrikstrukturen fundamentalen Charakter, da sie die aus Sicht des Produktabnehmers erfahrbaren Größen[84] sind. Im Kontext additiver Fertigungsverfahren und seinen typischen Einsatzzwecken können beide Zielgrößen die dominierende Rolle spielen. Auslastung und Bestand spiegeln sich indirekt in den Kosten und Durchlaufzeiten wider und werden daher als sekundäre Effekte bei der Bewertung und Auswahl von Fabrikstrukturen vernachlässigt. Mit den zwei Zielgrößen ergibt sich für die Bewertung und Auswahl der Fabrikstrukturvariante ein multikriterielles Optimierungsproblem.

Als Ansatz zur Behandlung solcher Optimierungsprobleme hat sich das Konzept des Pareto-Optimums[85] bewährt [MKR+11, S. 29ff.]. Bei ausreichend ambitionierten Mehrfachzielen ist es nicht möglich, alle Ziele gleichzeitig zu befriedigen, sodass jede Lö-

---

[84] Bei unternehmensinternen Fertigungseinrichtungen werden die Kosten i. d. R. direkt verrechnet, bei Unternehmensgrenzen überschreitenden Transaktionen mit einem Aufschlag spätestens langfristig im Preis reflektiert

[85] Die Grundgedanken des Pareto-Prinzips gehen auf PARETOS ökonomische Schriften zurück, vgl. [Par06, Chapter VI, Section 33] bzw. der englischen Übersetzung in [PaSc71, S. 261]; die Anwendung zur Lösung quantitativer, multikriterieller Optimierungsprobleme hat sich zwischen den 1950ern und Mitte der 1970er Jahre in wirtschaftswissenschaftlichen und mathematischen Betrachtungen herausgebildet, vgl. [Ehr12]

sungsoption einen Kompromiss darstellt. Sinnvoll ist dabei nur die Auswahl pareto-optimaler Lösungen. Diese sind dadurch gekennzeichnet, dass sich keine Lösung finden lässt, die in der Erreichung aller Ziele mindestens gleich gut und in einer Zielgröße besser ist als die betrachtete Lösung. Die Übertragung des Konzepts auf das vorliegende Problem mit den Zielgrößen geringer Durchlaufzeit und geringer Kosten ist in Abbildung 5-8 illustriert. Darin sind die im Experiment ermittelten Zielerreichungen in einem Koordinatensystem aufgetragen und die zugehörigen Fabrikstrukturen skizziert. Es ist ersichtlich, dass nur die Auswahl der auf der Pareto-Front liegenden Fabrikstrukturen rational ist, denn zu allen übrigen Fabrikstrukturen lässt sich jeweils eine Fabrikstruktur finden, die bei gleichen oder niedrigeren Kosten eine kürzere Durchlaufzeit oder die bei gleicher oder kürzerer Durchlaufzeit niedrigere Kosten aufweist.

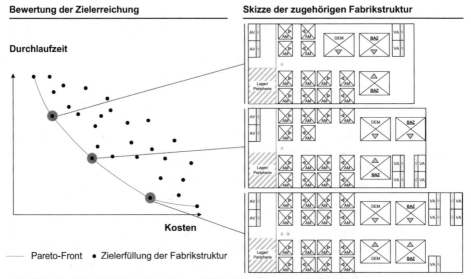

AM: Additive Maschine; HIP: Heißisostatische Presse; DEM: Drahterodiermaschine; BAZ: Bearbeitungszentrum; AV: Arbeitsvorbereitung; VA: Vorarbeiter

Abbildung 5-8: Bewertung von Fabrikstrukturen (Illustration)

5.2.3.2   Auswahl

Im Rahmen der Auswahl gilt es, diejenige Fabrikstruktur zu wählen, die den besten Kompromiss zwischen Kosten und Durchlaufzeit für den jeweiligen Einsatzzweck bietet.

Der Einsatzzweck der Fabrikstruktur wird maßgeblich durch ihr Geschäftsmodell vorgegeben. Im jeweiligen Einsatzfall muss die Zielgewichtung zwischen Durchlaufzeit und Kosten individuell bewertet werden.

Falls sich bei der Auswahl herausstellt, dass der relevante Bereich der Pareto-Front noch nicht in ausreichender Genauigkeit erschlossen worden ist, bietet es sich an, in einer weiteren Iteration Zwischenstufen einiger Fabrikelemente nachzubewerten.

5.3 Anschlussfragestellungen

An die Gestaltung der Fabrikstruktur schließen sich im Rahmen des Fabrikplanungsprozesses weitere Fragestellungen an. Zentrale Aspekte aus Sicht der additiven Fertigungsverfahren sind in diesem Abschnitt in knapper Form beschrieben.

5.3.1 Anforderungen an die sekundäre Fabrikstruktur

Unter sekundärer Infrastruktur werden hier diejenigen Elemente der Fabrikstruktur erfasst, die zwar nicht unmittelbar im Materialfluss der Fertigung des Produktionsprogramms liegen, jedoch zum gefahrenfreien Betrieb der Fertigungseinrichtung erforderlich sind. Die sekundäre Fabrikstruktur hat im Vergleich zur Fabrikstruktur einen untergeordneten Kosteneinfluss. Daher wird auf eine dedizierte Kapazitätsplanung verzichtet.

Eine Übersicht über die weiterhin zu verwendenden sekundären Betriebsmittel zur Medienversorgung, als Hilfsmittel der Fertigung und als erforderliche Gebäudeinfrastruktur gibt Abbildung 5-9. Die dargestellten Elemente sind eine nicht vollständige Darstellung, die im Rahmen konkreter Einsatzfälle ergänzt werden muss. Teile der Betriebsmittel können aus Kompatibilitätsgründen direkt vom Maschinenhersteller bezogen werden.

Fabrikelement	Verwendungszweck/Beschreibung
Medienversorgung	
Druckluftversorgung	Strahlkabinen, Pneumatik, ggf. Stickstoffgeneratoren
Elektrizitätsversorgung	Energieversorgung für alle Maschinen/Aggregate
Kühlschmierstoffversorgung	Spanende Nachbearbeitung
Schutzgasversorgung (Argon, Stickstoff)	Explosions-/Oxidationsschutz (Prozess, Pulver)
Hilfsmittel	
Hubvorrichtungen zum Transport des Bauzylinders	Transportunterstützung bei hohen Massen
Industriestaubsauger mit Nassabscheider	Reinigung von Maschinen und Halle
Pulverlager (feuerfeste Schränke o. ä.)	Feuerbeständig, vom Arbeitsraum getrennt
Reinigungsgerät (Scheuersaugmaschine o. ä.)	Bodenreinigung (Rutschgefahr durch Pulverreste)
Transportwagen	Flexible Materialbewegungen
Wasser-Luft- oder Wasser-Wasser-Wärmetauscher	Transfer der Maschinenabwärme
Zwischen- und Warenausgangslagerflächen	Puffer- und Fertigwarenlagerung
Gebäudeinfrastruktur	
Geeignete Bodenbeschaffenheit	Reinigungsfähigkeit von Pulververunreinigungen
Klimatisierung	Sicherstellung geeigneter klimatischer Bedingungen
Kühlungssystem	Abfuhr der Maschinenabwärme
Maschinenfundament (optional)	Dämpfung/Kapselung von Fremdschwingungen
Sauerstoffüberwachung	Arbeitssicherheit ggü. Schutzgasleckagen
Sondermülllager für Gefahrstoffe	Zwischenlagerung von Grobkorn, Filtern o. ä.
Vorgefilterte Absaugeinrichtungen	Abzug verunreinigter Luft ohne Explosionsgefahr

Abbildung 5-9: Sekundäre Fabrikelemente

Neben den fabrikbezogenen Elementen sind persönliche Schutzausrüstungen (PSA) erforderlich. Dazu zählen Schutzhandschuhe, Atemschutzmasken der Filterkategorie P3 und Überdruck-Vollmasken sowie Brandschutzbekleidung und das Vorhalten von Spülgeräten. Es sei ferner auf die Angaben der Maschinenhersteller und der Deutschen Gesetzlichen Unfallversicherung (DGUV) verwiesen.

5.3.2 Gestaltung des Fabriklayouts

Um von der gestalteten Fabrikstruktur zu einem umsetzbaren Fabriklayout zu gelangen, schließen sich die Idealplanung und Realplanung als Folgeschritte der Fabrikplanung an, die in Abbildung 5-11 exemplarisch anhand eines in [Sch17] durchgeführten Projekts dargestellt sind.

Zur Idealplanung werden im Rahmen einer Materialflussanalyse die Transportzusammenhänge ermittelt. Die optimale topologische Anordnung ist für die Flusssysteme, d. h. Material-, Personen-, Informations- sowie Ver- und Entsorgungsfluss, zu bestimmen. Der Betrachtungsschwerpunkt sollte innerhalb der Planung auf dem Flusssystem liegen, welches die höchsten Kosten verursacht. Üblicherweise ist in der Produktion, aufgrund von Transportkosten und Durchlaufzeit, der Materialfluss kostendominant [Gün05, S. 12]. Trotz des in der lasergenerativen Fertigung üblichen geringen Transportvolumens ist der Materialfluss das dominante Flusssystem, da sich der Personen- und der Informationsfluss in der Anwendung nach diesem richten. Eine dem Fluss folgende Anordnung der Funktionselemente gilt also als günstig, da sie Transportkosten minimiert und Transparenz sowie organisatorische Beherrschbarkeit der Fertigungsaktivitäten steigert [Gru15a, S. 115]. Durch den hohen Anteil direkter Abfolgen von Prozessschritten, die in der in Abbildung 5-11 dargestellten Transportmatrix ersichtlich ist, die weitgehend linear entlang der Diagonalen besetzt ist, ergibt sich eine Präferenz zur reihenförmigen Anordnung entlang der Arbeitsfolge für die Arbeitsbereiche der Werkstattfertigung. In einigen Fällen empfiehlt es sich, von dem im Modell abgebildeten Werkstattprinzip mit optimierter Losgröße abzuweichen. Während sich eine weitere Reduzierung der Losgröße z. B. zu einem One-piece-flow negativ auf die erzielbaren Maschinenauslastungen auswirkt, kann eine Auftrennung der Fertigung für Bereiche der Prozesskette sinnvoll sein, um Rüstaufwände zu senken. In einem solchen Fall würden die ursprünglich in einzelnen Werkstätten angeordneten Maschinen zu bestimmten Teilefamilien zugeordnet werden, und es ergibt sich das Gruppenprinzip als Fertigungsprinzip. Abbildung 5-10 gibt eine Abschätzung über die Produktivitätsvorteile, die sich aus der Zuordnung einzelner Arbeitsstationen zu bestimmten Werkstoffen oder Produkten ergeben. Spezifische Erfahrungsvorteile wurden mit einem geringen Vorteil, Rüst- oder Wechselvorteile mit einem mittleren Vorteil bewertet. Da alle verwendeten Technologien relativ flexibel sind und spezifische Vorrichtungen schnell gewechselt werden können, ergeben sich für keine Fertigungsschritte hohe Vorteile.

Fertigungsschritt	Maschinentyp	Gruppierungskriterium		Erläuterung
		Werkstoff	Produkt	
Plattform abtragen	Bearbeitungszentrum	○	○	–
Plattform strahlen	Strahlkabine	○	○	–
Plattform prüfen	Handarbeitsplatz	○	○	–
Pulver sieben	Siebstation	○	○	–
Daten vorbereiten	Arbeitsplatz (Arbeitsvorbereitung)	◑	○	Werkstoffspez. Erfahrung
Baujob fertigen	Generiermaschine	◑	○	Werkstoffwechsel
Spannungsarmglühen	Wärmebehandlungsofen	○	○	–
Bauteile und Plattform trennen	Drahterodiermaschine	○	○	–
Entfernen von Hilfsgeometrien	Handarbeitsplatz	○	◑	Produktspezifische Erfahrung
Heißisostatisches Pressen	Heißisostatische Presse	○	○	–
Strahlen	Strahlkabine	◑	○	Spezifisches Strahlmedium
Qualitätssicherung (Stoffzus.)	Computertomograph	◑	○	–
Gleitschleifen	Gleitschleifmaschine (Trogvibr.)	◑	○	Spezifisches Schleifmedium
Fräsen (Schlichten)	Bearbeitungszentrum	◑	◑	Rüsten und Werkzeuge
Montageoperationen	Handarbeitsplatz	○	◑	Produktspezifische Erfahrung
Qualitätssicherung (Geometrie)	Koordinatenmessmaschine	○	○	–

Produktivitätsvorteile: ○ niedrig ... ● hoch

Abbildung 5-10: Produktivitätsvorteile aus Gruppierung nach Werkstoffen oder Produkten je Fertigungsschritt

Insgesamt sind daher die Vorteile nur für bestimmte Produktionsprogramme und Prozesskettenabschnitte stark genug ausgeprägt, um eine Abkehr vom Werkstattprinzip zu begründen. In diesem Fall müssen gegenüber dem Bewertungsresultat weitere Kapazitäten eingeplant werden.

Bei der Erstellung von Reallayout-Varianten wird das Ideallayout in die realen Gegebenheiten übersetzt. Dabei sind die Anforderungen der Betriebsmittel mit den räumlichen Kapazitäten[86] in Einklang zu bringen, wobei Zugänglichkeiten für Transport- und Reinigungsmittel berücksichtigt werden müssen. Auf Grund der unterschiedlichen Emissionseigenschaften der einzelnen Fabrikelemente ist es zweckmäßig, diese mindestens wie folgt in räumlich separate Bereiche zu unterteilen:

- – datenseitiger Pre-Prozess und Arbeitsvorbereitung mit Büroarbeitsplätzen,
- – Fertigungsbereich für Maschinen mit erhöhter Partikelemission, z. B. Strahlkabinen, und
- – allgemeiner Fertigungsbereich; nach Möglichkeit nach verschiedenen Produktionswerkstoffen getrennt, um Kontamination zu vermeiden.

Unter Berücksichtigung der Anforderungen werden verschiedene Reallayout-Varianten entwickelt. Die Auswahl der Umsetzungsvariante kann z. B. mit einer Nutzwertanalyse erfolgen. Neben den bereits zur Gestaltung von Fabrikstrukturen eingeführten wirtschaftlichen Zielgrößen sollte das Zielprofil des Fabriklayouts Flexibilität, Wandlungsfähigkeit und Attraktivitätskomponenten beinhalten.

---

[86] Neben der Grundfläche sind als Kapazitäten auch Bodentragfähigkeit, Raumhöhen, Lichtverhältnisse, Erschütterungs- und Schwingungseigenschaften, Medienversorgung zu berücksichtigen

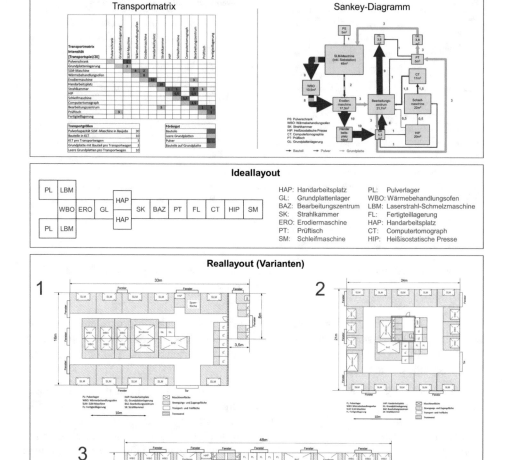

Abbildung 5-11: Gestaltung von Ideallayout und Reallayout (exemplarisch)

5.4 Anwendung der Methode zur Gestaltung von Fabrikstrukturen für die additive Fertigung

5.4.1 Anwendungskontext

Zur Sicherstellung der Praxistauglichkeit der entwickelten Methode wird in diesem Abschnitt auf die Anwendung der Methode zur Gestaltung von Fabrikstrukturen für die additive Fertigung eingegangen. In Abhängigkeit des Anwendungsfalls sind insgesamt drei teilweise verknüpfte Festlegungen zu treffen, die sich auf die Methodenanwendung auswirken. Ferner bieten die Geschäftsmodelle der additiven Fertigung den Bezugsrahmen für die abstrakte Methodenanwendung. Die verwendeten Archetypen werden in diesem Abschnitt eingeführt.

5.4.1.1   Festlegungen

Die erste Festlegung bezieht sich auf die **Anwendungstiefe** der Methode. Dabei kann zwischen abstrakter und konkreter Modellanwendung unterschieden werden. Wenn Unsicherheit bezüglich des geplanten Einsatzszenarios besteht oder nur ein geringes Investitionsvolumen geplant wird, genügt häufig eine abstrakte Modellanwendung. Dabei werden die Indikationen verwendet, die sich nachfolgend für verschiedene Archetypen ergeben. Ausgehend von einem geeignetem Basis-Archetyp können die Ergebnisse dann auf den spezifischen Kontext übertragen werden. Im Falle guter Kenntnis des Produktionsprogramms oder bei einem hohen Investitionsvolumen ist der detaillierte Ansatz durch seine höhere Genauigkeit vorteilhaft. Er erfordert jedoch durch die notwendige Modellanwendung mehr Aufwand.

An zweiter Stelle ist die **Herkunft der Modelldaten** festzulegen. In Abschnitt 4.4 wurden zum Zeitpunkt der Veröffentlichung dem Stand der Technik entsprechende finanzwirtschaftliche und zeitwirtschaftliche Informationen sowie Wertschöpfungstiefendefinitionen ermittelt, die in zusammengefasster Form im Anhang in Abschnitt B.3 zu finden sind. Haben sich zum Zeitpunkt der Modellanwendung Veränderungen gegenüber dem abgebildeten Status ergeben, oder sind konkrete Zeitansätze bekannt, wird eine Nach- oder Neuerfassung empfohlen. Eine Checkliste zur Anpassung findet sich im Anhang in Abschnitt B.4.

5.4.1.2   Geschäftsmodelle der additiven Fertigung

Für die Modellanwendung werden die jeweiligen Schritte für die in Abbildung 5-12 gezeigten Geschäftsmodelle möglichst allgemeingültig beantwortet. Dabei finden nur diejenigen Geschäftsmodelle aus Abschnitt 2.1.4 Berücksichtigung, denen additive Fertigung als wertschöpfende Schlüsselaktivität zu Grunde liegt, da nur diese eine additive Fabrikstruktur erfordern. Es werden bei der Methodenanwendung für die jeweiligen Geschäftsmodelle auf Produkt-, Geschäftseinheits- und Unternehmensebene im ersten Schritt Produktionsprogrammklassen bestimmt. Für jede der Klassen werden die Schritte der Methode durchlaufen.

Ebene		Geschäftsmodell	Beschreibung
Produkt	Individuell	Mass Customization	kundenindividuelle Produkte in Massenproduktion
		Individuelle Einzelstücke und Kleinserien	individuelle Produkte in Einzel- oder Kleinserienfertigung
	Komplex	Mass Complexity Manufacturing	Massenfertigung komplexer Produkte
		Komplexe Einzelstücke und Kleinserien	komplexe Produkte in Einzel- und Kleinserienfertigung
Geschäftseinheit		Ersatzteile on Demand	Ersatzteile werden nach Bedarf produziert, ggf. dezentral oder Vor-Ort
		Rapid Repair	defekte und verschlissene Bereiche von Bauteilen werden abgetragen und mittels additiver Fertigung wieder aufgebaut
		Digital Warehouse	„Lagerung" der 3D-Daten anstelle der physischen Teile
Unternehmen		3D-Druck-Dienstleister	additive Teilefertigung nach Kundenauftrag

Abbildung 5-12: Geschäftsmodelle mit additiver Fertigung als wertschöpfende Schlüsselaktivität

5.4.2 Anforderungsermittlung

5.4.2.1 Produktionsprogramm

Den eingangs beschriebenen Geschäftsmodellen können die verschiedenen Produktions-programmklassen Einzel- und Kleinserienprogramm, Großserienprogramm, On-Demand-Programm und Reparaturprogramm zugeordnet werden. Dabei kann ein einzelnes Geschäftsmodell je nach Ausprägung auch mehrere Produktionsprogammklassen bedienen, wie beispielsweise das Unternehmensgeschäftsmodell des 3D-Druck-Dienstleisters. Abbildung 5-13 zeigt die Produktionsprogrammklassen, die aus Geschäftsmodellen abgeleitet wurden. Die Zuordnung wurde auf Basis einer morphologischen Analyse getroffen.

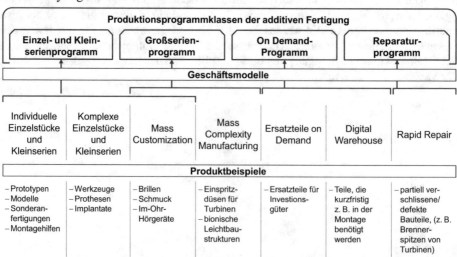

Abbildung 5-13: Produktionsprogrammklassen der additiven Fertigung

Zur weiteren Verwendung im Rahmen der Methode zur Gestaltung von Fabrikstrukturen für die additive Fertigung müssen die Produktionsprogrammklassen quantitativ, wie in Abschnitt 4.3.2.4 beschrieben, modelliert werden. Dazu wurden aus den Charakteristika der zugeordneten Geschäftsmodelle die in Abbildung 5-14 dargestellten Merkmale der einzelnen Produktionsprogramme abgeleitet. Da die Werkstückgrößen aller abgeleiteten Produktionsprogramme vom jeweiligen Anwendungsfall abhängen, orientieren sich diese an den in Abschnitt B.5 dargestellten Beobachtungen. Typischerweise treten im Jahresverlauf längere Auftragsflauten, z. B. in Ferienzeiten, auf. Dies wird hier nicht durch eine zeitliche Variation der Auftragseingänge berücksichtigt, sondern durch die Vernachlässigung der sonst üblichen Einschwingphase in der Bewertungsphase.

Merkmal	Einzel- und Klein-serienprogramm	Großserien-programm	On-Demand-Programm	Reparatur-programm
Fertigungscharakter	Einfach	Mehrfach	Wiederholt	Mehrfach
Werkstückgröße [cm³]	gleichverteilt 2/10/100			
Werkstoffgruppen	unterschiedlich	gleich	gleich/unterschiedl.	gleich
Notwendige Durchlaufgeschwindigkeit	gering bis hoch	gering	hoch	gering
Produktstruktur	einteilig/geringteilig	einteilig	einteilig	einteilig
technologische Anforderungen	produktspezifisch	mech. Eigenschaft.	mech. Eigenschaft.	mech. Eigenschaft.

Abbildung 5-14: Modellierung der Produktionsprogrammklassen

Die Produktionsprogrammklasse **Einzel- und Kleinserienprogramm** kann als idealisierter Stellvertreter für die Produktionsprogramme der Geschäftsmodelle individuelle sowie komplexe Einzelstücke und Kleinserien entwickelt werden. Als Ergebnis des hohen Individualisierungsgrades weisen beide Produktionsprogramme überwiegend dieselben Ausprägungen für die Merkmalsgruppen Technologie-, Plan- und Wertmerkmale auf. Dabei können v. a. der Fertigungscharakter der Einmalfertigung, die Auslösung des Primärbedarfs bei Kundenbestellung sowie kleine Losgrößen als bedeutende Gemeinsamkeiten angesehen werden. Darüber hinaus kann sich für beide Programme eine geringe bis hohe Durchlaufgeschwindigkeit je nach konkretem Produkt ergeben. Die Unterschiede zwischen den beiden Programmen liegen im Bereich der Konstruktionsmerkmale. Beim Merkmal Komplexität zeigt sich, dass sich die Produkte des Geschäftsmodells individuelle Einzelstücke und Kleinserien im Allgemeinen durch einen geringeren Komplexitätsgrad auszeichnen, wohingegen sich die Produkte des Geschäftsmodells komplexe Einzelstücke und Kleinserien über einen hohen Komplexitätsgrad definieren. Da die Bauteilkomplexität bei der additiven Fertigung keine Auswirkungen auf den Generierprozess hat und sich die Kosten des Prozesses unabhängig von der Bauteilkomplexität verhalten, können beide Programme derselben Klasse zugeordnet werden. Hinsichtlich der technologischen Anforderungen weisen die Produktionsprogramme der beiden Geschäftsmodelle eine geringe Schnittmenge auf. Während sich für die Produkte des Geschäftsmodells individuelle Einzelstücke und Kleinserien im Allgemeinen keine besonderen Anforderungen ergeben, stehen bei den Produkten des Geschäftsmodells der komplexen Einzelstücke und Kleinserien in der Regel eine hohe Genauigkeit, eine medizinische Reinheit und/oder mechanische Eigenschaften, v. a. Festigkeit, der Produkte im Vordergrund. Dennoch können die Produktionsprogramme der beiden Geschäftsmodelle durch eine Klasse repräsentiert werden, da die technologischen Anforderungen nur Auswirkungen auf Arbeitsschritte im Postprozess und in den nachgelagerten Prozessen zur Folge haben, die je nach konkreter Produktart entweder durchgeführt werden oder entfallen. Die Randbedingungen beispielsweise für einen Make-or-Buy-Vergleich dieser Arbeitsschritte bleiben für beide Produktionsprogramme auch in einer gemeinsamen Klasse dieselben.

Das abgeleitete Produktionsprogramm des Geschäftsmodells Mass Customization weist einige Überschneidungen mit den beiden Produktionsprogrammen der Geschäftsmodelle individuelle sowie komplexe Einzelstücke und Kleinserien auf, wie beispielsweise der Fertigungscharakter der Einmalfertigung und die Auslösung des Primärbedarfs durch Kundenbestellung. Diese Überschneidungen sind damit zu begründen, dass auch beim Mass Customization die Produkte individuell angepasst bzw. produziert werden. Als Massenfertigung individueller Produkte zeichnet sich das Produktionsprogramm des Mass Customization im Allgemeinen aber durch höhere Stückzahlen je Produktart aus. Dieses Paradoxon aus Massenfertigung und individuellen Produkten manifestiert sich auch in der Zuordnung des Geschäftsmodells zu den Produktionsprogrammklassen. Aus qualitativer Sicht kann Mass Customization, sofern das konkrete Produkt relativ viele vordefinierte Konfigurationsmöglichkeiten besitzt, dem Einzel- und Kleinserienprogramm zugeordnet werden, da sich in diesem Fall ein erhöhter Aufwand in der Arbeitsvorbereitung ergibt und die Losgröße produktbedingt kleiner sein wird. Werden die Produkte, die sonst als Massenware angeboten werden, hingegen nur in einigen wenigen Merkmalen an die Bedürfnisse der Kunden angepasst, kann es der Produktionsprogrammklasse des Großserienprogramms zugeordnet werden.

Beim Geschäftsmodell Mass Complexity Manufacturing werden komplexe Integral- und bionische Leichtbauteile baugleich in hoher Stückzahl gefertigt. Aus dem abgeleiteten Produktionsprogramm dieses Produktgeschäftsmodells lässt sich die Produktionsprogrammklasse des **Großserienprogramms** entwickeln. Charakteristische Merkmale dieses Programms sind die Baugleichheit der Produkte, eine hohe Stückzahl der Produktart und große Losgrößen. Das Produktionsprogramm des Mass Customization kann aufgrund der gemeinsamen Schnittmenge hinsichtlich der Stückzahl und Losgröße aus quantitativer Sicht ebenfalls der Klasse des Großserienprogramms zugeordnet werden. Dabei werden Produkte, die sonst als identische Massenprodukte angeboten werden, zwar nicht baugleich gefertigt, jedoch begrenzt sich die Individualisierung für den Kunden nur auf einige bestimmte Merkmale. Durch eine entsprechende Kopplung des Produktkonfigurators mit den Systemen des Pre-Prozesses kann die Arbeitsvorbereitung automatisiert ablaufen, sodass hier kein signifikanter Mehraufwand durch die Individualisierung entsteht und die Produktion einer Serienproduktion nahekommt.

Für die beiden Geschäftsmodelle Ersatzteile on demand und Digital Warehouse ergeben sich vergleichbare Anforderungen. Sie können zum **On-Demand-Programm** zusammengefasst werden. Das On-Demand-Programm zeichnet sich dadurch aus, dass aus einer Auswahl von Teilen auf Abruf ein bestimmtes Teil als Einzelteil oder in kleiner Stückzahl und somit in kleiner Losgröße mit einer hohen Durchlaufgeschwindigkeit gefertigt wird. Dabei werden die Teile nicht nur insgesamt einmal, sondern in der Regel mehrmals in zeitlichen Abständen auf Abruf gefertigt, sodass sich eine Wiederholfertigung ergibt.

Die Produktionsprogrammklasse **Reparaturprogramm** wird direkt aus dem Produktionsprogramm des Geschäftsmodells Rapid Repair gebildet. Zwar weist das Produktionsprogramm des Rapid Repair auch Schnittmengen mit Merkmalsausprägungen des On-

Demand- und Großserienprogramms auf, da jedoch bei diesem Geschäftsmodell Bauteile instandgesetzt und nicht neu gefertigt werden, ist an dieser Stelle eine Differenzierung in eine weitere Klasse erforderlich. Grund dafür ist auch, dass bei der additiven Reparatur mittels Laser-Strahlschmelzverfahren bauteilspezifische Aufspannungen und Maschineneinrichtungen erforderlich sind. Darüber hinaus ergibt sich für dieses Produktionsprogramm ein zusätzlicher spezifischer Pre-Prozessschritt, da der defekte bzw. verschlissene Bereich eines zu reparierenden Bauteils zunächst abgetragen werden muss, um eine ebene Fläche zu erzeugen, bevor die Komponente wieder additiv aufgebaut werden kann. Das Reparaturprogramm zeichnet sich insbesondere dadurch aus, dass baugleiche Bauteile partiell in kleinen Losgrößen repariert werden. Sofern die reparierten Bauteile nicht umgehend wieder eingesetzt, sondern als Ersatzteil vertrieben werden, ergeben sich für diese Programmklasse eine geringe notwendige Durchlaufgeschwindigkeit und der Fertigungscharakter einer Mehrfachfertigung. Ein Geschäftsmodell der additiven Reparatur kann aber auch so ausgelegt sein, dass die reparierten Bauteile umgehend wieder eingesetzt werden sollen, die Reparatur also on demand durchgeführt wird. Ist dies der Fall, ergeben sich für das Reparaturprogramm Abweichungen bei einzelnen Produktionsprogrammmerkmalen.

5.4.2.2 Produktionsprozessabfolge

Für die Produktionsprogrammklassen können nun Produktionsprozessabfolgen im Sinne optionaler Schritte der modellierten Prozessschritte aus Abschnitt 4.3.1 bestimmt werden. Abbildung 5-15 stellt dar, welcher Anteil der Aufträge des Produktionsprogramms die jeweiligen optionalen Schritte durchlaufen.

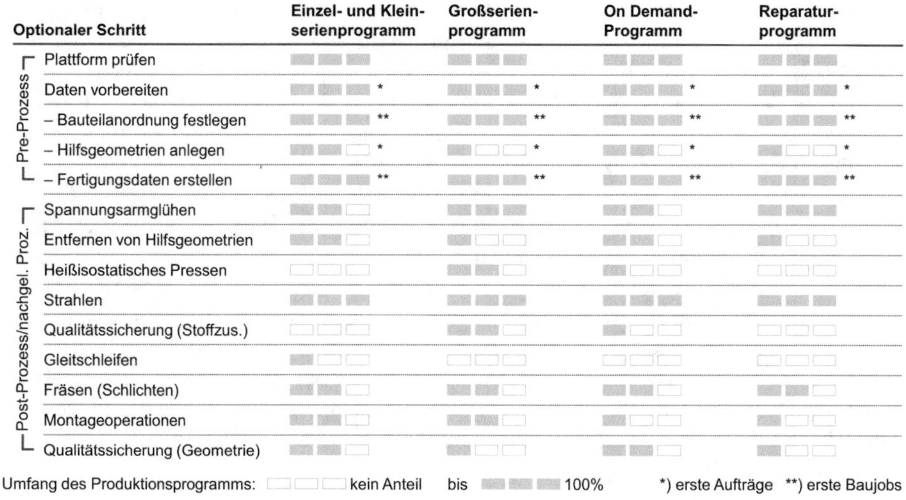

Abbildung 5-15: Modellierung der Produktionsprozessabfolge für die Produktionsprogrammklassen der additiven Fertigung

Alle Produktionsprogrammklassen erfordern im Pre-Prozess eine vollständige *(Sicht-)prüfung von Plattform und Pulver*; die datenseitige Vorbereitung ist für die jeweils ersten Aufträge und Baujobs notwendig. Dabei wird für zwei von drei Aufträgen der

Klassen Einzel- und Kleinserienprogramm und On-Demand-Programm davon ausgegangen, dass Stützstrukturen erforderlich sind, denn in diesen Programmen findet die prozessspezifische Bauteiloptimierung nicht regelmäßig statt, wie es im Großserien- und dem Reparaturprogramm der Fall ist. Der In-Prozess umfasst keine optionalen Schritte und ist daher nicht in der Darstellung abgebildet. Im Post-Prozess kommt *Spannungsarmglühen* für zwei von drei Bauteilen im Einzel- und Kleinserienprogramm und dem On-Demand-Programm zum Einsatz, da bei diesen Programmen durch Einzelbetreuung der Produktionsaufträge davon ausgegangen werden kann, dass Baujobs ohne erwarteten spannungsbedingten Verzug ausgewählt werden und sich die positive Wirkung auf die Durchlaufzeiten unter den Zielsetzungen des Produktionsprogramms vorteilhaft erweist, vgl. Abbildung 5-14. *Entfernen von Hilfsgeometrien* ist immer dann erforderlich, wenn diese zuvor angelegt wurden, s. o. Das *heißisostatische Pressen* kommt typischerweise dann zum Einsatz, wenn erhöhte Anforderungen an die Schwingfestigkeit bestehen. Dies ist bei komplexen, funktionsoptimierten Bauteilen des Großserienprogramms sowie anteilig dem On-Demand-Programm der Fall. Das *Strahlen* der Bauteile wird mit dem Ziel, anhaftende Pulverreste zu entfernen und die Bauteile optisch aufzuwerten, für den vollen Umfang aller Programme angenommen. Wenn die zu fertigenden Bauteile hohen dynamischen Anforderungen genügen müssen, wird *Qualitätssicherung (Stoffzusammenhalt)* erforderlich. Dies wird v. a. für größere Umfänge komplexer, funktionsoptimierter Produkte des Großserienprogramms angenommen sowie für einen kleinen Anteil des On-Demand-Programms, welches einen höheren Anteil mechanisch gering belasteter Bauteile enthält. Durch *Gleitschleifen* kann aufwandsarm die Oberflächenbeschaffenheit verbessert werden, wobei es jedoch auch zur Kantenverrundung kommt. Für geringe Anteile des Einzel- und Kleinserienprogramms wird insbesondere auf Grund der optischen Wirksamkeit dieses Verfahren als erforderlich angenommen. Die spanende Nachbearbeitung durch *Fräsen (Schlichten)* wird homogen für höhere Anteile der Produktionsprogrammklassen angenommen, da die Form-/Lagetoleranzen und Oberflächengüten der meisten Funktionsflächen eine solche Nachbearbeitung erforderlich machen. *Montageoperationen* sind für höhere Umfänge in der Einzel- und Kleinserie sowie der Großserie modellhaft angenommen, da die Weiterverwendung der Bauteile typischerweise im Systemverbund erfolgt.[87] Bei On-Demand- und Reparaturanwendungen sind häufig jeweils nur einzelne Bauteile Ausgang der additiven Prozesskette, was sich Häufigkeitssenkend auswirkt. *Qualitätssicherung (Geometrie)* findet stärkere Verwendung im Einzel- und Kleinserien sowie dem On-Demand-Programm als in den übrigen beiden Programmen. Dies ist der Tatsache geschuldet, dass gerade bei der Erst- und Kleinserienfertigung von Bauteilen Unsicherheiten bezüglich der Ausgangsqualität aus der Prozesskette bestehen; bei den übrigen Programmen führt die repetitive Fertigung zu einem geringeren Anteil geprüfter Aufträge.

5.4.3 Strukturvariantenbildung

5.4.3.1 Kapazitätsbedarf

Für jedes der untersuchten Produktionsprogramme wird zunächst in einem ersten Modelldurchlauf bestimmt, welche jährlichen Kosten auf die einzelnen Fabrikelemente

---

[87] Montageoperationen umfassen hier entweder die Herstellung des Systemverbundes oder die Vorbereitung darauf, z. B. durch die Montage von Gewindeeinsätzen

entfallen, eine Priorisierung vorgenommen und die zu experimentierenden Stufen abgeleitet, siehe Abbildung 5-16.

Dazu erfolgt ein erster Modelldurchlauf gegen quasi-unbegrenzte[88] Anzahlen der einzelnen Fabrikelemente. Mitlaufend werden die Belegungszeiten der Elemente gemessen, daraus die durchschnittlich belegte Maschinenkapazität ermittelt und so die jeweiligen durchschnittlichen jährlichen Kosten bestimmt. Um die oben beschriebene Segmentierung des Kosteneinflusses der Fabrikelemente durchzuführen, wird mit einer ABC-Analyse (Paretoanalyse) auf Basis der kumulierten Kosten eingeteilt. Gemäß typischerweise verwendeter Wertgrenzen verursachen A-Elemente 80% und B-Elemente die weiteren kumulierten Kosten bis zu einer Grenze von 95%. Die übrigen Elemente werden entsprechend als C-Elemente klassifiziert. Im dargestellten Vorgehen wurden zur Erhöhung der Genauigkeit die Grenzen angehoben auf 90% für A-Elemente und 99% für B-Elemente.

Anschließend werden die ganzzahligen Stufen definiert, die die zu experimentierenden Anzahlen der Maschinen widerspiegeln. Diese müssen gleich oder größer als der zuvor ermittelte Durchschnittsbedarf sein, da diese Anzahl bei vollständiger Auslastung der Elemente mindestens erforderlich ist, um im gegebenen Zeitraum das Produktionsprogramm produzieren zu können. Anschließend werden für A-Elemente fünf und für B-Elemente drei zu experimentierende Stufen definiert, indem der aufgerundete Durchschnittsbedarf sukzessive erhöht wird. Um eine entsprechende Betrachtungsbreite abzusichern, wurde eine Distanz zwischen den Stufen von mindestens 20% der Durchschnittskapazität gewählt. C-Elemente werden ausgehend von ihrem doppelten Wert ganzzahlig aufgerundet, um temporäre Kapazitätsengpässe auszuschließen. Auf Grund der geringen jährlichen Kosten dieser Elemente resultiert dies in nur geringen Zusatzkosten. Je nach angestrebtem Gestaltungsziel können die Grenzwerte der ABC-Analyse, die Distanz zwischen den Stufen und die Anzahl der Stufen abweichend von den Empfehlungen festgelegt werden.

---

[88] Zur Ermittlung wurden jeweils 100 Elemente verwendet, also zehnfach mehr als das durchschnittlich am meisten benötigte Element

	Fabrikelement	Jährliche Kosten ['000 EUR/a]	Segment [A/B/C]	Anzahl [#]	Stufen [#]				
Einzel- und Kleinserienprogramm	Generiermaschine	1'000,0	A	10,0	10	12	14	16	18
	Werker (Vorarbeiter)	431,4	A	4,7	3	6	7	8	9
	Werker (In-Process)	47,3	B	0,8	1	2	3	-	-
	Werker (Pre-Process)	43,1	B	0,5	1	2	3	-	-
	Bearbeitungszentrum	16,8	B	0,4	1	2	3	-	-
	Gleitschleifmaschine	10,2	B	5,0	5	6	7	-	-
	Drahterodiermaschine	4,2	C	0,2	1	-	-	-	-
	Koordinatenmessmaschine	4,1	C	0,2	1	-	-	-	-
	Wärmebehandlungsofen	3,7	C	1,1	3	-	-	-	-
	Strahlkabine	0,2	C	0,1	1	-	-	-	-
	Handarbeitsplatz	0,2	C	0,9	2	-	-	-	-
	Arbeitsplatz (AV)	0,0	C	0,2	1	-	-	-	-
	Werker (Post-Process)	0,0	C	0,0	0	-	-	-	-
	Siebstation	0,0	C	0,1	1	-	-	-	-
	heißisostatische Presse	0,0	C	0,0	0	-	-	-	-
	Computertomograph	0,0	C	0,0	0	-	-	-	-
Großserienprogramm	Generiermaschine	1'000,0	A	10,0	10	12	14	16	18
	Werker (Vorarbeiter)	632,6	A	6,9	6	7	8	9	10
	heißisostatische Presse	322,9	A	1,5	1	2	3	4	5
	Computertomograph	116,1	A	1,3	1	2	3	4	5
	Werker (In-Process)	53,8	B	0,9	1	2	3	-	-
	Werker (Pre-Process)	34,3	B	0,4	1	2	3	-	-
	Bearbeitungszentrum	31,0	B	0,7	1	2	3	-	-
	Wärmebehandlungsofen	6,5	C	2,0	4	-	-	-	-
	Drahterodiermaschine	5,6	C	0,3	1	-	-	-	-
	Koordinatenmessmaschine	3,3	C	0,2	1	-	-	-	-
	Strahlkabine	0,7	C	0,3	1	-	-	-	-
	Handarbeitsplatz	0,3	C	1,2	3	-	-	-	-
	Arbeitsplatz (AV)	0,0	C	0,1	1	-	-	-	-
	Werker (Post-Process)	0,0	C	0,0	0	-	-	-	-
	Siebstation	0,0	C	0,2	1	-	-	-	-
	Gleitschleifmaschine	0,0	C	0,0	0	-	-	-	-
On Demand-Programm	Generiermaschine	1'000,0	A	10,0	10	12	14	16	18
	Werker (Vorarbeiter)	418,3	A	4,5	5	6	7	8	9
	heißisostatische Presse	181,4	A	0,8	1	2	3	4	5
	Werker (In-Process)	53,4	B	0,8	1	2	3	-	-
	Werker (Pre-Process)	47,5	B	0,5	1	2	3	-	-
	Computertomograph	32,4	B	0,4	1	2	3	-	-
	Bearbeitungszentrum	18,2	B	0,4	1	2	3	-	-
	Drahterodiermaschine	4,5	C	0,2	1	-	-	-	-
	Koordinatenmessmaschine	4,2	C	0,2	1	-	-	-	-
	Wärmebehandlungsofen	3,9	C	1,2	3	-	-	-	-
	Strahlkabine	0,3	C	0,1	1	-	-	-	-
	Handarbeitsplatz	0,2	C	0,7	2	-	-	-	-
	Arbeitsplatz (AV)	0,0	C	0,2	1	-	-	-	-
	Werker (Post-Process)	0,0	C	0,0	0	-	-	-	-
	Siebstation	0,0	C	0,2	1	-	-	-	-
	Gleitschleifmaschine	0,0	C	0,0	0	-	-	-	-
Reparaturprogramm	Generiermaschine	1'000,0	A	10,0	10	12	14	16	18
	Werker (Vorarbeiter)	284,9	A	3,1	3	4	5	6	7
	Werker (In-Process)	46,9	B	0,7	1	2	3	-	-
	Werker (Pre-Process)	30,3	B	0,3	1	2	3	-	-
	Bearbeitungszentrum	17,4	B	0,4	1	2	3	-	-
	Wärmebehandlungsofen	5,7	C	1,7	4	-	-	-	-
	Drahterodiermaschine	4,8	C	0,2	1	-	-	-	-
	Koordinatenmessmaschine	1,8	C	0,1	1	-	-	-	-
	Strahlkabine	0,2	C	0,1	1	-	-	-	-
	Handarbeitsplatz	0,1	C	0,5	1	-	-	-	-
	Arbeitsplatz (AV)	0,0	C	0,1	1	-	-	-	-
	Werker (Post-Process)	0,0	C	0,0	0	-	-	-	-
	Siebstation	0,0	C	0,1	1	-	-	-	-
	heißisostatische Presse	0,0	C	0,0	0	-	-	-	-
	Gleitschleifmaschine	0,0	C	0,0	0	-	-	-	-
	Computertomograph	0,0	C	0,0	0	-	-	-	-

Abbildung 5-16: Experimente zur Kapazitätsbestimmung

5.4.3.2 Wertschöpfungsmodus

Für die vier beschriebenen Produktionsprogramme wird zum Abbilden eines Personalkosten senkenden Betriebsmodus das Einschichtsystem betrachtet, und zum Herstellen
einer besonders hohen Bereitschaft das Dreischicht- und kontinuierliche System. Eine
Variation der Dispositionsparameter für die Baujobbildung wird nicht im Experiment
abgebildet, Werkstoffwechsel werden zugelassen.

5.4.3.3 Wertschöpfungstiefe

Für die untersuchten Produktionsprogrammklassen wird die Fremdvergabeoption im
oben beschriebenen Segment niedriger Spezifität, strategischer Bedeutung und Unsicherheit bei gleichzeitig niedrigen Barrieren für die Fremdvergabe, entsprechend dem
linken unteren Feld der Matrix aus Abbildung 5-7, gewählt. Auf die Fremdvergabebe-
trachtung des Wärmebehandlungsofens und der Gleitschleifmaschine wird wegen des
geringen Kosteneinflusses je Maschine verzichtet. Da die Drahterodiermaschine bei
Bearbeitung jedes Baujobs eingesetzt wird, wurde ebenfalls auf Grund des hohen erwarteten Durchlaufzeiteinflusses bei dem verhältnismäßig geringem Kosteneinfluss auf die
Fremdvergabe verzichtet. Für das jeweilige Produktionsprogramm nicht erforderte Maschinen werden von der Variation ausgenommen und würden, wenn im realen Fabrikbetrieb benötigt, in Fremdvergabe durchgeführt.

5.4.4 Variantenauswahl

5.4.4.1 Bewertung

Für die vier definierten Produktionsprogrammklassen wurden zunächst die faktoriellen
Experimentpläne aufgestellt. Durch systematische Variation der Fabrikstrukturparameter
ergeben sich auf Basis der in Abschnitt 5.2.2 vorgenommenen Festlegungen die Anzahlen der Szenarien je Experiment nach Formel 5.3:

$$n_{\text{Einzel-und Kleinserienprogramm}} = (5^2 * 3^4 * 1^{11}) * (3 * 1 * 1) * (1 * 1 * 1 * 2 * 1)$$
$$= 12.150 \tag{5.4}$$

$$n_{\text{Großserienprogramm}} = (5^4 * 3^3 * 1^{10}) * (3 * 1 * 1) * (1 * 1 * 1 * 1 * 1) = 50.625 \tag{5.5}$$

$$n_{\text{On-Demand-Programm}} = (5^3 * 3^4 * 1^{10}) * (3 * 1 * 1) * (1 * 1 * 1 * 1 * 1) \tag{5.6}$$
$$= 30.375$$

$$n_{\text{Reparaturprogramm}} = (5^2 * 3^3 * 1^{12}) * (3 * 1 * 1) * (1 * 1 * 2 * 1 * 1) = 4.050 \tag{5.7}$$

Der im Anhang, Abschnitt B.7, gezeigte Verlauf zeigt Variationskoeffizienten unter 3%
für alle Produktionsprogramme, wenn das simulierte Intervall mindestens 52 Wochen
beträgt. Diese Genauigkeit wird im vorliegenden Fall als ausreichend erachtet. Auf
Grund der dennoch sehr hohen Anzahl der zu bewertenden Szenarien wurde ein Rechen-
cluster aus einer niedrigen zweistelligen Anzahl zusammengeschlossener PCs gebildet,
die mehrere Tage für die Durchführung der umfassenderen Experimente im Einsatz
waren. Die Antwortdaten der Experimente wurden ausgewertet, indem durch Anwendung des Pareto-Kriteriums die auf der Pareto-Front liegenden Fabrikstrukturen ermittelt
wurden. Nachfolgend sind die so ermittelten Pareto-Fronten für die Zielgrößen Durchlaufzeit und Kosten für jede der betrachteten Produktionsprogrammklassen dargestellt
und kurz diskutiert.

Abbildung 5-17 stellt die Bewertungsergebnisse für das **Einzel- und Kleinserienpro-gramm** dar. Die minimalen durchschnittlichen Durchlaufzeiten knapp oberhalb von 9 Tagen liegen auf verhältnismäßig niedrigem Niveau. Im Bereich kurzer Durchlaufzeiten zeigt die Pareto-Front eine starke Abhängigkeit der jährlichen Kosten, sodass ab einer Durchlaufzeit von rund 10 Tagen, Konfiguration B, eine weitere Absenkung mit sehr hohen Mehrkosten einhergeht. Können höhere Durchlaufzeiten in Kauf genommen wer-den, sind jedoch ausgehend von Konfiguration B nur noch geringe Kostensenkungen möglich, die zugleich mit deutlich erhöhten Durchlaufzeiten einhergehen.

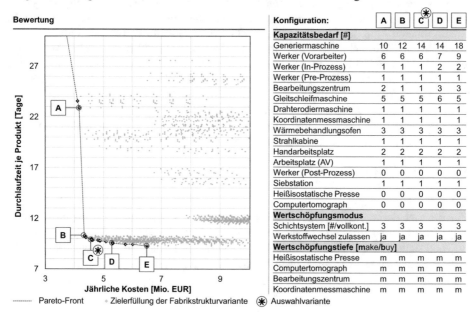

Abbildung 5-17: Einzel- und Kleinserienprogramm – Bewertung der Strukturvarianten

Die Bewertung des **Großserienprogramm**s ist in Abbildung 5-18 gezeigt. Getrieben durch die umfangreiche Prozesskette und hohe Auftragsgrößen liegt die minimale durch-schnittliche Durchlaufzeit mit knapp über 25 Tagen auf hohem Niveau. Im Verhältnis zur Großserienfertigung mit konventionellen Verfahren sind dies noch relativ geringe Werte [Möh16b]. Die im Vergleich zum Einzel- und Kleinserienprogramm höheren Durchlaufzeiten ergeben sich aus der durchschnittlich umfangreicheren Produktionspro-zessabfolge[89] und den höheren Auftragslosgrößen, wie auch in Abschnitt B.6 untersucht, in Zusammenspiel mit dem betrachteten Werkstattfertigungsprinzip. Sind höhere Durch-laufzeiten zulässig, so lassen sich die jährlichen Kosten von ursprünglichen rund 7 Mio. EUR auf bis unter 3,5 Mio. EUR absenken. Dabei nimmt die Durchlaufzeit relativ konti-nuierlich auf über 65 Tage zu.

---

[89] Vor allem das in Chargen erfolgende heißisostatische Pressen und die Qualitätssicherung (Stoff-zus.) haben einen hohen Einfluss auf die Durchlaufzeit

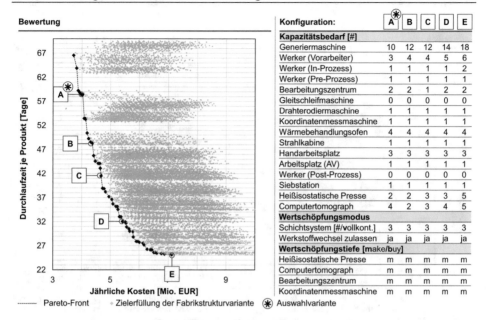

Konfiguration:	A	B	C	D	E
Kapazitätsbedarf [#]					
Generiermaschine	10	12	12	14	18
Werker (Vorarbeiter)	3	4	4	5	6
Werker (In-Prozess)	1	1	1	1	2
Werker (Pre-Prozess)	1	1	1	1	1
Bearbeitungszentrum	2	2	1	2	2
Gleitschleifmaschine	0	0	0	0	0
Drahterodiermaschine	1	1	1	1	1
Koordinatenmessmaschine	1	1	1	1	1
Wärmebehandlungsofen	4	4	4	4	4
Strahlkabine	1	1	1	1	1
Handarbeitsplatz	3	3	3	3	3
Arbeitsplatz (AV)	1	1	1	1	1
Werker (Post-Prozess)	0	0	0	0	0
Siebstation	1	1	1	1	1
Heißisostatische Presse	2	2	3	3	5
Computertomograph	4	2	3	4	5
Wertschöpfungsmodus					
Schichtsystem [#/vollkont.]	3	3	3	3	3
Werkstoffwechsel zulassen	ja	ja	ja	ja	ja
Wertschöpfungstiefe [make/buy]					
Heißisostatische Presse	m	m	m	m	m
Computertomograph	m	m	m	m	m
Bearbeitungszentrum	m	m	m	m	m
Koordinatenmessmaschine	m	m	m	m	m

Abbildung 5-18: Großserienprogramm – Bewertung der Strukturvarianten

Abbildung 5-19 stellt die Bewertung des **On-Demand-Programm**s dar. Die minimalen durchschnittlichen Durchlaufzeiten je Produkt liegen bei etwa 7,5 Tagen. Werden entsprechende Produktionsplanungs- und Steuerungsmethoden implementiert, die die Priorisierung von Eilaufträgen ermöglichen, können die Zeiten in dringenden Fällen, z. B. bei der Fertigung dringender Ersatzteile, weiter abgesenkt werden. Die kurze Durchlaufzeit geht mit relativ hohen jährlichen Kosten von fast 7 Mio. EUR einher. Können längere Durchlaufzeiten in Kauf genommen werden, so sinken die Kosten stark. Eine Senkung der Kosten auf knapp über 4,0 Mio. EUR ist beispielsweise möglich, wobei die Durchlaufzeiten um nur etwa 3 Tage bzw. 40% des Ursprungswerts ansteigen.

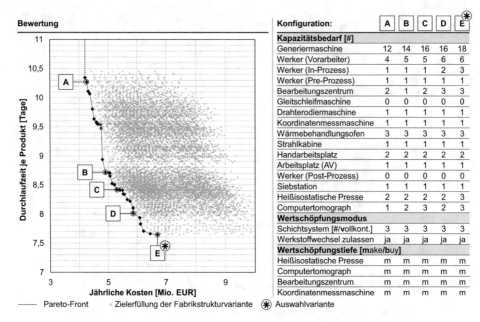

Konfiguration:	A	B	C	D	E
Kapazitätsbedarf [#]					
Generiermaschine	12	14	16	16	18
Werker (Vorarbeiter)	4	5	5	6	6
Werker (In-Prozess)	1	1	1	2	3
Werker (Pre-Prozess)	1	1	1	1	1
Bearbeitungszentrum	2	1	2	3	3
Gleitschleifmaschine	0	0	0	0	0
Drahterodiermaschine	1	1	1	1	1
Koordinatenmessmaschine	1	1	1	1	1
Wärmebehandlungsofen	3	3	3	3	3
Strahlkabine	1	1	1	1	1
Handarbeitsplatz	2	2	2	2	2
Arbeitsplatz (AV)	1	1	1	1	1
Werker (Post-Prozess)	0	0	0	0	0
Siebstation	1	1	1	1	1
Heißisostatische Presse	2	2	2	2	3
Computertomograph	1	2	3	2	3
Wertschöpfungsmodus					
Schichtsystem [#/vollkont.]	3	3	3	3	3
Werkstoffwechsel zulassen	ja	ja	ja	ja	ja
Wertschöpfungstiefe [make/buy]					
Heißisostatische Presse	m	m	m	m	m
Computertomograph	m	m	m	m	m
Bearbeitungszentrum	m	m	m	m	m
Koordinatenmessmaschine	m	m	m	m	m

Abbildung 5-19: On-Demand-Programm – Bewertung der Strukturvarianten

Abbildung 5-20 stellt schließlich die Bewertung der Strukturvarianten für das **Reparaturprogramm** dar. Die Durchlaufzeiten liegen mit rund 22 Tagen auf ähnlichem, verhältnismäßig hohem Niveau des Großserienprogramms. Durch die weniger umfangreiche Prozesskette fallen die jährlichen Kosten jedoch deutlich geringer aus. Können lange Durchlaufzeiten hingenommen werden, so ist es bei Verdopplung der Durchlaufzeit auf rund 44 Tage möglich, die Kosten von etwas über 5 Mio. EUR auf etwas über 2,5 Mio. EUR zu halbieren.

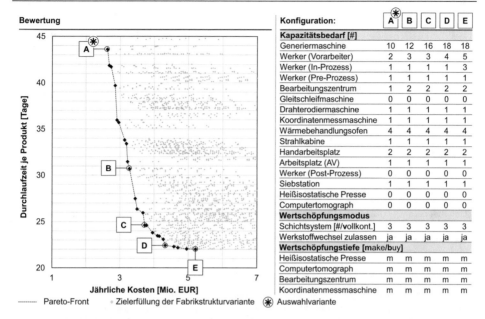

Abbildung 5-20: Reparaturprogramm – Bewertung der Strukturvarianten

Die dargestellten Pareto-Fronten offenbaren eine starke Abhängigkeit der Durchlaufzeiten zu den anfallenden jährlichen Kosten. Dies macht die Auswahl der zu gestaltenden Fabrikstruktur auf Basis der Zielanforderungen entscheidend, um das volle wirtschaftliche Potenzial auszuschöpfen.

Übergreifend fällt auf, dass alle bzgl. Wertschöpfungstiefe untersuchten Maschinen der exemplarisch dargestellten Pareto-Konfigurationen in Eigenfertigung erfolgen. Dies ergibt sich aus den durch die Gesamtanzahl der zu externalisierenden Arbeitsvorgänge im Vergleich zur Eigenfertigung erhöhten Kosten bei zusätzlichen Transportzeiten. Bei Produktionsprogrammen mit kleinerer Gesamtproduktionsmenge können diese Ausprägungen anders ausfallen.

5.4.4.2 Auswahl
Es lassen sich Zielgewichtungen für die in Abschnitt 5.4.1.2 eingeführten Geschäftsmodelle der additiven Fertigung indikativ bestimmen. Diese sind in Abbildung 5-21 dargestellt.

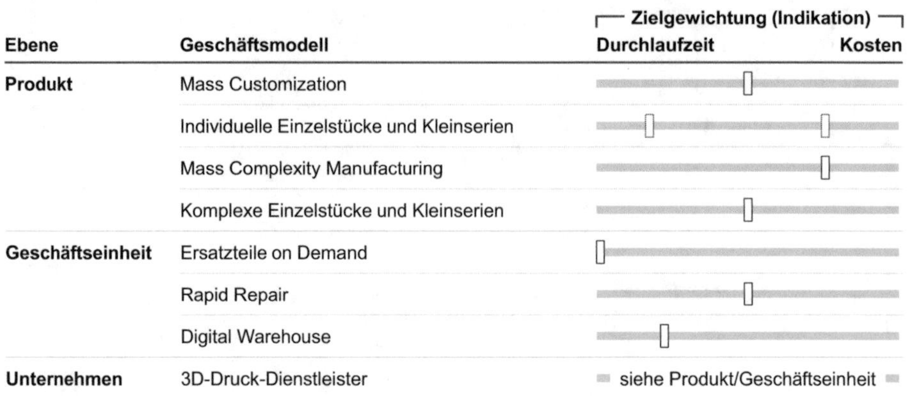

		Zielgewichtung (Indikation)	
Ebene	**Geschäftsmodell**	**Durchlaufzeit**	**Kosten**
Produkt	Mass Customization		
	Individuelle Einzelstücke und Kleinserien		
	Mass Complexity Manufacturing		
	Komplexe Einzelstücke und Kleinserien		
Geschäftseinheit	Ersatzteile on Demand		
	Rapid Repair		
	Digital Warehouse		
Unternehmen	3D-Druck-Dienstleister	siehe Produkt/Geschäftseinheit	

Abbildung 5-21: Zielgewichtung zwischen Durchlaufzeit und Kosten für die betrachteten Geschäftsmodelle

Die Produktion des Mass Customization unterliegt typischerweise mittleren Durchlaufzeit-Anforderungen, da die Durchlaufzeit durch den Kunden wahrgenommen werden kann, und einer Differenzierung über die Herstellkosten. Individuelle Einzelstücke und Kleinserien können je nach Einsatzzweck eher Kosten- oder Durchlaufzeitziele erfüllen. Im Falle des Prototypeneinsatzes liegt die Fertigung häufig auf dem zeitlich kritischen Pfad des Produktentstehungsprozesses[90] und beeinflusst damit die Zeit bis zur Markteinführung eines Produktes (Time-to-Market); die hohe Relevanz der Durchlaufzeit ergibt sich unmittelbar aus der wirtschaftlichen Bedeutung. Es gibt jedoch auch Einsatzfälle, in denen die Durchlaufzeit eine untergeordnete Rolle spielt, z. B. die Fertigung von Montagehilfen. Im Mass Complexity Manufacturing liegen üblicherweise größere Serien vor, die auch unter Berücksichtigung höherer Durchlaufzeiten geplant werden können; die additive Fertigung spielt hier ihren Kostenvorteil beim Fertigen komplexer Bauteile aus, was sich in der vorherrschenden Zielsetzung widerspiegelt. Die additive Fertigung komplexer Einzelstücke und Kleinserien bezieht ihren Vorteil ebenfalls aus dem Komplexitätsvorteil, es kann der Fertigung allerdings ein zusätzliches Durchlaufzeitziel abverlangt werden. Auf Ebene der Geschäftseinheits-Geschäftsmodelle unterliegen die Ersatzteile on demand sowie das Digital Warehouse der Zielsetzung, konventionelle Lagerhaltung zu ersetzen und konkurrieren damit regelmäßig um Durchlaufzeiten, die nicht selten im Bereich einiger Stunden oder weniger Tage liegen. Gerade bei Ersatzteilen für Investitionsgüter fällt die notwendige Durchlaufgeschwindigkeit durch hohe Opportunitätskosten des zu Grunde liegenden Gutes sehr hoch aus, vgl. [MBR+16]. Das Rapid Repair-Modell unterliegt einer ausgeglichenen Zielsetzung, da bei diesem Modell meist mit einem ausreichenden Bestand an Fertigteilen produziert werden kann. Das Geschäftsmodell des 3D-Druck-Dienstleisters beschreibt grundsätzlich nur die Integrationstiefe und lässt daher keine Rückschlüsse auf das Produktionsprogramm und entsprechende Zielgewichtungen zu, vgl. Abschnitt 5.2.1.1. Die Zielsetzung ergibt sich in diesem Fall aus dem/den verfolgten Geschäftsmodell(en) auf Produkt- und Geschäftsbereichsebene.

---

[90] Umfasst die Arbeitsabläufe von der Idee eines Produktes bis zu dessen Herstellung und Verkauf

Die in Abbildung 5-17 mit dem ✱-Symbol markierten Fabrikstrukturen stellen einen Kompromissvorschlag für den Anwendungsfall bei angenommener Zielsetzung dar.

6 Produktivitätspotenziale der Prozesskette additiver Fertigungsverfahren

6.1 Analyse der Produktivitätspotenziale

Zur Analyse der Produktivitätspotenziale der Prozesskette additiver Fertigungsverfahren wird zunächst eine Sensitivitätsanalyse mit der One-by-One-Factor-Methode durchgeführt. Aus den Ergebnissen lassen sich diejenigen Bereiche der additiven Prozesskette priorisieren, deren Optimierung der Produktivität der Prozesskette besonders zuträglich ist. In einer zweiten Analyse werden die in Abschnitt 2.1.5 eingeführten und im Stand der Technik aufgezeigten Produktivitätspotenziale modelliert und bewertet.

Das zur Analyse verwendete Vorgehen ist in Abbildung 6-1 schematisch dargestellt. Für beide Teile der Analyse werden zunächst verschiedene Szenarien gebildet. Für die Sensitivitätsanalyse wird dabei ein systematisches Vorgehen verfolgt, bei dem die Produktivität der Rüst- und Hauptschritte der additiven Prozesskette Prozessschritt für Prozessschritt um einen Wert beschleunigt wird. Dabei wird je Szenario jedoch nur ein Wert verändert, die übrigen Werte verbleiben im Ausgangszustand. Diese Methode zur Szenarienbildung wird auch One-by-One-Factor-Methode genannt, vgl. [Ver97, S. 5]. Für den zweiten Teil der Analyse werden die Produktivitätspotenziale jeweils einzeln modelliert, indem der Einfluss einer Maßnahme gemäß ihrer angenommenen Wirksamkeit auf eine oder zugleich mehrere Prozesszeiten abgebildet wird. Für beide Teile werden die Potenziale nach dem gleichen Vorgehen bewertet, auf Basis des differenziellen Kostenvorteils. Dieser berechnet das Kostensenkungspotenzial, das sich als Summe der Minderkosten aller betroffenen Fabrikelemente ergibt. Im Schema wird beispielsweise die Auswirkung der Verkürzung von Rüstzeiten dargestellt. Der Kostenvorteil ergibt sich aus einem Anteil der Generiermaschine und des entsprechenden Werkers.

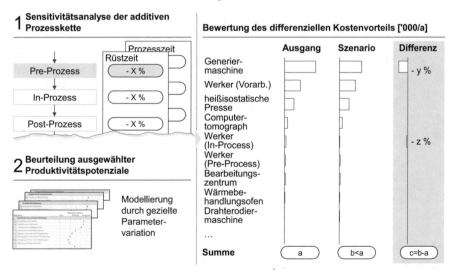

Abbildung 6-1: Vorgehen zur Analyse der Produktivitätspotenziale (schematisch)

© Springer-Verlag GmbH Deutschland, ein Teil von Springer Nature 2018
M. Möhrle, *Gestaltung von Fabrikstrukturen für die additive Fertigung*,
Light Engineering für die Praxis, https://doi.org/10.1007/978-3-662-57707-3_6

6.1.1   Sensitivitätsanalyse der additiven Prozesskette

Um diejenigen Prozessschritte zu ermitteln, deren Produktivitätssteigerung die stärkste Auswirkung auf die Leistungsfähigkeit der gesamten Prozesskette hat, wurden wie beschrieben Szenarien mit der One-by-One-Factor-Methode gebildet. Als zu verändernde Faktoren wurden die im Modell vorgesehenen Produktivitätsfaktoren verwendet, um die Auswirkung veränderter Produktivität in Teilen der Prozesskette abzubilden. In Abschnitt 4.3.3.3 wurde eine kurze Beschreibung der Wirkungsweise gegeben. In der durchgeführten Analyse wurden die Produktivitätsfaktoren sukzessive verdoppelt[91] und für die so erhaltenen Szenarien anschließend der Kapazitätsbedarf gegenüber quasiunbegrenzten Kapazitäten ermittelt und in jährliche Kosten umgerechnet, vgl. Vorgehen aus Abschnitt 5.2.2.1. Aus der Differenz zum Ausgangsszenario kann dann der Kostenvorteil der Produktivitätserhöhung bestimmt werden. Die Summe aller einzelnen Kostenvorteile wurde je Produktionsprogrammklasse zu 100% normiert.

Da die Höhe des Kostenvorteils von der Art- und Mengenverteilung der verwendeten Fertigungstechnologien abhängt, ist das Ergebnis vom betrachteten Produktionsprogramm abhängig. Daher wird die Analyse für die vier bereits in Abschnitt 5.2.1.1 definierten Produktionsprogrammklassen einzeln durchgeführt. Abbildung 6-2 stellt die ermittelten Anteile am Gesamtkostensenkungseinfluss dar.

---

[91] Durch Normierung auf eine Gesamtproduktivitätssteigerung erhält die Höhe der Produktivitätssteigerung eine untergeordnete Rolle, da alle Produktivitätsfaktoren mit dem gleichen Faktor sukzessive beaufschlagt werden

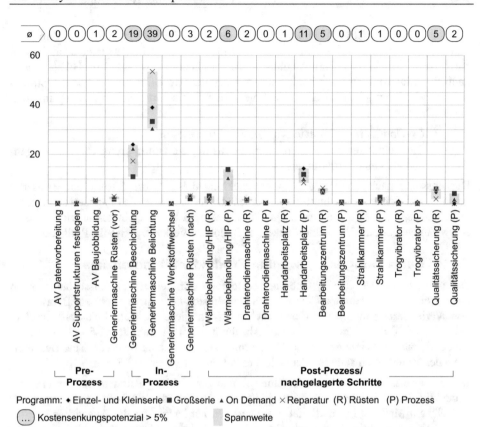

Abbildung 6-2: Kostensenkungspotenzial in der Prozesskette additiver Fertigung [%]

Die Analyse zeigt die größten Kostensenkungspotenziale im In-Prozess durch Beschleunigung von Belichtung und Beschichtung. Ein weiteres, hohes übergreifendes Potenzial liegt in der Verkürzung oder dem Eliminieren von Arbeitsschritten am Handarbeitsplatz, getrieben durch den im Ausgangszustand hohen Zeitbedarf bei der Entfernung von Supportstrukturen. Die Prozesszeiten in der Wärmebehandlung, v. a. getrieben durch die relativ hohen Kosten beim heißisostatischen Pressen, sowie Rüstzeiten am Bearbeitungszentrum und bei der Qualitätssicherung schließen sich an. In den übrigen Schritten zeigt sich ein verhältnismäßig geringes Kostensenkungspotenzial.

Die Unterschiede zwischen den vier Produktionsprogrammklassen führen zu den im Diagramm erkennbaren Spannweiten. Dafür lassen sich zwei wesentliche Einflüsse ausmachen: Einerseits unterschiedliche Konstruktionsmerkmale und Planmerkmale, die dazu führen, dass Baujobs zwischen den Produktionsprogrammen unterschiedlich stark belegt werden können. Andererseits bestimmen die Technologiemerkmale die Produktionsprozessfolge. Höhere Anforderungen, wie sie beispielsweise beim Großserienprogramm vorliegen, verlagern die Kostenverursachung in Richtung Post-Prozess/nachgelagerte Schritte. Die Potenziale verschieben sich proportional.

Der hohe Fokus auf die Weiterentwicklung des Generierprozesses und das Entfernen von Supportstrukturen nach dem Prozess wird durch die industrielle Praxis bestätigt und hat bereits Einfluss in die Forschungsprogramme genommen, vgl. [EBH+17]. Jedoch kann in einigen Fällen auch beobachtet werden, dass verhältnismäßig hoher Optimierungsaufwand betrieben wird, um weniger potenzialträchtige Schritte zu optimieren. Dazu zählen insbesondere

- die Optimierung des datenseitigen Pre-Prozesses und
- Entwicklungen mit ausgeprägtem Fokus auf die Optimierung von Rüstvorgängen der Generiermaschinen.

Der Ressourceneinsatz für die Weiterentwicklung dieser Schritte sollte auf Basis der gewonnenen Erkenntnisse hinterfragt werden. Dabei sind über das hier bewertete Kostensenkungspotenzial hinaus auch Qualitätsaspekte zu berücksichtigen sowie indirekte Auswirkungen auf die Wirtschaftlichkeit, z. B. höhere Verkaufspreise für Produkte.

6.1.2 Beurteilung ausgewählter Produktivitätspotenziale

Die im Rahmen der One-by-One-Factor-Methode ermittelten Ergebnisse haben noch einen weitgehend abstrakten Charakter und lassen sich noch nicht direkt zur Beurteilung von Verbesserungsmaßnahmen heranziehen, wenn diese mehrere Faktoren simultan beeinflussen. Daher werden in diesem Abschnitt die in Abschnitt 2.1.5 beschriebenen Produktivitätspotenziale anhand der zugeordneten Maßnahmen beurteilt. Eine Beschreibung der Maßnahmen selbst findet sich ebenfalls an der genannten Stelle.

Bei der Priorisierung und der forschungs- und entwicklungsseitigen Bearbeitung der Produktivitätspotenziale ist in einigen Fällen vor Abschluss der Arbeiten noch ungewiss, in welchem Maß die Produktivität gesteigert werden kann. Um die Auswirkung unterschiedlicher Produktivitätszuwachse zu ermitteln, wird zur Beurteilung eine Sensitivitätsanalyse verwendet. Dazu wird zunächst die Korrelation der Maßnahmen zu den im Modell vorgesehenen Produktivitätsfaktoren und weiteren Modellparametern hergestellt. Anschließend werden diese variiert, um den Einfluss unterschiedlicher Wirksamkeiten der Maßnahmen zu untersuchen.

In Abbildung 6-3 ist dargestellt, über welche Parameter die Wirkung der Maßnahmen abgebildet ist. Die Modellierung findet dabei über die schon in Abschnitt 6.1.1 verwendeten Produktivitätsfaktoren statt. Da sich einige Maßnahmen neben der Produktivität auf weitere Aspekte der Prozesskette auswirken, sind zusätzlich die Bauraumgröße, die Maschinenkosten der additiven Fertigungsmaschine und der Ausschuss in die Variationsliste aufgenommen. Grundsätzlich sind die analysierten Maßnahmen hinsichtlich ihrer Wirkung nicht überschneidungsfrei und adressieren das Spektrum der Prozesskette in unterschiedlichem Ausmaß. Es seien einige Auffälligkeiten der Modellierung kurz diskutiert:

- Die Maßnahme 1.f findet in den vorhandenen Modellparametern keine Berücksichtigung, da das Pulverhandling als Teilaspekt mehrerer Prozessschritte ausgedrückt ist. Der größte Anteil liegt im Entfernen des Pulvers nach dem Generierprozess, was allerdings durch Maßnahme 1.g abgedeckt wird. Es wird ein geringer Kosteneinfluss erwartet. Vorteile liegen aber in einer Steigerung der Prozessqualität.

- Die Maßnahme 3.a ist mit den identischen Parametern von Maßnahme 3.d ausgedrückt. Dies spiegelt den Sachverhalt wieder, dass eine hohe Prozessqualität nachgelagerte Qualitätssicherung obsolet macht.

Legende
(R) Rüsten
(P) Prozess
✓ Parameter in Sensitivitätsanalyse variiert

Maßnahme		AV Datenvorbereitung	AV Supportstrukturen festlegen	AV Baujobbildung	Generiermaschine Rüsten (vor)	Generiermaschine Beschichtung	Generiermaschine Belichtung	Generiermaschine Werkstoffwechsel	Generiermaschine Rüsten (nach)	Wärmebehandlung/HIP (R)	Wärmebehandlung/HIP (P)	Drahterodiermaschine (R)	Drahterodiermaschine (P)	Handarbeitsplatz (R)	Handarbeitsplatz (P)	Bearbeitungszentrum (R)	Bearbeitungszentrum (P)	Strahlkammer (R)	Strahlkammer (P)	Trogvibrator (R)	Trogvibrator (P)	Qualitätssicherung (R)	Qualitätssicherung (P)	Bauraumgröße	Maschinenkosten	Ausschuss
1	**Automatisierung und Industrialisierung**																									
1.a	Verringerung von Rüstzeiten	–	–	–	✓	–	–	–	✓	–	–	–	–	–	–	–	–	–	–	–	–	–	–	–	–	–
1.b	Vergrößerung von Bauräumen	–	–	–	–	–	–	–	–	–	–	–	–	–	–	–	–	–	–	–	–	–	–	✓	–	–
1.c	Vereinfachung von Materialwechseln	–	–	–	–	–	–	✓	–	–	–	–	–	–	–	–	–	–	–	–	–	–	–	–	–	–
1.d	Stützstrukturen automatisiert entfernen	–	–	–	–	–	–	–	–	–	–	✓	–	–	–	–	–	–	–	–	–	–	–	–	–	–
1.e	Integration in konventionelle Produktionslinien	–	–	–	–	–	–	–	–	✓	–	✓	–	✓	–	✓	–	✓	–	✓	–	–	–	–	–	–
1.f	Reduzierung des Aufwandes für Pulverhandling	–	–	–	–	–	–	–	–	–	–	–	–	–	–	–	–	–	–	–	–	–	–	–	–	–
1.g	Absaugung von Pulver nach Generierprozess	–	–	–	–	–	–	–	✓	–	–	–	–	–	–	–	–	–	–	–	–	–	–	–	–	–
1.h	Reduzierung der Maschinenkosten	–	–	–	–	–	–	–	–	–	–	–	–	–	–	–	–	–	–	–	–	–	–	–	✓	–
2	**Produktivitätssteigerung**																									
2.a	Erhöhung der Volumenraten	–	–	–	–	–	✓	–	–	–	–	–	–	–	–	–	–	–	–	–	–	–	–	–	–	–
2.b	Reduzierung der Beschichtungszeiten	–	–	–	–	✓	–	–	–	–	–	–	–	–	–	–	–	–	–	–	–	–	–	–	–	–
2.c	Erhöhung der Produktivität nachgel. Schritte	–	–	–	–	–	–	–	–	–	✓	–	✓	–	✓	–	✓	–	✓	–	✓	–	–	–	–	–
3	**Qualität und Prozesssicherheit**																									
3.a	On-Line-Qualitätssicherung	–	–	–	–	–	–	–	–	–	–	–	–	–	–	–	–	–	–	–	–	✓	✓	–	–	–
3.b	Erhöhung der Prozessstabilität	–	–	–	–	–	–	–	–	–	–	–	–	–	–	–	–	–	–	–	–	–	–	–	–	✓
3.c	Erhöhung der Prozessqualität	–	–	–	–	–	–	–	–	–	–	–	–	–	–	–	–	✓	✓	✓	✓	✓	✓	–	–	–
3.d	Nachgelagerte Qualitätssicherungsprozesse	–	–	–	–	–	–	–	–	–	–	–	–	–	–	–	–	–	–	–	–	✓	✓	–	–	–
4	**Datenverarbeitung und -schnittstellen**																									
4.a	Automatisierte Datenvorbereitung	–	✓	✓	–	–	–	–	–	–	–	–	–	–	–	–	–	–	–	–	–	–	–	–	–	–
4.b	Datendurchgängigkeit	✓	–	–	–	–	–	–	–	–	–	–	–	–	–	–	–	–	–	–	–	–	–	–	–	–

Abbildung 6-3: Modellierung ausgewählter Produktivitätspotenziale durch Produktivitätsfaktoren

Für die Bewertung des Kostensenkungseinflusses der Produktivitätspotenziale wird die Auswirkung einer Variation der jeweiligen Parameter analysiert (Sensitivität) und der Kapazitätsbedarf gegenüber quasi-unbegrenzten Kapazitäten bewertet und in die Fabrikstrukturkosten umgerechnet, analog zum Vorgehen aus Abschnitt 6.1.1. Wenn mehrere Parameter durch eine Maßnahme beeinflusst sind, werden diese Parameter proportional gesteigert. Da der Kostensenkungseinfluss von den konkreten Ausprägungen des

Produktionsprogramms abhängt, wurde je Produktionsprogramm eine separate Auswertung durchgeführt.

Der Kostensenkungseinfluss der Produktivitätspotenziale ist in Abbildung 6-4 und Abbildung 6-5 dargestellt, wobei die variierten Modellierungsparameter je Maßnahme in Abbildung 6-3 ablesbar sind. Eine auf der horizontalen Achse dargestellte Ausprägung von 0% entspricht dem Ausgangszustand; eine Ausprägung von 100% bedeutet, dass die jeweilige Prozesszeit vollständig entfällt. In Bezug auf die Bauraumgröße bedeutet dies eine Vergrößerung von 100% und somit eine Verdopplung und für die Maschinenkosten und den Ausschuss einen vollständigen Entfall.

Abbildung 6-4 zeigt den ermittelten Kostensenkungseinfluss der Automatisierungs- und Industrialisierungsmaßnahmen. Es ist ersichtlich, dass Maßnahme 1.h, Reduzierung der Maschinenkosten, den größten Einfluss hat. Zwar kann steigender Preisdruck im Markt zu einer Senkung der Produktionskosten führen, eine Senkung von über 30-40% der Maschinenkosten erscheint jedoch mittelfristig auch bei gleichem Leistungsniveau unwahrscheinlich, da die variablen Kosten noch gedeckt sein müssen. Maßnahme 1.b, Vergrößerung von Bauräumen, schließt sich an. Die Vergrößerung von Bauräumen ermöglicht, dass sich die Rüstzeiten und Beschichtungszeiten[92] auf ein höheres Bauteilvolumen aufteilen, es kommt zu einer Zeit-und Kostendegression. Für die Maßnahmen 1.c, Vereinfachung von Materialwechseln, und 1.f, Reduzierung des Aufwandes für Pulverhandling, wurde kein Kostensenkungseinfluss ermittelt. Für Maßnahme 1.f wird dies unmittelbar aus den nicht variierten Parametern klar; bei Maßnahme 1.c führt der Experimentaufbau mit unbegrenzten Kapazitäten dazu, dass grundsätzlich keine Maschinen umgerüstet werden müssen.

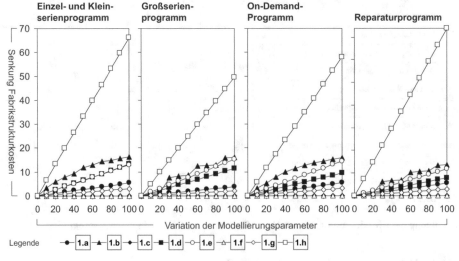

Abbildung 6-4: Kostensenkungseinfluss von Produktivitätspotenzialen – Automatisierung und Industrialisierung [%]

---

[92] Es kann zu einer geringfügigen Erhöhung der Beschichtungszeiten bei größeren Bauraumvolumen kommen, diese sind jedoch nicht im Modell berücksichtigt

Abbildung 6-5 zeigt den ermittelten Kostensenkungseinfluss der übrigen Maßnahmen der Bereiche Produktivitätssteigerung, Qualität und Prozesssicherheit, Datenverarbeitung und -schnittstellen. Die beiden Maßnahmen 2.a, Erhöhung der Volumenraten, und 2.b, Reduzierung der Beschichtungszeiten, fallen dabei besonders ins Gewicht, insbesondere im durch umfangreiche Nachbearbeitungsprozesse geprägten Großserienprogramm auch Maßnahme 2.c, Erhöhung Produktivität nachgelagerter Schritte. Es schließen die Maßnahmen der Qualität und Prozesssicherheit an, die je Maßnahme maximal bis unter 10% der Fabrikstrukturkosten senken können. Die beiden Maßnahmen aus dem Bereich Datenverarbeitung und -schnittstellen tragen auch bei maximaler Entfaltung ihrer Wirkung nur geringfügig zur Kostensenkung bei.

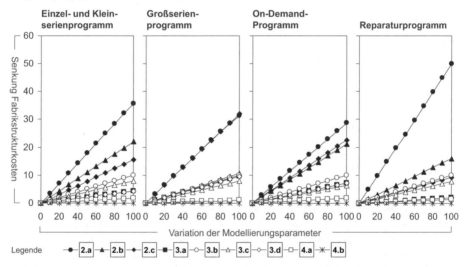

Abbildung 6-5: Kostensenkungseinfluss von Produktivitätspotenzialen – Produktivitätssteigerung, Qualität und Prozesssicherheit, Datenverarbeitung und -schnittstellen [%]

Auf Basis der ermittelten Kostensenkungseinflüsse sind im Rahmen der Beurteilung der Produktivitätspotenziale noch die praktischen Implikationen bezüglich der Priorisierung der Maßnahmen gesucht, wenn diese im Sinne von Forschungs- und Entwicklungsprojekten umgesetzt werden sollen. Unter Berücksichtigung, dass die Umsetzung der Maßnahmen stets aus begrenzten Forschungs- und Entwicklungsressourcen bestritten werden müssen, bietet sich der Einsatz mehrdimensionaler Bewertungsmethoden an. Aus dem Projektmanagement sind dazu die weit verbreiteten Portfolio-Modelle bekannt, die eine gute Visualisierung anhand zuvor bestimmter und zu zwei Dimensionen aggregierter Bewertungskriterien bieten [Kun05, S. 124]. Die verwendeten Kriterien ergeben sich zumeist aus einer Nutzen- und einer Aufwandskomponente. HANNSEN/REMMEL, vgl. [HaRe94], sowie REISS, vgl. [RaRe13], schlagen die Dimensionen *Beitrag zum Unternehmenserfolg* und internes *Projektrisiko (Komplexität)* vor [Kun05, S. 147]. Unter Verwendung der vorliegenden Informationen ergibt sich der *Beitrag zum Unternehmenserfolg* direkt aus den ermittelten Kostensenkungseinflüssen. Das *interne Projektrisiko (Komplexität)* kommt der Komplexität der einzelnen Maßnahmen gleich, die in Abschnitt 2.1.5.6 abgeschätzt wurden. Die Einordnung der einzelnen Maßnahmen in ein

Portfolio aus neun Feldern ist in Abbildung 6-6 ersichtlich. Maßnahmen, die hohes Kostensenkungspotenzial bei geringem Risiko aufweisen, erhalten hohe Priorität; niedriges Potenzial bei hohem Risiko entspricht umgekehrt einer niedrigen Priorität.

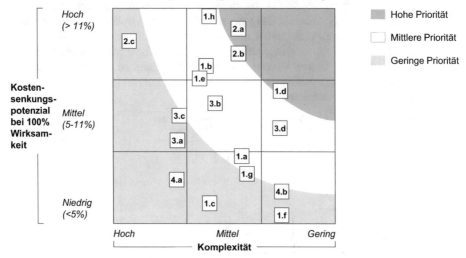

Abbildung 6-6: Priorisierung der Produktivitätsmaßnahmen

Das Heranziehen des zusätzlichen Komplexitätskriteriums bestätigt die bereits zuvor erwartete hohe Priorität der Maßnahmen 2.a, Erhöhung der Volumenraten, 2.b, Reduzierung der Beschichtungszeiten, und 1.d, Stützstrukturen automatisch entfernen. Es fällt auf, dass die Maßnahmen der Kategorie 3, Qualität und Prozesssicherheit, weitgehend mit mittlerer Priorität verfolgt werden sollten. Aufgrund des auf die gesamte Prozesskette bezogenen geringen Kostensenkungspotenzials finden sich die beiden Maßnahmen der Kategorie 4, Datenverarbeitung und -schnittstellen, im Bereich geringer Priorität wieder. Das Hinzuziehen weiterer Kriterien oder von den Betrachteten abweichender Anwendungsfälle kann zu einer Veränderung der Priorisierung führen.

6.2 Potenziale additiver Ersatzteilfertigung in der Luftfahrtindustrie

Die nachfolgende Studie Potenziale additiver Ersatzteilfertigung in der Luftfahrtindustrie wurde in Zusammenarbeit mit Satair, einem hundertprozentigen Airbus-Tochterunternehmen, entwickelt und unter [MBR+16] in ausführlicherer Form veröffentlicht. Satair ist in der Materialwirtschaft für das zivile Luftfahrtgeschäft tätig und untersucht in diesem Industriekontext die Einsatzmöglichkeit für additive Fertigung anhand konkreter Einsatzfälle.

6.2.1.1 Grundlagen und Potenziale

Die grundlegende Aufgabe der Ersatzteillogistik ist die Bereitstellung benötigter Ersatzteile am Ort der Verwendung unter Erfüllung von Zeit-, Kosten- und Qualitätsanforderungen. Dabei gilt stets das strategische Ziel, kostengünstig zu operieren, was durch die nachhaltige Reduzierung der Ersatzteilbestände und damit der Lagerhaltungskosten ermöglicht werden kann [Paw16]. In der Luftfahrtindustrie, insbesondere in der Wartung, Reparatur und Überholung (Maintenance, Repair and Overhaul, MRO) von Flugzeugen werden diese global an den verschiedenen Destinationen der Fluglinien versorgt. Bei dem in der Luftfahrtindustrie vorliegendem, hohem regulierten Qualitätsniveau der Sicherheitsanforderungen ist ein sofortiger Austausch kritischer Ersatzteile in einem weltweiten Netz eine operative Herausforderung. Zudem sind die Opportunitätskosten nicht einsatzfähiger Flugzeuge durch Verspätungen für Passagiere und Fracht, Bereitstellung von Ersatzflugzeugen und Imageschäden der Fluggesellschaft sehr hoch [RiBa17, HiOl13]. Durch fortwährende Änderungen der Flottengröße/-zusammensetzung, einer Weiterentwicklung des Flugplans und eingeschränkter Prognostizierbarkeit von Bedarfen für bestimmte Ersatzteile ergibt sich für 90% aller Ersatzteile eine sehr eingeschränkte Vorhersagefähigkeit der Bedarfe [RiBa17, SiPo09]. Das Spannungsfeld aus kurzfristigen, dringenden Bedarfen sowie stark begrenzter Vorhersagefähigkeit führt heute zu hohen Lagerbeständen in Instandhaltungsbetrieben.

Als Möglichkeit zur Verbesserung des Spannungsfelds wird hier der Einsatz additiver Fertigungsverfahren diskutiert. Das Laser-Strahlschmelzen erlangt hohe Relevanz zur Neufertigung von Ersatzteilen, da es industrielle Anforderungen hinsichtlich Genauigkeit, Oberflächenbeschaffenheit und Festigkeit am besten erfüllt [Gru15b, BGG+13]. Es ergeben sich zwei Einsatzmöglichkeiten, die im Folgenden im Detail analysiert werden:

- Neufertigung von Ersatzteilen bei Bedarfseintritt (on demand) zur Reduzierung von Lagerkosten und
- Neufertigung von Ersatzteilen in dezentralen Produktionsstätten vor Ort (on site) zur zusätzlichen Reduzierung von Transportkosten und -zeiten.

Die Einsatzpotenziale additiver Fertigungsverfahren wurden bereits in bestehender Literatur diskutiert [KPH14, LHM+14, HPT+10, HaRe08, WHY04]. Dabei liegt der Fokus auf einer Logistikkostenbetrachtung für ein Ersatzteilspektrum, wobei der Technologie ein hohes zukünftiges Potenzial für die Fertigung am Ort der Verwendung vorausgesagt wird. In der beschriebenen Situation extrem hoher Opportunitätskosten nicht einsatzfähiger Flugzeuge ist dabei die Zeit von der Bedarfsmeldung bis zum Einbau der ausschlaggebende Kostentreiber [HiOl13]. Die nachfolgende Analyse fokussiert auf die offene Forschungsfrage, inwiefern ein Leistungsniveau konventioneller Lagerhaltung mit metallischer additiver Fertigung erreicht werden kann und bewertet dazu die beiden oben beschriebenen Einsatzszenarien der Fertigung on demand und on site.

Die Reparatur von beschädigten Teilen, bei der keine gesamte Komponente ausgetauscht wird, sondern die Fehlstelle durch additiven Auftrag korrigiert wird [BGG+13] oder der Einsatz mobiler additiver Fertigungseinrichtungen sind nicht Bestandteil der nachfolgenden Betrachtungen.

6.2.1.2 Anforderungen der Ersatzteilversorgung

Die Versorgung mit Ersatzteilen in der Luftfahrt muss unter Termin- und Qualitätsgesichtspunkten zuverlässig sein und zugleich Kostenanforderungen genügen [RiBa17, Gär13]. Dieses Spannungsfeld aus Kosten einerseits und Servicegrad SG_g andererseits ist in Abbildung 6-7 dargestellt. Der Servicegrad gibt dabei den Anteil der Ersatzteilaufträge an, die mengen- und termingerecht erfüllt werden [Lut02]. Ferner sind die Logistikkosten K_{log} dargestellt, die sich aus den Lagerhaltungskosten K_{Lager} und Fehlmengenkosten K_{fehl} zusammensetzen. Bei der Diskussion alternativer Herstellungsverfahren können auch Unterschiede in den Herstellkosten wirksam werden. Da diese Unterschiede ersatzteilspezifisch in ihrer Höhe schwanken, fokussiert Abbildung 6-7 mit dem Ziel der Ableitung priorisierter Ersatzteilsegmente auf die Logistikkosten.

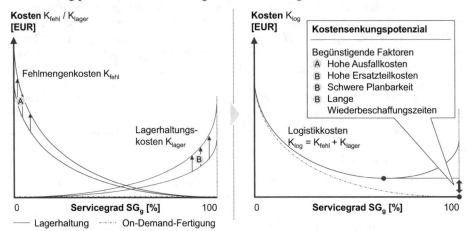

Abbildung 6-7:   Kostensenkungspotenzial von On-Demand-Fertigung gegenüber Lagerhaltung

Die optimalen Logistikkosten im Fall der Lagerhaltung liegen durch den gegensätzlichen Verlauf der beiden Teilfunktionen bei einem Servicegrad von unter 100%. Bei der On-Demand-Fertigung dagegen entfallen die Lagerhaltungskosten vollständig mit $K_{lager} = 0$, sodass der optimale Servicegrad, bei Vernachlässigung von Herstellkosten, am Rand des Definitionsbereichs bei 100% liegt. Der Vergleich zeigt ein Kostensenkungspotenzial der On-Demand-Fertigung, das durch hohe Fehlmengenkosten noch verstärkt wird.

Die Verläufe der Fehlmengenkosten und der Lagerhaltungskosten sind abhängig von der Art des jeweiligen Ersatzteils. Bauteile, deren Fehlen den weiteren Betrieb des Flugzeugs stoppen, gehen mit extrem hohen Ausfallfolgekosten für den Flugbetrieb während der Instandhaltung einher. Ebenso steigern hohe Ersatzteilkosten sowie ein höherer Inventarwert durch stark limitierte Planbarkeit das gebundene Kapital und verursachen somit steigende Kapitalkosten. Zur Auswahl derjenigen Bauteile, die das relativ höchste Kostensenkungspotenzial aufweisen, wird die in Abbildung 6-8 gezeigte Klassifizierung nach drei Kriterien verwendet, wie sie auch bei der Auswahl von Lagerhaltungsstrategien verwendet wird [SKS+15].

Das erste Kriterium stellt das nachgefragte Volumen dar. Die Klassifizierung erfolgt in einer ABC-Analyse üblicherweise anhand des kumulierten Wertanteils in A-, B- und C-Teile. Die Klassengrenzen werden nicht allgemeingültig vorgegeben. Es hat sich in der betrieblichen Praxis etabliert, die Grenzen für das Volumen der als A-Teile bezeichneten Ersatzteile auf 80% des kumulierten Gesamtwerts zu setzen (High Movers) und für B-Teile auf 95% des kumulierten Gesamtwerts. Die übrigen Teile werden entsprechend als C-Teile klassifiziert (Slow Movers) [SHB13]. Abweichend kann anstelle des Kriteriums ABC-Wertanteil auch die Anzahl der Lagerbewegungen gewählt werden [SSW13, vAv12]. Mit Blick auf additive Fertigungsverfahren, deren Wirtschaftlichkeit insbesondere bei kleinen Produktionsstückzahlen hoch ist [Ris16], wird zur zielgerichteten Analyse als Merkmal die abgerufene Stückzahl verwendet.

Der Nachfrageverlauf als Resultat einer XYZ-Analyse wird als zweites Kriterium herangezogen. Zur quantitativen Einteilung kann sowohl der (qualitative) technische Ausfallmechanismus oder der (quantitative) Variationskoeffizient $\vartheta(x) = \sigma(x) / \bar{x}$ mit den in [15] erhobenen Werten herangezogen werden. Die Analyse unterteilt in X-, Y- und Z-Teile. X-Teile ($\vartheta(x) < 1,5$) weisen einen stark gleichmäßigen und damit gut prognostizierbaren Bedarfsverlauf auf. Y-Teile ($1,5 \leq \vartheta(x) \leq 3,0$) unterliegen einer mittleren Prognosegenauigkeit. Z-Teile ($\vartheta(x) > 3,0$) sind dagegen durch einen zufälligen Nachfrageverlauf gekennzeichnet [SKS+15].

Die Kritikalität [SKS+15, vAv12], die auch als Maß für Ausfallfolgekosten des Primärprodukts [SSW13] verstanden werden kann, ist die dritte verwendete Kategorie. Die Klassifizierung erfolgt in den Bezeichnungen V*ital*, E*ssential* und D*esirable* [SKS+15, vAv12, CGM+08]. Die möglichen Ausprägungen orientieren sich im hier betrachteten Anwendungsfall an den Ausrüstungsarten der Luftfahrt. Sofern ein Ausfall eines Teils den Weiterflug verhindert (Aircraft on Ground, AOG), handelt es sich um ein V-Teil (No Go). Ist unter bestimmten, in der Mindestausrüstungsliste definierten Bedingungen (z. B. da ein redundantes System vorliegt) ein Weiterflug möglich, so liegt ein E-Teil (Go If) vor. Falls D-Teile (Go) ausgefallen sind oder fehlen, kann das Flugzeug dennoch, zumindest für einen begrenzten Zeitraum oder eine begrenzte Anzahl an Flügen, weiter betrieben werden.

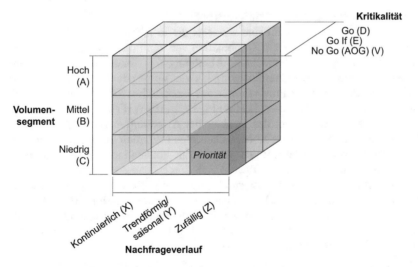

Abbildung 6-8: Klassifizierung und Priorisierung des Ersatzteilespektrums

Priorität hinsichtlich On-Demand-Fertigung kommt dem in Abbildung 6-8 entsprechend gekennzeichneten CZV-Segment zu. Bei entsprechend kleinen Volumen sind additive Fertigungsverfahren verhältnismäßig wirtschaftlich (C-Segment) [WHY04] und die Lagerhaltungskosten durch den zufälligen Nachfrageverlauf (Z-Segment) bei gleichzeitiger Anforderung sehr kurzer Beschaffungszeiten (V-Segment) hoch. Ferner entstehen in Fällen, in denen die Anforderungen nicht erfüllt werden können, hohe Fehlmengen-kosten [HPT+10, HaRe08]. Vom priorisierten Segment ausgehend ergeben sich weitere Einsatzfälle, z. B. die Abdeckung von Nachfragespitzen im Y-Segment oder größere Volumina (B-Segment), die für bestimmte Bauteilgeometrien mit additiven Fertigungs-verfahren noch wirtschaftlich gefertigt werden können.

Bei der Auswahl müssen technologische Restriktionen, beispielsweise Bauraumgrößen, zertifizierte Materialverfügbarkeit, Stützstrukturen und deren Entfernbarkeit im Post-Prozess, der zu verwendenden Fertigungsverfahren berücksichtigt werden. In diversen Anwendungsfällen ermöglicht erst die verfahrensgerechte konstruktive Optimierung von Bauteilen eine wirtschaftliche Fertigung [AtSa12].

6.2.1.3   Qualifizierung als Voraussetzung

Weiter ist für geeignete Ersatzteile zu bedenken, dass jegliche Änderung der Herstel-lungsmethode eines Bauteils eine Änderung des Bauteils und damit eine Entwicklung im Rahmen der Durchführungsbestimmung Zulassung (EU-Verordnung Nr. 748/2012) darstellt. Diese Änderung bedarf einer erneuten Zulassung im Hinblick auf die Bauvor-schriften (EASA CS-25) in einem zugelassen Entwicklungsbetrieb (EASA Part 21/J). Gleiches gilt für die Qualifikation des eingesetzten Pulvers und des Laser-Strahlschmelzprozesses. Da nur zugelassene Ersatzteile verkauft werden können, wird die Zeitdauer für die Zulassung jedoch hier nicht in den Vergleich der Prozesszeiten mit einbezogen.

6.2.1.4   Prozessketten zur Ersatzteilversorgung

Zur Bewertung der Leistungsfähigkeit sind zunächst die in Abbildung 6-9 dargestellten Grundtypen der Ablaufformen I-IV als Kombination von zentralen/dezentralen und On-Stock/On-Demand-Prinzipien zu betrachten. Abbildung 6-9 fokussiert dabei auf die Hauptprozessschritte von der Ersatzteilfertigung bis zur Verwendung im Flugzeug. Die grundlegenden Ausprägungen der Prozessketten zur Ersatzteilversorgung mittels additi-ver Fertigung wurden bereits diskutiert [LHM+14, HPT+10, WHY04]. Die verschiede-nen Varianten unterscheiden sich in der Struktur der dargestellten Hauptprozesse hin-sichtlich lokaler Gestaltung und ihrer Ablaufreihenfolge bezüglich der Bedarfsmeldung. Grundsätzlich können diese Ablaufformen jeweils mit konventionellen und additiven Fertigungsverfahren realisiert werden. Obwohl sich durch neue Ansätze der Ersatzteil-versorgung auch effiziente Unternehmensgrenzen verändern können, beispielsweise die Integration der Ersatzteilfertigung im Wartungs- und Reparaturbetrieb [LHM+14], wur-den diese in den durchgeführten Betrachtungen vernachlässigt. Bei effizienter unterneh-mensübergreifender Kommunikation sind schließlich keine Auswirkungen auf die Ab-läufe und Gestalt der Prozessketten zu erwarten.

Da der additive Fertigungsprozess in Abgrenzung zu konventionellen Fertigungsverfah-ren keine bauteilspezifischen Vorrichtungen und Betriebsmittel benötigt, entfallen Stückkostenregressionseffekte lediglich auf die Schritte der Arbeitsvorbereitung, die bei der Erstausführung eines additiven Bauvorganges erforderlich sind. Dies ermöglicht die wirtschaftliche Fertigung kleiner Stückzahlen mit kurzer Durchlaufzeit, was bei der On-Demand-Fertigung im anvisierten C-Volumensegment sowie dem Z-Nachfrageverlaufsegment besonders zum Tragen kommt [Geb13].

Um die Eignung additiver Fertigungsverfahren in der On-Demand-Fertigung zur Ersatz-teilversorgung in der Luftfahrt bewerten zu können, werden die Prozessketten III und IV mit der Prozesskette I verglichen. Prozesskette II kommt bei der Ersatzteilversorgung in der Luftfahrt in dieser Grundform für das CZV-Segment regelmäßig nicht zum Einsatz, da hohe Lagerhaltungskosten mit dem dezentralen Bestandsaufbau einhergehen. Die Teile werden regelmäßig in Warenhäusern in relativer örtlicher Nähe zu mehreren Ver-wendungsorten gelagert. Da bei dieser verwendeten Art der Lagerhaltung in Warenhäu-sern noch ein Transportschritt zum Verwendungsort anfällt, lässt sich deren Betrachtung ebenfalls auf Grundtyp I zurückführen. Als Bewertungskriterium wird dabei die in Ab-bildung 6-9 dargestellte kritische Durchlaufzeit von der Bedarfsmeldung bis zur Liefe-rung zum Verwendungsort herangezogen, da bei Nichterfüllung der Anforderungen im V-Kritikalitätssegment signifikante Ausfallkosten entstehen, die den Einsatzfall unwirt-schaftlich erscheinen lassen.

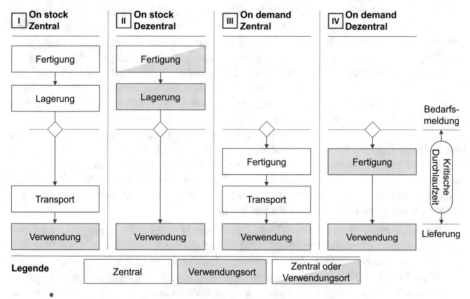

Abbildung 6-9: Betrachtete Prozessketten zur Ersatzteilversorgung

Während die Durchlaufzeiten für Lagerentnahmen und Transportschritte der Prozessket-ten I und II gegenüber dem Status Quo keine Veränderung erfahren, sind die Durchlauf-zeiten der Fertigungsschritte der Prozesskette additiver Fertigungsverfahren Bestandteil der nachfolgenden Analyse. Für das beschriebene Teilesegment ist das Laser-Strahlschmelzverfahren gut geeignet [Sch16, Gru15b] und erreicht hinsichtlich des Ein-satzes in der Luftfahrt bereits in ersten Anwendungsfällen industrielle Reife [WCC16]. Die Prozesskette des metallischen Laser-Strahlschmelzens kann in die grundlegenden Phasen Pre-, In- und Post-Prozess untergliedert und um anwendungsspezifische, nachge-lagerte Prozesse ergänzt werden, wie in Abschnitt 2.1.2 detailliert beschrieben

6.2.1.5 Eignung der additiven Fertigung für dezentrale Ersatzteilfertigung

Notwendige Voraussetzung für eine wirtschaftliche, dezentrale Ersatzteilfertigung mit additiven Fertigungsverfahren ist eine höhere kombinierte Leistungsfähigkeit hinsichtlich Durchlaufzeit-, Kosten- und Qualitätskriterien, die über dem Niveau konventioneller Lagerhaltungsprinzipien liegt. Für das fokussierte CZ-Segment liegt durch niedrige Stückzahlen und schlechte Planbarkeit grundsätzlich ein kostenseitig geeignetes Szenario für den Einsatz additiver Fertigungsverfahren vor; die Bauteilqualität wird durch die Prozesskette der additiven Fertigung abgesichert. Jedoch muss die grundsätzliche Eignung hinsichtlich Durchlaufzeiten noch im Vergleich mit den Prozessketten I-IV, siehe Abbildung 6-9, bewertet werden. Die Prozessketten III und IV werden unter Verwendung additiver Fertigung im Laserstrahl-Schmelzverfahren bestimmt. Da die Prozesskette der additiven Fertigung je nach Anforderungen der Ausgangsbauteile durch Wahl mehrerer oder weniger optionaler Schritte eine unterschiedliche Durchlaufzeit erwarten lässt, werden die beiden unterschiedlichen Bauteile a und b ausgewählt, die auch in Abbildung 6-10 dargestellt sind. Beide Bauteile sind Repräsentanten des priorisierten Segments und zeigen die Bandbreite der durchlaufzeitrelevanten Prozesskette auf. Bauteil a unterliegt hohen mechanischen Anforderungen und gilt daher beispielhaft für eine umfangreiche Prozesskette, die eine Wärmebehandlung, heißisostatisches Pressen und nachgelagerte Montageoperationen erfordert. An Bauteil b werden geringere Anforderungen gestellt, sodass lediglich Montageoperationen erforderlich sind. Es wird zunächst für beide Bauteile angenommen, dass die Prozesskette durch die Bedarfsmeldung initiiert wird und somit – neben der eingangs als absolut vorausgesetzten Qualitätsqualifizierung – keine Schritte im Vorfeld auftragsunabhängig erfolgt sind. Aufgrund der hohen angenommenen Dringlichkeit bleiben Liegezeiten zwischen den Prozessschritten vernachlässigt, sofern sie nicht geplanter Bestandteil, wie beispielsweise Abkühlzeiten nach Wärmebehandlungen, sind. Es wird angenommen, dass alle benötigten Technologien in der betrachteten Produktionsstätte vorhanden sind.

Auf Basis des ermittelten zeitwirtschaftlichen Modells wurden die Schritte der additiven Wertschöpfungskette unter Durchlaufzeitaspekten analysiert und die in Abbildung 6-10 dargestellten Zeiten ermittelt. Als Eingangsgrößen der Prozesskette werden vollständige und fehlerfreie CAD-Daten, notwendige Werkstoffe und Betriebsstoffe sowie qualifizierte Mitarbeiter angenommen. Neben den Prozesszeiten des zeitwirtschaftlichen Modells wird der Transport kritischer Teile mit wenigstens 12 Stunden, die Zeitspanne für die Entnahme von Teilen aus dem Lager bis zur Abholung durch den Spediteur mit 4 Stunden veranschlagt. Dies spiegelt die aktuellen Größenordnungen der Luftfahrtpraxis wider.

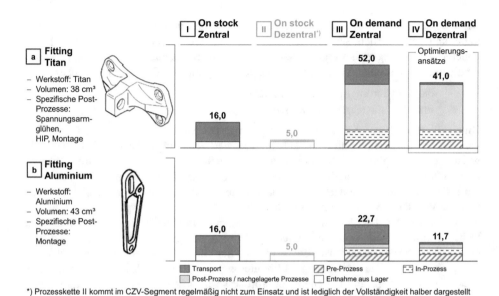

Abbildung 6-10: Durchlaufzeitvergleich verschiedener Prozessketten [Stunden]

Der Vergleich aus Abbildung 6-10 zeigt, dass die Durchlaufzeiten der additiven Prozessketten III und IV im Falle des mechanisch höher beanspruchten Bauteils a erheblich über denen der konventionellen Prozessketten I und II liegen. Durch die weniger umfangreiche Prozesskette sind die Durchlaufzeiten der On-Demand-Fertigung für Bauteil b erheblich geringer. Bei der dezentralisierten Variante IV liegt die Durchlaufzeit unter den angenommenen Bedingungen in einer Größenordnung mit der zentralisierten Lagerhaltung, Variante I. Der Vergleich verdeutlicht, dass additive Fertigungsverfahren das Potenzial haben, die zentrale Lagerhaltung im definierten Ersatzteilsegment zu ersetzen. Mit steigendem Bauteilvolumen und -anforderungen steigen die jeweiligen Prozesszeiten. Um das Durchlaufzeitniveau dezentraler Lagerhaltung zu erreichen, sind für anspruchsvolle Bauteile noch technologische Verbesserungen erforderlich, die nachfolgend betrachtet werden.

6.2.1.6 Möglichkeiten zur Senkung der Durchlaufzeiten

Die hohe Durchlaufzeit von Bauteil a ist bei additiver Fertigung maßgeblich durch hohen Aufwand im Post-Prozess getrieben. Es schließt sich daher die Frage an, ob das Durchlaufzeitniveau der additiven Fertigung das Niveau der konventionellen Lagerhaltung mit technischen und ablauforganisatorischen Maßnahmen erreichen kann. Abbildung 6-11 verdeutlicht den Einfluss verschiedener Maßnahmen auf die Durchlaufzeit des Gesamtprozesses.

Zur Reduzierung der Durchlaufzeit ab der Bedarfsmeldung ist es erforderlich, durch ablauforganisatorische Maßnahmen auftragsunabhängige Vorbereitungen zu treffen:

–   bedarfsentkoppelte Datenvorbereitung
–   bedarfsentkoppelte Rüstzeit

Diese beiden Maßnahmen können bereits mit der Generation heutiger Maschinentechnologie umgesetzt werden, sie erfordern insofern keine technischen Entwicklungen. Einem höheren Umsetzungsrisiko unterliegen zwei Verbesserungspotenziale, welche gleichzeitig die größten Durchlaufzeitpositionen bei der Fertigung von Bauteil a ausmachen:

- Parallelisierung Spannungsarmglühen
- Entfall heißisostatisches Pressen

Hinsichtlich des Prozessschritts Spannungsarmglühen werden zwei Ansätze vorgeschlagen: Erstens durch einen direkten, spannungsarmen Fertigungsprozess, wie er beispielsweise durch temperierte Maschinenbauräume [BSM+11] ermöglicht wird. Zweitens durch Integration in das heißisostatische Pressen. Während in üblicherweise verwendeten Prozessen unter Kostenaspekten zunächst die Werkstücke von der Plattform entfernt und zur Vermeidung von Verzug durch Eigenspannungen vorher spannungsarm geglüht werden, lässt sich bei der Anforderung niedriger Durchlaufzeiten ohne Einbußen an bisher ermittelten Materialkennwerten [HSW+16] bei geeignetem Spannungszustand ebenfalls ein direktes heißisostatisches Pressen der Gesamtheit aus Plattform und Werkstück realisieren. Die vollständige Eliminierung des Prozessschritts heißisostatisches Pressen durch Integration in den Generierprozess selbst erscheint aufgrund der notwendigen technischen Vorkehrungen für die hohen erforderlichen Drücke und Temperaturen weniger geeignet. Eine Eliminierung ist vielmehr nur dann möglich, wenn die Bauteilanforderungen, im Wesentlichen die dynamische Beanspruchbarkeit, gegebenenfalls nach einer Designoptimierung ohne diesen Prozessschritt erfüllt werden können. Mit einer bauteilspezifischen Bewertung kann im positiven Fall die Durchlaufzeit verringert werden.

Abbildung 6-11 zeigt, dass bei vollständiger Wirksamkeit aller Maßnahmen das Niveau der zentralen Lagerhaltung, Prozesskette I, sogar noch unterschritten wird und so auch das höher beanspruchte Bauteil b dezentral gefertigt werden kann. Eine wirtschaftliche Umsetzung dezentraler Ersatzteilfertigung für ein breites Ersatzteilspektrum profitiert von einer weiteren Reduzierung der Differenz aus Anforderung und Zielwert: Einerseits, da die Realisierung der Maßnahmen zur Durchlaufzeitreduzierung in einigen Fällen einem Risiko unterliegt und andererseits, weil die Fertigung von Bauteilen mit größerem Volumen eine erhöhte In-Prozesszeit benötigt.

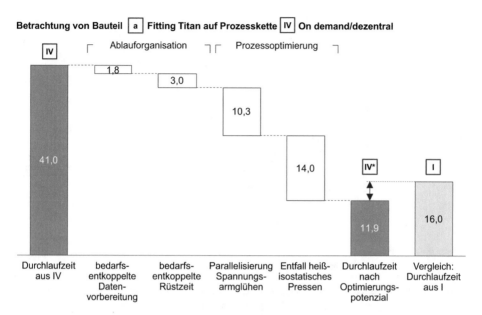

Abbildung 6-11: Potenziale zur Senkung der Durchlaufzeit [Stunden]

Neben den zukünftig zu erwartenden Produktivitätssteigerungen von Laser-Strahlschmelzmaschinen [Sch16] muss dazu auch die Spanne zwischen Bedarfsmeldung und Verwendung adressiert werden. Vorbeugende bzw. vorhersagende Ansätze der Instandhaltung [SSW13] werden hier einen entscheidenden Beitrag zur Durchsetzung dezentraler Ersatzteilfertigung leisten. Zudem ist die Kombination aus Lagerhaltung und additiver Fertigung möglich. Durch die reduzierten Wiederbeschaffungszeiten können so Bestände abgesenkt werden. Durch die Kombination dieser Ansätze wird eine Ausweitung der Einsatzmöglichkeiten über das CZV-Segment hinaus erreicht, siehe Abbildung 6-12.

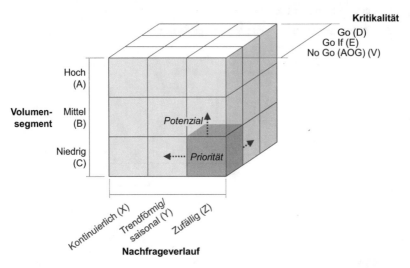

Abbildung 6-12: Entwicklungspotenzial des mit additiven Fertigungsverfahren adressierbaren
Ersatzteilespektrums

6.2.1.7 Zusammenfassung

Es wurde das Ersatzteilsegment der Luftfahrtindustrie priorisiert, für dessen dezentrale
Ersatzteilfertigung auf Basis des Laser-Strahlschmelzprozesses wirtschaftliche Argu-
mente gegeben sind. Anhand eines beispielhaften Bauteils, welches durch geringe mechanische Anforderungen mit wenigen Schritten gefertigt werden kann, wurde gezeigt,
dass eine dezentrale additive Prozesskette Durchlaufzeiten erreichen kann, die mindestens auf dem Niveau zentraler Lagerhaltung liegen. Für ein hochbeanspruchtes Beispiel-
teil mit umfangreicheren Nachbearbeitungsschritten hat die durchgeführte Analyse gezeigt, dass eine On-Demand-Fertigung bei aktueller Auslegung der Prozesskette den
Durchlaufzeitanforderungen zwar noch nicht genügt; die vorgeschlagenen Maßnahmen
können diesen Sachverhalt bei vollständiger Wirksamkeit jedoch umkehren und zu einer
verkürzten Durchlaufzeit der additiven Fertigung führen. Für die langfristig gegebene
Wirtschaftlichkeit dezentraler Ersatzteilfertigung wird eine weitere Erhöhung der Maschinenproduktivität sowie vorbeugende bzw. vorhersagende Ansätze als notwendig
erachtet. Eine zukünftige Produktivitätssteigerung wird erwartet, was die additive Ersatzteilfertigung in den beschriebenen Prozessketten begünstigt und die Ausweitung der
Anwendungsmöglichkeiten begründet.

7 Anwendung und praktische Validierung

7.1 Anwendung der Methode zur Gestaltung von Fabrikstrukturen für die additive Fertigung

Die Methode zur Gestaltung von Fabrikstrukturen für die additive Fertigung wurde für die industriepraktische Nutzung konzipiert. Für den typischen Anwendungsfall im Rahmen der Fabrikplanung wird in diesem Abschnitt ein Projektplan skizziert. Anschließend werden verschiedene Fallbeispiele mit Beteiligung von Wirtschaftsunternehmen beschrieben, in denen die Methode zum Einsatz gekommen ist.

7.1.1 Projektplan für die Anwendung im Rahmen einer Fabrikplanung

Zur Anwendung der Methode in der Industriepraxis kommt es neben der korrekten fachlichen Anwendung auf einen logisch strukturierten Projektablauf und die Einbindung der geeigneten Mitarbeiter des Unternehmens an. Dies sichert ab, dass das benötigte, häufig personengebundene Wissen eingebracht und getroffene Festlegungen und Entscheidungen sowohl durch die Führungs- als auch die Umsetzungsebene getragen wird.

Mitarbeiter der folgenden Funktionen sollen an einem Projekt zur Gestaltung von Fabrikstrukturen für die additive Fertigung beteiligt sein:

- die Produktionsfunktion ist hauptverantwortlich und durchgängig an allen Schritten und an der Modellanpassung beteiligt, da sie sowohl die Anforderungen als auch den Lösungsraum aus der Erfahrung einschätzen kann und zudem die weiteren Umsetzungsschritte für die Auswahlvariante begleitet,
- die Vertriebsfunktion unterstützt die Erhebung des Produktionsprogramms, Schritt 1, durch Einbringung von Markt- und Kundenwissen zur Bestimmung des Absatzprogramms,
- die Forschung und Entwicklungsfunktion unterstützt die Erhebung von Produktionsprogramm und -prozessfolge, Schritte 1 und 2, durch Produkt- und Prozesswissen und kann diesbezüglich die Auswirkungen zukünftiger Produktneuentwicklungen und Änderungen abschätzen,
- der strategische Einkauf unterstützt bei der Ermittlung des Produktionsprogramms, Schritt 1, indem er bisherige Fremdvergabeumfänge bezüglich Eigenfertigung in der additiven Fabrikstruktur bewertet und den Zuliefermarkt hinsichtlich Verfügbarkeit, Lieferzeiten und Preisen bei der Auswahl von Varianten der Wertschöpfungstiefe, Schritt 5 und Modellanpassung, einschätzt
- die Unternehmensführung, je nach Führungsstruktur Bereichs- oder Gesamtunternehmensleitung, ist an der Anforderungsermittlung beteiligt, Schritt 1, da dort der Lösungsraum als Basis für das Projekt aufgespannt wird; sie entscheidet ferner bei der Auswahl, Schritt 7, über das hohe mit der Fabrikstruktur verbundene Investitionsvolumen,
- zusätzlich sollten Fachexperten mit Methodenkenntnis das gesamte Projekt, Schritte 1-7 und Modellanpassung, unterstützen und durch Erfahrungswissen die Anwendung beschleunigen.

© Springer-Verlag GmbH Deutschland, ein Teil von Springer Nature 2018
M. Möhrle, *Gestaltung von Fabrikstrukturen für die additive Fertigung*,
Light Engineering für die Praxis, https://doi.org/10.1007/978-3-662-57707-3_7

Abbildung 7-1 zeigt einen möglichen Projektablauf, der innerhalb von rund acht Projektwochen eine Fabrikstruktur hervorbringt. Die dargestellten Phasendauern sind bei professioneller Projektorganisation durch ein erfahrenes Projektteam realisierbar und können je nach Erfahrung, terminlichen Anforderungen und möglicher Bearbeitungsintensität angepasst werden. Die drei Hauptschritte Anforderungsermittlung, Strukturvariantenbildung und Variantenauswahl finden sequentiell statt; die Ergebnisse der jeweils vorherigen Phase werden in den nachfolgenden Phasen benötigt; treten Schwierigkeiten bei der Finalisierung auf, können bei der Anforderungsermittlung (konservative) Annahmen getroffen werden bzw. nach dem zweiten Abschnitt zusätzliche Strukturvarianten zur Bewertung definiert werden. Zum Vergleich: Unter Verwendung konventioneller Planungsmethoden wurde die Durchlaufzeit der Planung auf rund 3-5 Monate beziffert [Agg87, S. 90].

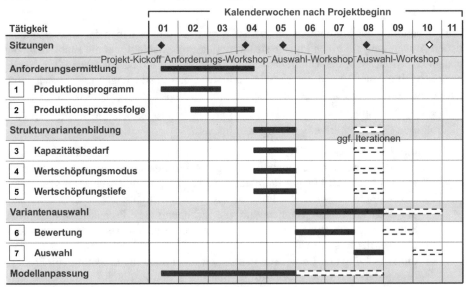

Abbildung 7-1: Projektablauf zur Gestaltung von Fabrikstrukturen für die additive Fertigung

Der Projektablauf beginnt mit einer gemeinsamen Sitzung zum Projekt-Kickoff, in der Arbeitsabläufe, relevante Termine, Projektorganisation und Verantwortlichkeiten der Teilnehmer festgelegt werden. Es folgt die Phase der Anforderungsermittlung, in der das Produktionsprogramm und die Produktionsprozessfolge erhoben werden. Eine Parallelisierung der Abläufe ist teilweise möglich, indem für bereits definierte oder für im Projektkontext zu erwartende Anteile des Produktionsprogramms begonnen wird, die Prozessfolge zu bestimmen. Die Festlegung der Anforderungen erfolgt mit dem Projektteam in einem Anforderungs-Workshop. Im Anschluss werden Strukturvarianten gebildet, wobei parallel die zu berücksichtigenden Varianten hinsichtlich Kapazitätsbedarf, Wertschöpfungsmodus und -tiefe gewählt und in einem Auswahl-Workshop verabschiedet werden. Diese Phase kann in verkürzter Form erneut stattfinden, falls im Rahmen des nachfolgenden Hauptschritts relevante Bereiche der Pareto-Front detaillierter betrachtet werden müssen. Es schließt der Hauptschritt zur Variantenauswahl an, der mit der Bewertung im Sinne der computergestützten Experimentdurchführung beginnt. Die zeitliche Dauer ergibt sich direkt aus der benötigten Rechenzeit, die durch eine fokussierte Strukturvariantenbildung und durch ein leistungsfähiges EDV-System gesenkt werden kann. Der zunehmende Einsatz von Cloud-Computing ermöglicht in Verbindung mit der Eignung des in der Implementierung verwendeten Simulationstools den flexiblen Abruf sehr hoher Rechenleistungen. Auf Basis der ermittelten Pareto-Fronten wird die anforderungsgerechte Fabrikstruktur anschließend in einem Auswahl-Workshop gewählt.

Vor, während und im Hinblick auf Folgeaktivitäten nach der Projektlaufzeit kann es erforderlich werden, das Modell zur Bewertung von Fabrikstrukturen an veränderte technologische Bedingungen, z. B. Produktivitätsentwicklung, Hinterlegung konkreter Maschinenvarianten, und marktseitige Bedingungen, z. B. Lieferzeiten und Preise von Lieferanten, anzupassen.

7.1.2 Fallbeispiel: Layoutplanung (Deutsche Bahn)

Für die Deutsche Bahn ergeben sich konzernweit verschiedene Einsatzgebiete für additive Fertigungsverfahren. Dazu zählt im gegebenen Kontext langlebiger Investitionsgüter v. a. die Versorgung mit Ersatzteilen für die Fahrzeuginstandhaltung. Lieferanten, die über die Lebenszyklen der Fahrzeuge ihr Geschäft oder den relevanten Fertigungsbereich aufgegeben haben, und der für viele Ersatzteile sporadische Bedarf nach Einzelstücken stellen eine Herausforderung dar, die sich in hohen Kosten äußern kann. Die relativ geringen Durchlaufzeiten und Kosten bei kleinen Stückzahlen lassen additive Fertigungsverfahren geeignet erscheinen.

Grundlage dieses Fallbeispiels ist ein durchgeführtes Projekt zur Planung einer Fabrik für die Weiterentwicklung und Erprobung der Fertigungstechnologie bei der Deutschen Bahn mit dem Ziel, ein geeignetes Fabriklayout zu gestalten und einen Finanzplan zu entwickeln. Dazu wurden in den drei in Abbildung 7-2 gezeigten Schritten die Anforderungen ermittelt, die Fabrikstruktur gestaltet und anschließend in ein Layout überführt sowie visualisiert.

Anforderungsermittlung
(Beispiel: Ableitung der Produktionsprozessabfolge)

Werkstoff	Aluminium		Stahl		Titan	
Fertigungsgerechte Wärmebehandlung	Spannungsarmglühen oder Vorwärmung		Spannungsarmglühen		Spannungsarmglühen	
Schwingfestigkeit* Ti-6Al-4V [MPa]	< 200-210	bis 330		bis 400		bis 680
Prozesse	Spannungsarmglühen	Lösungsglühen/ Auslagern		Lösungsglühen/ Auslagern/Schlichten		HIP/Polieren
Allgemeintoleranzen ISO 2768-1	v (sehr grob)	c (grob)		m (mittel)		f (fein)
Prozessfolge	Unbearbeitet			Nachbearbeitung		
Oberflächengüte Mittenrauwert R_a [µm]	5 – 12	2,5 – 6,5	3,2	1,6	0,1	0,012 – 0,4
Prozessfolge	unbearbeitet	Strahlen	Schruppen	Schlichten	Flach-umf.-schleifen	Polierschleifen

*) σ_{max} bei 10^7 Lastwechseln und Ruhegrad $R = 0,1$ [Gewählte Ausprägung]

Fabrikstrukturgestaltung
(Beispiel: Gestaltung der Wertschöpfungstiefe für Fabrikelemente im In-Prozess)

4 In-Prozess	Anlagenbezeichnung	Wertschöpfungsgestaltung		
		Fabrik intern	DB-intern	Fremdbezug
Bauraum vorbereiten (Montage/Beschichter)	**Additive Maschinen** Maschinentyp 1	√	–	–
Baujob generieren	Maschinentyp 2	√	–	–
Pulver entfernen				
Plattform entfernen	Auspack- und Aufbereitungsstation Typ 1 Standard	√	–	–
Prozesskammer reinigen	Vakuum-Sauger mit Nassabscheider	√	–	–

√: Ausgewählte Option

Fabriklayout und Visualisierung
(Beispiel: Aufsicht der visualisierten Fabrik)

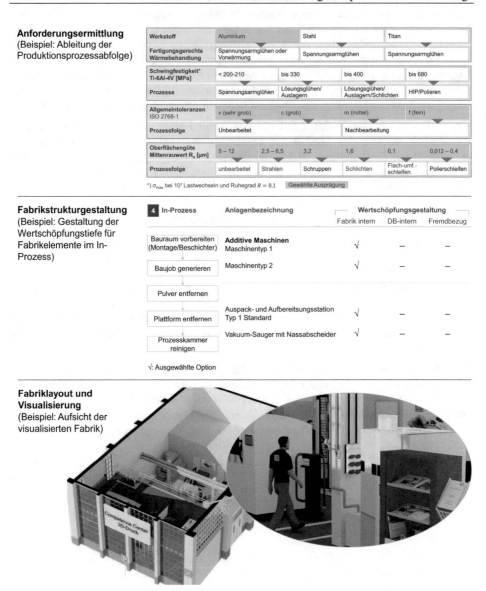

Abbildung 7-2:   Schritte der Methodenanwendung am Fallbeispiel der Deutschen Bahn

Im Rahmen der Anforderungsermittlung konnten das relevante Produktionsprogramm erfasst und die Produktionsprozessfolge bestimmt werden, wobei dem Vorgehen der Methode entsprochen wurde. Anschließend wurde die Fabrikstruktur gestaltet, indem für alle benötigten Fabrikelemente die benötigte Kapazität festgelegt wurde. Da die Fabrikstruktur als Bestandteil eines bestehenden Produktionsstandortes geplant wurde, wurde für die benötigten Kapazitäten neben den beiden Optionen der Eigenfertigung und Fremdvergabe für ersteres auch festgelegt, ob die Fertigung innerhalb der geplanten

Fabrikstruktur, innerhalb des Produktionsstandortes oder an anderer Stelle des Produktionsnetzwerkes erfolgen soll. Für die gestaltete Fabrikstruktur wurde ferner das Fabriklayout gestaltet und visualisiert.

Im Fallbeispiel wurde ein bestehendes Fabrikgebäude umgeplant, sodass bei der Erstellung des Reallayouts ein bestehender Gebäudegrundriss und -infrastruktur berücksichtigt wurden. Unter Beachtung des geplanten Reallayouts und der Anforderungen an die sekundäre Fabrikstruktur wurde dafür ein Anpassungskonzept entwickelt. Aus der geplanten Fabrikstruktur wurde zur Unterstützung der Umsetzungsentscheidung auf Basis von Investitionen und Betriebskosten ein Finanzplan erstellt.

7.2 Anwendung für die Ermittlung von Produktivitätspotenzialen für die Prozesskette der additiven Fertigung am Fallbeispiel einer Szenarioanalyse

Bei der strategischen Technologieplanung eines Technologie-Startups[93] der Mobilitätsbranche kommt dem Einsatz additiver Fertigungsverfahren für ausgewählte Komponenten hohe Bedeutung zu. Um im Rahmen der finanziellen Geschäftsplanung möglichst realitätstreue Annahmen über Produktionskosten und notwendige Fabrikelemente mit den resultierenden Investitionen treffen zu können, war die Betrachtung praxisnaher Betriebszustände einer vollständigen additiven Prozesskette erforderlich. Um die zukünftige Weiterentwicklung der technologischen Leistungsfähigkeit abbilden zu können, mussten verschiedene Szenarien bewertet werden.

Das Modell zur Bewertung von Fabrikstrukturen für die additive Fertigung konnte im Rahmen eines Projekts auf die beschriebene Problemstellung angewendet werden, um die Produktionskosten für die vollständige Fertigungsprozesskette des Laser-Strahlschmelzens im Stand der Technik und für verschiedene Zukunftsszenarien zu bewerten. Dazu wurde im ersten Schritt ein automobilspezifisches Produktionsprogramm mit Produktionsprozessfolge definiert. Anschließend wurden Zukunftsszenarien für die Jahre 2020 und 2025 entwickelt, indem technische Veränderungen hinsichtlich ihrer Auswirkung auf die Leistung der Fabrikelemente beurteilt wurden. Ferner unterliegen die zu fertigenden Produkte ebenfalls Veränderungen, die entsprechenden Eingang im Produktionsprogramm erhalten. Um eine universelle Bezugsgröße für die finanzielle Geschäftsplanung zu erhalten, wurden die aus der Szenarioanalyse resultierenden Kosten in massespezifische Produktionskosten umgerechnet, wie in Abbildung 7-3 dargestellt. Diese erhalten genau genommen ihre Gültigkeit zwar nur für die modellierten Produktionsprogramme, durch das auch im Modell abgebildete Streben nach hoher Auslastung für die einzelnen Baujobs sind diese Werte jedoch sehr robust gegen Abweichungen.

---

[93] Unternehmensname aus Vertraulichkeitsgründen ungenannt

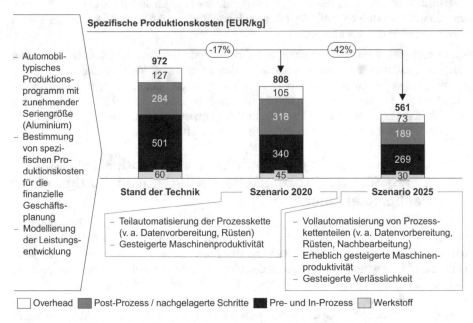

Abbildung 7-3: Fallbeispiel: Szenarioanalyse für ein Technologie-Startup

Durch die im Modell zur Bewertung von Fabrikstrukturen für die additive Fertigung realisierte Flexibilität bezüglich der Eingangsdaten konnten die Szenarien in sehr kurzer Zeit von einigen Stunden modelliert werden. Die Ergebnisse berücksichtigen durch den Einsatz dynamischer, ereignisorientierter Simulation erheblich detaillierter die realen Prozessabläufe, als dies bei statischen Rechnungen der Fall ist. Durch die Parametrisierung der Leistungsfähigkeit auf Ebene einzelner Fertigungsabläufe konnten erwartete technische Veränderungen, z. B. Erhöhung der Belichtungszeiten oder Verkürzung der Datenvorbereitung, detailliert in die Szenarien eingebracht werden.

8 Schlussbetrachtungen

8.1 Zusammenfassung der Ergebnisse

Metallische additive Fertigungsverfahren sind besonders für Produkte hoher geometrischer Komplexität und geringer Stückzahlen wirtschaftlich. Getrieben durch den zunehmenden Bedarf an komplexen Produkten z. B. für Leichtbauteile in der Luftfahrtindustrie sowie Einzelstücken und Kleinserien z. B. für das Prototyping oder die Fertigung von Ersatzteilen hat sich der Maschinenabsatz für das Verfahren mit einem jährlichen Wachstum von über 40% in den vergangenen Jahren stark positiv entwickelt. Es ergeben sich im aktuellen Zustand jedoch zwei Defizite, die eine fortschreitende Industrialisierung des Fertigungsverfahrens hemmen können.

Erstens: Fertigungsbetriebe für additive wie auch für konventionelle Fertigungsverfahren müssen unter wirtschaftlichen Gesichtspunkten agieren und Zeit-, Kosten- und Qualitätsziele erfüllen. Um dies zu erreichen, muss die Fertigung in einer anforderungsgerechten Fabrikstruktur erfolgen, da diese maßgeblich für die Wirtschaftlichkeit der Fertigung ist. Dedizierte Kenntnisse über oder gar Methoden zur Gestaltung von Fabrikstrukturen für die additive Fertigung sind jedoch bisher nicht dokumentiert, was im Status Quo hohe individuelle Aufwände für die Fabrikplanung bedeutet und zur Fehlgestaltung führen kann. Die mögliche Folge sind hohe Kosten oder unzureichende Lieferzeiten, was den langfristigen wirtschaftlichen Erfolg eines Unternehmens aufs Spiel setzt.

Zweitens: Die additiven Fertigungsverfahren sind eine relativ junge Fertigungstechnologie, die derzeit nur in den oben beschriebenen Nischenanwendungen wettbewerbsfähig sind. Zur umfassenden Verbesserung der Produktivität der Prozesskette werden umfangreiche Forschungs- und Entwicklungsaktivitäten durchgeführt bzw. hinsichtlich Durchführung geplant. Für eine effiziente Mittelverwendung muss dabei auf diejenigen Schritte fokussiert werden, deren Verbesserung das höchste Leistungspotenzial für die gesamte Prozesskette verspricht. Der Mangel umfassender Analysen der additiven Prozesskette unter Berücksichtigung realitätsnaher Fertigungssituationen führt dabei jedoch zu einem Erkenntnisdefizit und kann Fehlallokationen begünstigen.

Zur Lösung beider Defizite greift diese Arbeit auf ein Fabrikmodell zurück, das als Werkzeug zum Erkenntnisgewinn genutzt wird. Ausgehend von empirischen Beobachtungen wurde ein ereignisorientiertes Modell zur Bewertung von Fabrikstrukturen für die additive Fertigung erstellt, mit dem sich für eine definierte Fabrikstruktur bei einem gegebenen Produktionsprogramm bewerten lässt, zu welchen Kosten und Durchlaufzeiten die Fertigung erfolgen kann. Durch umfangreiche Validierung wurde die Funktion des Modells aus der theoretischen und praktischen Perspektive abgesichert.

Um das erste Defizit zu lösen, wurde eine praxisnahe Methode zur Gestaltung von Fabrikstrukturen für die additive Fertigung entwickelt und ihre Anwendung anhand verschiedener Einsatzzwecke demonstriert. Zur Gewährleistung der Weiterverwendbarkeit wurden dabei die Besonderheiten der Fertigung von Einzel- und Kleinserien sowie Großserien, in On-Demand-Fällen und der Reparatur von Bauteilen in die Betrachtung aufgenommen. Die Methode ermittelt in sieben Teilschritten die Anforderungen an die Fabrikstruktur und bereitet sie auf. Es folgt die systematische Bildung von Strukturvarianten, bei der für die Anwendung relevante Optionen für Kapazitätsbedarf, Wertschöp-

© Springer-Verlag GmbH Deutschland, ein Teil von Springer Nature 2018
M. Möhrle, *Gestaltung von Fabrikstrukturen für die additive Fertigung*,
Light Engineering für die Praxis, https://doi.org/10.1007/978-3-662-57707-3_8

fungsmodus und Wertschöpfungstiefe in ein faktorielles Experiment überführt werden. Nach der Bewertung durch das Modell kann die Auswahl der Ziel-Fabrikstruktur mit Kenntnis über die Leistungsfähigkeit erfolgen. Bereits anhand der zur Demonstration genutzten Produktionsprogrammklassen wurde die Erkenntnis gewonnen, dass die jeweils anforderungsgerechte Gestaltung der Fabrikstruktur v. a. aus zwei Gründen unerlässlich ist

- Unterschiedliche Konstruktions-, Technologie- und Planmerkmale führen zu stark unterschiedlichen Ausprägungen der Fabrikstruktur und den verbundenen Produktionskosten. Sowohl in der Phase der Investitionsbewertung als auch in der Planung der Fabrik muss dies berücksichtigt werden. Bei gleicher Durchlaufzeitpositionierung können nur durch den Unterschied des Produktionsprogramms die Kosten um den Faktor 2 unterschiedlich sein, obwohl die gleiche Masse an Fertigteilen produziert wird.
- Die stark reziproke Korrelation aus Durchlaufzeit und Kosten der häufig mit dem Beiwort Rapid bezeichneten additiven Fertigungsverfahren im Bereich kurzer Durchlaufzeiten. Wird bei der Zielsetzung kurzer Durchlaufzeiten nicht mit ausreichend Kapazität geplant oder bei Zielsetzung geringer Kosten mit einer zu hohen Kapazität, sind Liefer- und Wirtschaftlichkeitsprobleme die Folge. Wird die durchschnittliche Ziel-Durchlaufzeit im betrachteten On-Demand-Einsatzfall z. B. von 7,5 auf 10,5 Tage erhöht, so können die jährlichen Kosten der Fabrikstruktur nahezu halbiert werden.

Zur Lösung des zweiten Defizits wurde das Kostensenkungspotenzial von Produktivitätssteigerungen entlang der Prozesskette der additiven Fertigungsverfahren ermittelt. Die Betrachtung der einzelnen Rüst- und Prozessschritte offenbart hohe Kostensenkungspotenziale der Beschichtungs- und Belichtungszeit der Maschine. Es schließen sich in absteigender Reihenfolge die nachgelagerten Schritte heißisostatisches Pressen, Stützstrukturen entfernen, sowie manuelle Schritte an Bearbeitungszentren und Qualitätssicherungsmaschinen an. Verschiedene Produktivitätpotenziale adressieren einen oder mehrere der genannten Prozessschritte und z. T. weitere Parameter. Daher wurde auf dieser Basis für einige öffentlich verfolgte Maßnahmen eine Priorisierung vorgenommen. Die Analysemethode und die als Ausschnitt aller möglichen Maßnahmen zu verstehenden Ergebnisse helfen, Forschungsmittel effizient zu allokieren.

Die Funktion und die praktische Verwendbarkeit konnten in verschiedenen Fallbeispielen nachgewiesen werden. In Zusammenarbeit u. a. mit der Deutschen Bahn und Satair konnten in kurzer Zeit Fabrikstrukturen gestaltet und Zukunftsszenarien bewertet werden. Durch die Anwendung in der betrieblichen Praxis erhalten nicht nur die einzelnen Unternehmen wirtschaftliche Vorteile. Die so unterstützte Verbreitung additiver Fertigungsverfahren trägt ebenfalls zur Weiterentwicklung der Technologie und deren Anwendung bei. In der Quintessenz ergibt sich so ein Beitrag zur Wirtschaftsentwicklung.

8.2 Ausblick für Praxis und Forschung

An die erzielten Forschungsergebnisse knüpfen sich verschiedene Folgeaktivitäten an, die sowohl die betriebliche Praxis als auch die anwendungsnahe Forschung betreffen. Diese lassen sich gut anhand der in Abbildung 8-1 dargestellten Fabrikarchitektur Bionic Smart Factory 4.0 beschreiben, die als Konzept für die additive, dezentrale Fertigung

unter Verwendung von Industrie 4.0-Komponenten gilt, vgl. [EMM+17], und gewisser-
maßen eine Vision der Zukunft der additiven Fertigung darstellt. Die Implementierung
der entstandenen Inhalte bietet sowohl für das Datensystem als auch das Fertigungssystem der Bionic Smart Factory 4.0 Mehrwert.

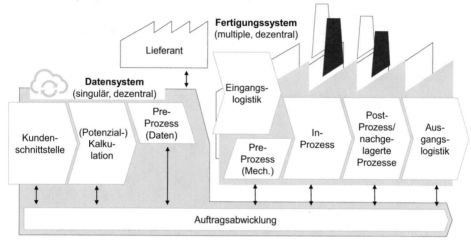

Abbildung 8-1: Anknüpfende Forschungsfelder in der Bionic Smart Factory 4.0

Im Datensystem sollen die ermittelten Konzepte für die Kalkulation verwendbar gemacht werden. Der ermittelte, hohe Einfluss der Durchlaufzeit auf die Kosten der Fabrikstruktur muss im Sinne einer verursachungsgerechten Kalkulation auf Produkte her-
untergebrochen und die Ziel-Durchlaufzeit mit eingepreist werden. Vergleichbare liefer-
zeitabhängige Preiskalkulationen werden beispielsweise seit langem in der Leiterplatten-
herstellung angewendet, vgl. [Löd16, S. 23f.]. Um verlässliche Zusagen machen zu können, ist in diesem Rahmen eine genaue Kenntnis des kurz- und mittelfristigen Produkti-
onsplans notwendig.

Dies leitet zum nächsten Handlungsfeld über: Um präzise Vorhersagen zur Lieferfähigkeit machen zu können und Optimierungen in der Produktionsplanung zulassen zu können, soll das ereignisorientierte Simulationsmodell zum Aufbau eines Produktionspla-
nungs- und Steuerungssystem verwendet werden. Im Sinne eines digitalen Zwillings
würde das Modell den Zustand des realen Fabriksystems spiegeln; die Auswirkungen
verschiedener Entscheidungen werden experimentell bewertbar, ohne möglicherweise
schwer reversible und kostspielige Veränderungen im echten System vornehmen zu
müssen. Dabei müssen auch die Belange örtlich verteilter Fertigung berücksichtigt werden.

Im Fertigungssystem müssen die priorisierten Produktivitätspotenziale erforscht und
entwickelt werden. Dadurch verschieben sich die Potenziale, die nach jedem Optimie-
rungsschritt neu bewertet werden müssen.

Um die Güte der Simulationsergebnisse und deren Aussagefähigkeit für weitere Einsatzfelder weiter zu erhöhen, kann eine Erweiterung und Detaillierung vorgenommen werden. Eine Erweiterung um alternative Fertigungsprinzipien, wie z. B. dem Fließ- oder

Gruppenprinzip, hebt die durch das hinterlegte Werkstattprinzip entstehenden Limitationen auf. Die Betrachtung zusätzlicher Fertigungstechnologien und die zugehörige Präzisierung der zeitwirtschaftlichen Modelle steigern die Verwendbarkeit noch weiter.

Die ermittelten Zusammenhänge gelten für das metallische Laser-Strahlschmelzen und lassen sich mit geringem Anpassungsaufwand auch für die übrigen metallischen, pulverbettbasierten additiven Fertigungsverfahren, z. B. Elektronen-Strahlschmelzen, nutzen. Eine Anpassung des Modells zur Bewertung von Fabrikstrukturen für die additive Fertigung hilft, die gewonnen Erkenntnisse und Fähigkeiten auf weitere additive Fertigungsverfahren anzuwenden.

Literaturverzeichnis

[Add17]   ADDITIVE WORKS GMBH: Simulations- und Prozesssoftware für Additive Manufacturing. http://additive.works/de/.

[AGB+17]   ANDERSSON, O.; GRAICHEN, A.; BRODIN, H.; NAVROTSKY, V.: Developing additive manufacturing technology for burner repair. In: Journal of Engineering for Gas Turbines and Power, 2017, 139; S. 31506.

[Agg87]   AGGTELEKY, B.: Fabrikplanung. Werksentwicklung und Betriebsrationalisierung. Hanser, München, 1987.

[Alt12]   ALT, O.: Modellbasierte Systementwicklung mit SysML. Hanser, München, 2012.

[ASI97]   ASIM: Leitfaden für Simulationsbenutzer in Produktion und Logistik. In: ASIM-Mitteilungen, 1997.

[AST12]   ASTM International: Standard terminology for additive manufacturing technologies. ASTM International, West Conshohocken, PA, 2012.

[AtDa00]   ATKINSON, H. V.; DAVIES, S.: Invited review - Fundamental aspects of hot isostatic pressing. An overview. In: Metallurgical and materials transactions, 2000, 31; S. 2981–3000.

[AtSa12]   ATZENI, E.; SALMI, A.: Economics of additive manufacturing for end-usable metal parts. In: The International Journal of Advanced Manufacturing Technology, 2012, 62; S. 1147–1155.

[Bal15]   BALDINGER, M.: Ansätze zum Management der Additive Manufacturing Supply Chain. In: RTejournal - Forum für Rapid Technologie, 2015.

[Ban06]   BANSE, G.: Erkennen und Gestalten. Eine Theorie der Technikwissenschaften. Ed. Sigma, Berlin, 2006.

[BaSc05]   BARGEL, H.-J.; SCHULZE, G.: Werkstoffkunde. Mit 85 Tabellen. Springer, Berlin [u.a.], 2005.

[BBB+14]   BLOECH, J.; BOGASCHEWSKY, R.; BUSCHER, U.; DAUB, A.; GÖTZE, U.; ROLAND, F.: Einführung in die Produktion. Gabler, Berlin, 2014.

[BBB+16]   BAUER, D.; BORCHERS, K.; BURKERT, T.; CIRIC, D.; COOPER, F.; ENSTHALER, J.; GAUB, H.; GITTEL, H. J.; GRIMM, T.; HILLEBRECHT, M.; KLUGER, P. J.; KLÖDEN, B.; KOCHAN, D.; KOLB, T.; LÖBER, L.; LENZ, J.; MARQUARDT, E.; MUNSCH, M.; MÜLLER, A. K.; MÜLLER-LOHMEIER, K.; MÜLLER-TER JUNG, M.; SCHAEFLEIN, F.; SEIDEL, C.; SCHWANDT, H.; VAN DE VRIE, R.; WITT, G.; ZÄH, M. F.: Handlungsfelder Additive Fertigungsverfahren. Verein Deutscher Ingenieure, Düsseldorf, 2016.

[BBM+11]   BREMEN, S.; BUCHBINDER, D.; MEINERS, W.; WISSENBACH, K.: Mit Selective Laser Melting auf dem Weg zur Serienproduktion? In: Laser Technik Journal, 2011, 8; S. 24–28.

© Springer-Verlag GmbH Deutschland, ein Teil von Springer Nature 2018
M. Möhrle, *Gestaltung von Fabrikstrukturen für die additive Fertigung*,
Light Engineering für die Praxis, https://doi.org/10.1007/978-3-662-57707-3

[Bel09]   BELLER, M.: Entwicklung eines prozessorientierten Vorgehensmodells zur
             Fabrikplanung. Verl. Praxiswissen, Dortmund, 2009.

[BGB94]   BGBL BUNDESGESETZBLATT: Arbeitszeitgesetz. ArbZG, 1994.

[BGG+13]   BERGMANN, A.; GROSSER, H.; GRAF, B.; UHLMANN, E.; RETHMEIER, M.;
             STARK, R.: Additive Prozesskette zur Instandsetzung von Bauteilen. In:
             Laser Technik Journal, 2013, 10; S. 31–35.

[BGH+01]   BIEKER, T.; GMINDER, C. U.; HAHN, T.; WAGNER, M.: Unternehmerische
             Nachhaltigkeit umsetzen. Beitrag einer Sustainability Balanced Scorecard.
             In: Ökologisches Wirtschaften, 2001; S. 28–30.

[BGW11]   BRACHT, U.; GECKLER, D.; WENZEL, S.: Digitale Fabrik. Methoden und
             Praxisbeispiele. Springer, Berlin [u.a.], 2011.

[BKK11]   BIEGER, T.; KNYPHAUSEN-AUFSEß, D. zu; KRYS, C.: Innovative Ge-
             schäftsmodelle. Springer, Berlin, Heidelberg, 2011.

[Bra10]   BRANDL, E.: Microstructural and mechanical properties of additive manu-
             factured titanium (Ti-6Al-4V) using wire. Evaluation with respect to addi-
             tive processes using powder and aerospace material specifications. Shaker,
             Aachen, 2010.

[Bro10]   BROCKHOFF, K.: Marktorientierte Technikwissenschaft. In: KORNWACHS,
             K. (Hrsg.): Technologisches Wissen. Entstehung, Methoden, Strukturen.
             Springer, Berlin [u.a.], 2010; S. 183–210.

[BSH+11]   BUCHBINDER, D.; SCHLEIFENBAUM, H.; HEIDRICH, S.; MEINERS, W.;
             BÜLTMANN, J.: High power selective laser melting (HP SLM) of alumi-
             num parts. In: Physics Procedia, 2011, 12; S. 271–278.

[BSM+11]   BUCHBINDER, D.; SCHILLING, G.; MEINERS, W.; PIRCH, N.; WISSENBACH,
             K.: Untersuchung zur Reduzierung des Verzugs durch Vorwärmung bei
             der Herstellung von Aluminiumbauteilen mittels SLM. In: RTejournal -
             Forum für Rapid Technologie, 2011, 8.

[Bun00]   BUNDESMINISTERIUM DER FINANZEN. AV: AfA-Tabelle für die allgemein
             verwendbaren Anlagegüter, 2000.

[Bun01]   BUNDESMINISTERIUM DER FINANZEN. Nr. 101 der Tabellenliste: AfA-
             Tabelle für den Wirtschaftszweig "Maschinenbau", 2001.

[Bun97]   BUNDESMINISTERIUM DER FINANZEN. EBM: AfA-Tabelle Eisen-, Blech-
             und Metallwarenindustrie, 1997.

[Bur06]   Le système international d'unités (SI). The international system of units
             (SI). BIPM, Sèvres, 2006.

[CFL+17]   COSTABILE, G.; FERA, M.; LAMBIASE, A.; PHAM, D.: Cost models of addi-
             tive manufacturing. A literature review. In: International Journal of Indust-
             rial Engineering Computations, 2017, 8; S. 263–282.

[CGM+08]   CAVALIERI, S.; GARETTI, M.; MACCHI, M.; PINTO, R.: A decision-making framework for managing maintenance spare parts. In: Production Planning & Control, 2008, 19; S. 379–396.

[ChSm11]   CHIVEL, Y.; SMUROV, I.: Temperature monitoring and overhang layers problem. In: Physics Procedia, 2011, 12; S. 691–696.

[CMM+14]   CONNER, B. P.; MANOGHARAN, G. P.; MARTOF, A. N.; RODOMSKY, L. M.; RODOMSKY, C. M.; JORDAN, D. C.; LIMPEROS, J. W.: Making sense of 3-D printing. Creating a map of additive manufacturing products and services. In: Additive Manufacturing, 2014, 1-4; S. 64–76.

[Cor16]   CORDES, A.: Aufbau eines generischen Simulationsmodells für die Prozesskette additiver Fertigung. Bachelorarbeit, Hamburg, 2016.

[CuFe11]   CURRY, G. L.; Feldman, Richard, M.: Manufacturing systems modeling and analysis. Second Edition. Springer, Berlin [u.a.], 2011.

[D'A15]   D'AVENI, R. d': 3-D-Druck vor dem Durchbruch. In: Harvard Business Manager, 2015, 37; S. 18–29.

[DBK+16]   DEUSE, J.; BUSCH, F.; KREBS, M.; EROHIN, O.: Zeitwirtschaft in der industriellen Produktion. In: LOTTER, B.; DEUSE, J.; LOTTER, E. (Hrsg.): Die Primäre Produktion. Springer, Berlin [u.a.], 2016; S. 185–203.

[Deu03]   DEUTSCHES INSTITUT FÜR NORMUNG E.V. (DIN). DIN 8580: Fertigungsverfahren - Begriffe, Einteilung. Beuth, Berlin, 2003.

[Deu04]   DEUTSCHES INSTITUT FÜR NORMUNG E.V. (DIN). DIN EN 60300-3-1: Zuverlässigkeitsmanagement - Teil 3-1: Anwendungsleitfaden - Verfahren zur Analyse der Zuverlässigkeit - Leitfaden zur Methodik. Beuth, Berlin, 2004.

[Deu16]   DEUTSCHES INSTITUT FÜR NORMUNG E.V. (DIN). DIN EN ISO 17296-2: Additive Fertigung - Grundlagen - Teil 2: Überblick über Prozesskategorien und Ausgangswerkstoffe. Beuth, Berlin, 2016.

[Deu81]   DEUTSCHES INSTITUT FÜR NORMUNG E.V. (DIN). DIN 4766-2 (zurückgezogen): Herstellverfahren der Rauheit von Oberflächen - Erreichbare Mittenrauhwerte Ra nach DIN 4768 Teil 1. Beuth, Berlin, 1981.

[Deu90]   DEUTSCHES INSTITUT FÜR NORMUNG E.V. (DIN). DIN 6789-2 (zurückgezogen): Dokumentationssystematik; Dokumentensätze Technischer Produktdokumentationen (zurückgezogen). Beuth, Berlin, 1990.

[EBH+17]   EMMELMANN, C.; BECHMANN, F.; HAUCK, C.; KLEIJNEN, H.; MÖHRLE, M.: Podiumsdiskussion zum Thema Ressourcen. Booklet zum 7. Workshop der Light Alliance, Hamburg, 2017.

[Ehr12]   EHRGOTT, M.: Vilfredo Pareto and multi-objective optimization. In: Documenta Mathematica, 2012; S. 447–453.

[EMM+17]   EMMELMANN, C.; MÖHRLE, M.; MÖLLER, M.; RUDOLPH, J.-P.; D'AGOSTINO, N.: Bionic Smart Factory 4.0. Konzept einer Fabrik zur additiven Fertigung komplexer Produktionsprogramme. In: Industrie 4.0 Management, 2017; S. 38–43.

[Esc13]   ESCHEY, C.: Maschinenspezifische Erhöhung der Prozessfähigkeit in der additiven Fertigung. Utz, München, 2013.

[ESK+11]   EMMELMANN, C.; SANDER, P.; KRANZ, J.; WYCISK, E.: Laser additive manufacturing and bionics. Redefining lightweight design. In: Physics Procedia, 2011, 12; S. 364–368.

[Eur17]   EUROPEAN POWDER METALLURGY ASSOCIATION: Einführung in die PM/HIP-Technologie. Ein Leitfaden für Anwender und Konstrukteure. www.epma.com, 23.03.2017.

[Fel98]   FELIX, H.: Unternehmens- und Fabrikplanung. Planungsprozesse, Leistungen und Beziehungen. Hanser, München, 1998.

[Fis97]   FISHER, M.: What is the right supply chain for your product? In: Harvard Business Review, 1997.

[Fre12]   FREIDANK, C.-C.: Kostenrechnung. Einführung in die begrifflichen, theoretischen, verrechnungstechnischen sowie planungs- und kontrollorientierten Grundlagen des innerbetrieblichen Rechnungswesens sowie ein Überblick über Konzepte des Kostenmanagements. De Gruyter, München, 2012.

[Gär13]   GÄRTNER, H.: Herausforderungen der Materialversorgung bei der Instandhaltung unikater Flugzeuge. In: HINSCH, M.; OLTHOFF, J. (Hrsg.): Impulsgeber Luftfahrt. Springer, Berlin [u.a.], 2013; S. 53–68.

[Gau13]   GAUSEMEIER, J.: Thinking ahead the future of additive manufacturing. Innovation roadmapping of required advancements. http://dmrc.uni-pader-born.de/fileadmin/dmrc/06_Downloads/01_Studies/DMRC_Study_Part_3.pdf, 03.01.2016.

[GaWo16]   GAN, M. X.; WONG, C. H.: Practical support structures for selective laser melting. In: Journal of Materials Processing Technology, 2016, 238; S. 474–484.

[Geb13]   GEBHARDT, A.: Generative Fertigungsverfahren. Additive manufacturing und 3D Drucken für Prototyping - Tooling - Produktion. Hanser, München, 2013.

[Geb14]   GEBHARDT, A.: 3D-Drucken. Grundlagen und Anwendungen des Additive Manufacturing (AM). Hanser, München, 2014.

[GHG13]   GRIENITZ, V.; HAUSICKE, M.; GÖRZEL, S.: Systemische Fertigungsprozessmodellierung und -optimierung mit integrierter Simulation. In: DANGELMAIER, W.; LAROQUE, C.; KLAAS, A. (Hrsg.): Simulation in Produktion und Logistik. Entscheidungsunterstützung von der Planung bis zur Steuerung, 2013; S. 99–108.

[GHZ14]   GEBHARDT, A.; HÖTTER, J.-S.; ZIEBURA, D.: Impact of SLM build parame-
           ters on the surface quality. In: RTejournal - Forum für Rapid Technologie,
           2014.

[GKL+16]   GÜNTHER, J.; KREWERTH, D.; LIPPMANN, T.; LEUDERS, S.; TRÖSTER, T.;
           WEIDNER, A.; BIERMANN, H.; NIENDORF, T.: Fatigue life of additively ma-
           nufactured Ti–6Al–4V in the very high cycle fatigue regime. In: Internati-
           onal Journal of Fatigue, 2016.

[GrAh99]   GRUNDIG, C.-G.; AHREND, H.-W.: Originalaufsätze - Neuansatz der Fab-
           rikplanungssystematik marktflexibler Produktionskonzepte. In: wt Werk-
           stattstechnik online, 1999, 89; S. 299–304.

[GrJö36]   GRELLING, K.; JÖRGENSEN, J.: Besprechungen. In: Erkenntnis, 1936, 6; S.
           264–271.

[Gru15a]   GRUNDIG, C.-G.: Fabrikplanung. Planungssystematik - Methoden - An-
           wendungen. Hanser, München, 2015.

[Gru15b]   GRUND, M.: Implementierung von schichtadditiven Fertigungsverfahren:
           Mit Fallbeispielen aus der Luftfahrtindustrie und Medizintechnik. Sprin-
           ger, Berlin [u.a.], 2015.

[GüHo13]   GÜNZEL, F.; HOLM, A. B.: One size does not fit all - Understanding the
           front-end and back-end of business model innovation. In: International
           Journal of Innovation Management, 2013, 17; S. 1340002.

[Gün05]   GÜNTHER, U.: Methodik zur Struktur- und Layoutplanung wandlungsfähi-
           ger Produktionssysteme. IBF, Chemnitz, 2005.

[HaRe08]   HASAN, S.; RENNIE, A.: The application of rapid manufacturing technolo-
           gies in the spare parts industry. In: BOURELL, D. L. (Hrsg.): Proceedings of
           the Solid Freeform Fabrication Symposium 2008. Univ. of Texas, Austin,
           Tex., 2008.

[HaRe94]   HANSSEN, R. A.; REMMEL, M.: Strategische und operative Führung im
           Daimler-Benz-Konzern. In: Hahn, Dietger: PuK-Controllingkonzepte,
           1994.

[HeHe89]   HENZLER, D. H.; HEIDBREDER, U. W.: Praxis des Objekt-Managements.
           Methodik, Planung, Durchführung. Verl. Moderne Industrie, Lands-
           berg/Lech, 1989.

[Hel10]   HELBING, K. W.: Handbuch Fabrikprojektierung. Springer, Berlin [u.a.],
           2010.

[HGM+04]   HILDEBRAND, T.; GÜNTHER, U.; MÄDING, K.; MÜLLER, E.: Die Fabrik als
           Produkt: Neue Leitbilder für die Fabrikplanung. In: wt Werkstattstechnik
           online, 2004, 94; S. 355–362.

[HHD06]   HOPKINSON, N.; HAGUE, R.; DICKENS, P.M. (Hrsg.): Rapid manufacturing.
           An industrial revolution for the digital age. Wiley, Chichester, 2006.

[HHK+16]   HOLMSTRÖM, J.; HOLWEG, M.; KHAJAVI, S. H.; PARTANEN, J.: The direct digital manufacturing (r)evolution. Definition of a research agenda. In: Operations Management Research, 2016, 9; S. 1–10.

[HiOl13]   HINSCH, M.; OLTHOFF, J.: Impulsgeber Luftfahrt. Industrial Leadership durch luftfahrtspezifische Aufbau- und Ablaufkonzepte. Springer, Berlin [u.a.], 2013.

[HPT+10]   HOLMSTRÖM, J.; PARTANEN, J.; TUOMI, J.; WALTER, M.: Rapid manufacturing in the spare parts supply chain. In: Journal of Manufacturing Technology Management, 2010, 21; S. 687–697.

[HSW+16]   HERZOG, D.; SEYDA, V.; WYCISK, E.; EMMELMANN, C.: Additive manufacturing of metals. By invitation only: overview article. In: Acta Materialia, 2016; S. 371–392.

[Hub17]   HUBERTH, D.: Simulation und Optimierung von additiven Fabrikkonzepten unter Berücksichtigung von Zielgrößen und des geforderten Produktionsprogramms. Masterarbeit, Aschaffenburg, 2017.

[ILK+14]   ILIN, A.; LOGVINOV, R.; KULIKOV, A.; PRIHODOVSKY, A.; XU, H.; PLOSHIKHIN, V.; GÜNTHER, B.; BECHMANN, F.: Computer aided optimisation of the thermal management during laser beam melting process. In: Physics Procedia, 2014, 56; S. 390–399.

[Jac96]   JACOB, H.: Produktions- und Absatzprogrammplanung. In: KERN, W. (Hrsg.): Handwörterbuch der Produktionswirtschaft. Schäffer-Poeschel, Stuttgart, 1996; S. 1468–1483.

[Jan79]   JANISCH, H.-W.: Optimierung der Puffer bei elastisch verketteten Fertigungssystemen. Diss. TU Hannover, 1979.

[Jen07]   JENSEN, S.: Eine Methodik zur teilautomatisierten Gernerierung von Simulationsmodellen aus Produktionsdatensystemen am Beispiel einer Job Shop Fertigung. kassel university press GmbH, Kassel, 2007.

[KaNo05]   KAPLAN, R. S.; NORTON, D. P.: The Balanced Scorecard. Measures that drive performance. In: Harvard Business Review, 2005, 83; S. 172–180.

[Kau13]   KAUSCH, M.: Entwicklung hochbelasteter Leichtbaustrukturen aus lasergenerierten metallischen Komponenten mit Faserverbundverstärkung. Verl. Wiss. Scripten, Auerbach, 2013.

[KDH15a]   KÜCKELHAUS, M.; DOMKE, B.; HÖHMANN, I.: Wir diskutieren mit den Kunden. In: Harvard Business Manager, 2015, 37; S. 38–39.

[KDH15b]   KLENK, U.; DOMKE, B.; HÖHMANN, I.: Von dieser Technik träumte jeder. In: Harvard Business Manager, 2015, 37; S. 34–35.

[Ker79]   KERN, W.: Handwörterbuch der Produktionswirtschaft. Schäffer-Poeschel, Stuttgart, 1979.

[KHE15]   KRANZ, J.; HERZOG, D.; EMMELMANN, C.: Design guidelines for laser additive manufacturing of lightweight structures in TiAl6V4. In: Journal of Laser Applications, 2015, 27; S14001.

[Kle74]   KLEIN, H. H.: Fräsen. Verfahren, Betriebsmittel, wirtschaftlicher Einsatz. Springer, Berlin [u.a.], 1974.

[KlKö07]   KLOCKE, F.; KÖNIG, W.: Fertigungsverfahren 3. Abtragen, Generieren, Lasermaterialbearbeitung. Springer, Berlin [u.a.], 2007.

[Klo15]   KLOCKE, F.: Fertigungsverfahren 5. Gießen, Pulvermetallurgie, Additive Manufacturing. Springer, Berlin [u.a.], 2015.

[Kob00]   KOBYLKA, A. (Hrsg.): Simulationsbasierte Dimensionierung von Produktionssystemen mit definiertem Potential an Leistungsflexibilität. IBF, Chemnitz, 2000.

[Kor13]   KORNWACHS, K. (Hrsg.): Technikwissenschaften. Erkennen - Gestalten - Verantworten. Springer, Berlin [u.a.], 2013.

[Kos66]   KOSIOL, E.: Die Unternehmung als wirtschaftliches Aktionszentrum. Einführung in die Betriebswirtschaftslehre. Rowohlt, Reinbek, 1966.

[KPH14]   KHAJAVI, S. H.; PARTANEN, J.; HOLMSTRÖM, J.: Additive manufacturing in the spare parts supply chain. In: Computers in Industry, 2014, 65; S. 50–63.

[Kra13]   KRAUß, A.: Zustandsgeregelte dynamische Dimensionierung von Produktionssystemen im Kontext des Produktionsmanagements. Diss. TU Chemnitz, 2013.

[KSG84]   KETTNER, H.; SCHMIDT, J.; GREIM, H.-R.: Leitfaden der systematischen Fabrikplanung. Hanser, München, 1984.

[Küh06]   KÜHN, W.: Digitale Fabrik. Fabriksimulation für Produktionsplaner. Hanser, München, 2006.

[Kun05]   KUNZ, C.: Strategisches Multiprojektmanagement. Konzeption, Methoden und Strukturen. Deutscher Universitätsverlag, Wiesbaden, 2005.

[Laf16]   LAFRENTZ, N.: Geschäftsmodelle der additiven Fertigung und deren Auswirkungen auf Produktionsprogramme und Fabrikstrukturen. Bachelorarbeit, Hamburg, 2016.

[LHM+14]   LIU, P.; HUANG, S. H.; MOKASDAR, A.; ZHOU, H.; HOU, L.: The impact of additive manufacturing in the aircraft spare parts supply chain. Supply chain operation reference (scor) model based analysis. In: Production Planning & Control, 2014, 25; S. 1169–1181.

[LLR15]   LEONG, S.; LEE, T. Y.; RIDDICK, F.: A core manufacturing simulation data information model for manufacturing applications, 2015.

[Löd16]   LÖDDING, H.: Verfahren der Fertigungssteuerung. Grundlagen, Beschreibung, Konfiguration. Springer, Berlin [u.a.], 2016.

[Lut02]   LUTZ, S.: Kennliniengestütztes Lagermanagement. Verein Deutscher In-
             genieure, Düsseldorf, 2002.

[MaKö11]   MARTHA, A.; KÖHLER, P.: Ansätze zur Verbesserung von Qualität und
             Wirtschaftlichkeit bei generativen Verfahren durch Optimierung des Pre-
             Processes. In: RTejournal - Forum für Rapid Technologie, 2011.

[Mar14]   MARQUARDT, E.: Statusreport Additive Fertigungsverfahren.
             www.vdi.de/statusadditiv, 30.12.2015.

[Mav15]   MAVRI, M.: Redesigning a production chain based on 3D printing techno-
             logy. In: Knowledge and Process Management, 2015, 22; S. 141–147.

[MBR+16]   MÖHRLE, M.; BLOEMPOTT, S.; RISSIEK, J.; EMMELMANN, C.: Potenziale
             additiver Ersatzteilfertigung in der Luftfahrtindustrie. Zur Technologiefä-
             higkeit neuer Prozessketten für die globale Ersatzteilversorgung. In: ZWF
             Zeitschrift für wirtschaftlichen Fabrikbetrieb, 2016, 111; S. 813–819.

[MCK+14]   MERTENS, R.; CLIJSTERS, S.; KEMPEN, K.; KRUTH, J.-P.: Optimization of
             scan strategies in selective laser melting of aluminum parts with downfa-
             cing areas. In: Journal of Manufacturing Science and Engineering, 2014,
             136; S. 61012.

[Mei99]   MEINERS, W.: Direktes selektives Laser Sintern einkomponentiger metalli-
             scher Werkstoffe. Shaker, Aachen, 1999.

[MHZ14]   MELLOR, S.; HAO, L.; ZHANG, D.: Additive manufacturing. A framework
             for implementation. In: International Journal of Production Economics,
             2014, 149; S. 194–201.

[MKR+11]   MÄRZ, L.; KRUG, W.; ROSE, O.; WEIGERT, G.: Simulation und Optimie-
             rung in Produktion und Logistik. Praxisorientierter Leitfaden mit Fallbei-
             spielen. Springer, Berlin [u.a.], 2011.

[MME17]   MÖHRLE, M.; MÜLLER, J.; EMMELMANN, C.: Industrialisierungsstudie
             Additive Fertigung. Herausforderungen und Ansätze. In: RTejournal - Fo-
             rum für Rapid Technologie, 2017.

[MöEm16]   MÖHRLE, M.; EMMELMANN, C.: Fabrikstrukturen für die additive Ferti-
             gung. Gestaltung der anforderungsgerechten Fabrikstruktur für die Pro-
             duktion der Zukunft. In: ZWF Zeitschrift für wirtschaftlichen Fabrikbe-
             trieb, 2016, 111; S. 505–509.

[Möh16a]   MÖHRLE, M. Interviewt von: MÖHRLE, M.: Maschinen in der Teileferti-
             gung, Hattingen, 2016.

[Möh16b]   MÖHRLE, M.: Werkskonzepte im Kontext additiver Fertigung, beim Autor
             verfügbar, 2016.

[Möh17a]   MÖHRLE, M.: Beobachtungen der betrieblichen Praxis am LZN Laser
             Zentrum Nord und dem iLAS Institut für Laseranlagen und Systemtech-
             nik, Hamburg, 2017.

[Möh17b]   MÖHRLE, M.: Invited talk: How can AM factories match cost and lead time requirements? Configuration and optimization of AM factories for different production programs: Lasers in Manufacturing (LiM) Proceedings, 2017.

[Mun13]   MUNSCH, M.: Reduzierung von Eigenspannungen und Verzug in der laseradditiven Fertigung. Cuvillier, Göttingen, 2013.

[NyWi12]   NYHUIS, P.; WIENDAHL, H.-P.: Logistische Kennlinien. Grundlagen, Werkzeuge und Anwendungen. Springer, Berlin [u.a.], 2012.

[Obj15]   OBJECT MANAGEMENT GROUP (OMG): OMG Systems Modelling Language (OMG SysML). Version 1.4. http://www.omg.org/spec/SysML/1.4/.

[OSK+15]   OTAWA, N.; SUMIDA, T.; KITAGAKI, H.; SASAKI, K.; FUJIBAYASHI, S.; TAKEMOTO, M.; NAKAMURA, T.; YAMADA, T.; MORI, Y.; MATSUSHITA, T.: Custom-made titanium devices as membranes for bone augmentation in implant treatment: Modeling accuracy of titanium products constructed with selective laser melting. In: Journal of cranio-maxillo-facial surgery, 2015, 43; S. 1289–1295.

[OsPi10]   OSTERWALDER, A.; PIGNEUR, Y.: Business model generation. A handbook for visionaries, game changers, and challengers. Wiley, Hoboken, NJ, 2010.

[Par06]   PARETO, V.: Manuale di economia politica. Con una introduzione alla scienza sociale. Società Editrice Libraria, Milano, 1906.

[PaSc71]   PARETO, V.; SCHWIER, A.S. (Hrsg.): Manual of political economy. Kelley, New York, NY, 1971.

[PaSp07]   PARTHEY, H.; SPUR, G.: Wissenschaft und Technik in theoretischer Reflexion. Lang, Frankfurt am Main, 2007.

[Paw08]   PAWELLEK, G.: Ganzheitliche Fabrikplanung. Grundlagen, Vorgehensweise, EDV-Unterstützung. Springer, Berlin [u.a.], 2008.

[Paw14]   PAWELLEK, G.: Ganzheitliche Fabrikplanung. Grundlagen. Springer, Berlin [u.a.], 2014.

[Paw16]   PAWELLEK, G.: Integrierte Instandhaltung und Ersatzteillogistik. Vorgehensweisen, Methoden, Tools. Springer, Berlin [u.a.], 2016.

[PEH+12]   PARIDON, H.; ERNST, S.; HARTH, V.; NICKEL, P.; NOLD, A.; PALLAPIES, D.: Schichtarbeit. Rechtslage, gesundheitliche Risiken und Präventionsmöglichkeiten. Technische Informationsbibliothek u. Universitätsbibliothek, Berlin, Hannover, 2012.

[Pet15]   PETERS, S.: Additive Fertigung - der Weg zur individuellen Produktion. Hessen Trade & Invest GmbH, Wiesbaden, 2015.

[PFD+14]   PETSCHOW, U.; FERDINAND, J.-P.; DICKEL, S.; FLÄMIG, H.; STEINFELDT, M.: Dezentrale Produktion, 3D-Druck und Nachhaltigkeit. Trajektorien und Potenziale innovativer Wertschöpfungsmuster zwischen Maker-

Bewegung und Industrie 4.0. Institut für ökologische Wirtschaftsforschung Berlin, Berlin, 2014.

[PfSc10]   PFEIFER, T.; SCHMITT, R.: Fertigungsmesstechnik. Oldenbourg, München, 2010.

[PHW65]   PEIRCE, C. S.; HARTSHORNE, C.; WEISS, P.: Collected papers of Charles Sanders Peirce, CP 5.171. Belknap Press of Harvard Univ. Press, Cambridge, Mass., 1965.

[Pic92]   PICOT, A.: Marktorientierte Gestaltung der Leistungstiefe. In: REICHWALD, R. (Hrsg.): Marktnahe Produktion. Lean Production - Leistungstiefe - Time to Market - Vernetzung - Qualifikation. Gabler, Wiesbaden, 1992; S. 103–125.

[PVJ+11]   PETROVIC, V.; VICENTE HARO GONZALEZ, J.; JORDÁ FERRANDO, O.; DELGADO GORDILLO, J.; RAMÓN BLASCO PUCHADES, J.; PORTOLÉS GRIÑAN, L.: Additive layered manufacturing. Sectors of industrial application shown through case studies. In: International Journal of Production Research, 2011, 49; S. 1061–1079.

[RaRe13]   RAYNER, P.; REISS, G.: Portfolio and programme management demystified. Managing multiple projects successfully. Routledge, London, New York, 2013.

[REF85]   REFA Bundesverband e.V. (Hrsg.): Methodenlehre der Planung und Steuerung. Hanser, München, 1985.

[RHT+17]   REMANE, G.; HANELT, A.; TESCH, J. F.; KOLBE, L. M.: The business model pattern database. A tool for systematic business model innovation. In: International Journal of Innovation Management, 2017, 21.

[RiBa17]   RISSIEK, J.; BARDRAM, M.: The material value chain services in commercial aviation: Supply chain integration challenges in commercial aerospace: a comprehensive perspective on the aviation value chain. Springer, Berlin [u.a.], 2017; S. 249–265.

[Ric03]   RICHMAN, T.: Mobile parts hospital - The agile manufacturing cell provides critical parts to soldiers in battle. Defense Technical Information Center, Fort Belvoir, 2003.

[Ris16]   RISSIEK, J.: 3D Printing - An innovative technology shaping the future of aviation. Beim Autor (JOR@satair.com) erhältlich, 2016.

[Roc80]   ROCKSTROH, W.: Grundlagen und Methoden der Projektierung. Verl. Technik, Berlin, 1980.

[RRS16]   RIEMER, A.; RICHARD, H. A.; SCHRAMM, B.: Ermüdungseigenschaften von additiv gefertigten Titanstrukturen im Hinblick auf den Einsatz im menschlichen Körper. In: RTejournal - Forum für Rapid Technologie, 2016.

[RSW08]   RABE, M.; SPIECKERMANN, S.; WENZEL, S.: Verifikation und Validierung
           für die Simulation in Produktion und Logistik. Vorgehensmodelle und
           Techniken. Springer, Berlin [u.a.], 2008.

[RSW13]   RICKENBACHER, L.; SPIERINGS, A.; WEGENER, K.: An integrated cost-
           model for selective laser melting (SLM). In: Rapid Prototyping Journal,
           2013, 19; S. 208–214.

[RuEm17]   RUDOLPH, J.-P.; EMMELMANN, C.: Towards an automated part screening
           for additive manufacturing. AST 2017 - Int. Workshop on Aircraft System
           Technologies, Hamburg, 2017.

[SBR05]   SCHNEIDER, H. M.; BUZACOTT, J. A.; RÜCKER, T.: Operative Produktions-
           planung und -steuerung. Konzepte und Modelle des Informations- und
           Materialflusses in komplexen Fertigungssystemen. Oldenbourg, München,
           2005.

[Sch06]   SCHUH, G.: Produktionsplanung und -steuerung. Grundlagen, Gestaltung
           und Konzepte. Springer, Berlin [u.a.], 2006.

[Sch16]   SCHMIDT, T.: Potentialbewertung generativer Fertigungsverfahren für
           Leichtbauteile. Springer, Berlin [u.a.], 2016.

[Sch17]   SCHYGA, J.: Layoutplanung eines Fertigungssegments der lasergenerativen
           Fertigung. Projektarbeit, Hamburg, 2017.

[Sch84]   SCHULTE, H.: Die Strukturplanung von Fabriken. In: ENGEL, K.-H.
           (Hrsg.): Handbuch der Techniken des Industrial Engineering. Verl. Mo-
           derne Industrie, Landsberg am Lech, 1984; S. 1202–1254.

[Sch95]   SCHMIGALLA, H.: Fabrikplanung. Begriffe und Zusammenhänge. Hanser,
           München, 1995.

[SEM17]   SCHMITHÜSEN, T.; EIBL, F.; MEINERS, W.: Untersuchungen zum automati-
           sierten Entstützen SLM-gefertigter Bauteile. In: RTejournal - Forum für
           Rapid Technologie, 2017.

[SGL+07]   SCHUH, G.; GOTTSCHALK, S.; LÖSCH, F.; WESCH, C.: Fabrikplanung im
           Gegenstromverfahren. Fabrikplanung. In: wt Werkstattstechnik online,
           2007, 97; S. 195–199.

[SHB13]   STICH, V.; HERING, N.; BROSZE, T.: Beschaffungslogistik. In: SCHUH, G.;
           STICH, V. (Hrsg.): Logistikmanagement. Springer, Berlin [u.a.], 2013; S.
           77–113.

[Sie17]   SIEPERMANN, C.: Stichwort: Produktionsplanung und -steuerung. In:
           Springer Gabler Verlag (Hrsg.): Gabler Wirtschaftslexikon, 2017.

[SiPo09]   SIMAO, H.; POWELL, W.: Approximate dynamic programming for ma-
           nagement of high-value spare parts. In: Journal of manufacturing techno-
           logy management, 2009, 20; S. 147–160.

[SKS+15]   STOLL, J.; KOPF, R.; SCHNEIDER, J.; LANZA, G.: Criticality analysis of
           spare parts management. A multi-criteria classification regarding a cross-

plant central warehouse strategy. In: Production Engineering, 2015, 9; S. 225–235.

[SLM17]   SLM SOLUTIONS GROUP AG: SLM 500 HL Produktbeschreibung. http://stage.slm-solutions.com/index.php?slm-500_de, 20.03.2017.

[SpMö16]   SPERLING, P.; MÖSER, P. Interviewt von: MÖHRLE, M.: Einsatz von Computertomographie zur Qualitätssicherung in der Prozesskette der additiven Fertigung, Hamburg, 2016.

[SRS14]   SCHÖNHERR, O.; ROSE, O.; SIEGLE, M.: Modellierung, Simulation und Transformation von diskreten Prozessen in der Produktion und Logistik auf der Basis von SysML. Universitätsbibliothek der Universität der Bundeswehr München, Neubiberg, 2014.

[SSB+98]   SCHULZE, T.; SCHUMANN, M.; BLÜMEL, E.; HINTZE, A.: Generierung von Simulationsmodellen aus einer integrierten Planungsumgebung. In: LORENZ, P.; PREIM, B. (Hrsg.): Proceedings der Tagung Simulation und Visualisierung '98 der Otto-von-Guericke Universität Magdeburg, Institut für Simulation und Graphik, 5.-6. März 1998. SCS - Society for Computer Simulation International, Delft, 1998.

[SSB14]   SCHUH, G.; SCHMIDT, C.; BAUHOFF, F.: Produktionsprogrammplanung: Produktionsmanagement. Springer, Berlin [u.a.], 2014; S. 63–107.

[SSW13]   SCHUH, G.; STICH, V.; WIENHOLDT, H.: Ersatzteillogistik. In: SCHUH, G.; STICH, V. (Hrsg.): Logistikmanagement. Springer, Berlin [u.a.], 2013; S. 165–207.

[Sta09]   Statistisches Bundesamt: Verdienste und Arbeitskosten 2008. Begleitmaterial zur Pressekonferenz am 13. Mai 2009 in Berlin, Wiesbaden, 2009.

[Sta16]   STATISTISCHES BUNDESAMT: Arbeitskosten je geleistete Stunde (Jahresschätzung 2016). Deutschland, Jahre, Wirtschaftsbereiche, 13.06.2017.

[Ste04]   STEPHENS, M. A.: Goodness of Fit, Anderson-Darling Test of. In: KOTZ, S.; READ, C. B.; BALAKRISHNAN, N.; VIDAKOVIC, B.; JOHNSON, N. L. (Hrsg.): Encyclopedia of statistical sciences. John Wiley & Sons, Inc, Hoboken, NJ, USA, 2004.

[Sto97]   STOKES, D. E.: Pasteur's quadrant. Basic science and technological innovation. Brookings Institution Press, Washington, D.C., 1997.

[SWM14]   SCHENK, M.; WIRTH, S.; MÜLLER, E.: Fabrikplanung und Fabrikbetrieb. Methoden für die wandlungsfähige, vernetzte und ressourceneffiziente Fabrik. Springer, Berlin [u.a.], 2014.

[Ter17]   TERBORG, F. Interviewt von: MÖHRLE, M.: Fabrikstrukturen für die additive Fertigung, Hamburg, 2017.

[TSB+16]   TOWNSEND, A.; SENIN, N.; BLUNT, L.; LEACH, R. K.; TAYLOR, J.
            S.: Surface texture metrology for metal additive manufacturing. A review.
            In: Precision Engineering, 2016, 46; S. 34–47.

[TuHa06]   TUCK, C.; HAGUE, R.: Management and Implementation of Rapid Manu-
            facturing. In: HOPKINSON, N.; HAGUE, R.; DICKENS, P. M. (Hrsg.): Rapid
            manufacturing. An industrial revolution for the digital age. Wiley,
            Chichester, 2006; S. 159–174.

[vAv12]   VAN KAMPEN, T. J.; AKKERMAN, R.; VAN PIETER DONK, D.: SKU classifi-
            cation. A literature review and conceptual framework. In: International
            Journal of Operations & Production Management, 2012, 32; S. 850–876.

[Ver09]   VEREIN DEUTSCHER INGENIEURE E.V. (VDI). VDI 3633 Blatt
            11: Simulation von Logistik-, Materialfluss- und Produktionssystemen -
            Simulation und Visualisierung. Beuth, Berlin, 2009.

[Ver11a]   VERBAND DEUTSCHER MASCHINEN- UND ANLAGENBAU E.V.
            (VDMA): VDMA-Einheitsblatt 24379. Beuth, Berlin, 2011.

[Ver11b]   VEREIN DEUTSCHER INGENIEURE E.V. (VDI). VDI 5200 Blatt
            1: Fabrikplanung - Planungsvorgehen. Beuth, 2011.

[Ver11c]   VEREIN DEUTSCHER INGENIEURE E.V. (VDI). VDI 5200 Blatt 2 (Ent-
            wurf): Fabrikplanung - Morphologisches Modell der Fabrik zur Zielfestle-
            gung in der Fabrikplanung. Beuth, 2011.

[Ver13a]   VEREIN DEUTSCHER INGENIEURE E.V. (VDI). VDI 3405 Blatt 2: Additive
            Fertigungsverfahren - Strahlschmelzen metallischer Bauteile. Beuth, Ber-
            lin, 2013.

[Ver13b]   VEREIN DEUTSCHER INGENIEURE E.V. (VDI). VDI 3633: Simulation von
            Logistik-, Materialfluss- und Produktionssystemen - Begriffe. Beuth, Ber-
            lin, 2013.

[Ver14a]   VEREIN DEUTSCHER INGENIEURE E.V. (VDI). VDI 3633 Blatt
            1: Simulation von Logistik-, Materialfluss- und Produktionssystemen -
            Grundlagen. Beuth, Berlin, 2014.

[Ver14b]   VEREIN DEUTSCHER INGENIEURE E.V. (VDI). VDI 3405: Additive Ferti-
            gungsverfahren - Grundlagen, Begriffe, Verfahrensbeschreibungen. Beuth,
            Berlin, 2014.

[Ver15]   VEREIN DEUTSCHER INGENIEURE E.V. (VDI). VDI 3405 Blatt 3: Additive
            Fertigungsverfahren - Konstruktionsempfehlungen für die Bauteilfertigung
            mit Laser-Sintern und Laser-Strahlschmelzen. Beuth, Berlin, 2015.

[Ver16]   VEREIN DEUTSCHER INGENIEURE E.V. (VDI). VDI 5200 Blatt
            4: Fabrikplanung - Erweiterte Wirtschaftlichkeitsrechnung in der Fabrik-
            planung. Beuth, Berlin, 2016.

[Ver97]   VEREIN DEUTSCHER INGENIEURE E.V. (VDI). VDI 3633 Blatt
             3: Simulation von Logistik-, Materialfluss- und Produktionssystemen -
             Experimentplanung und Auswertung. Beuth, Berlin, 1997.

[Voi17]   VOIGT, K.-I.: Stichwort: Produktionsprogrammbreite. In: Springer Gabler
             Verlag (Hrsg.): Gabler Wirtschaftslexikon, 2017.

[Vol13]   VOLK, R. (Hrsg.): Rauheitsmessung. Theorie und Praxis. Beuth, Berlin,
             2013.

[WCC16]   WOHLERS, T. T.; CAFFREY, T.; CAMPBELL, R. I.: Wohlers report 2016. 3D
             printing and additive manufacturing state of the industry. Annual world-
             wide progress report. Wohlers Associates, Fort Collins, Colorado, 2016.

[WCP+08]   WENZEL, S. ET AL. (Hrsg.): Qualitätskriterien für die Simulation in Pro-
             duktion und Logistik. Planung und Durchführung von Simulationsstudien.
             Springer, Berlin [u.a.], 2008.

[Wel16]   WELLING, D. Interviewt von: MÖHRLE, M.: Einsatz von Drahterodierma-
             schinen in der Prozesskette der additiven Fertigung, Hamburg, 2016.

[WeLö16]   WESTKÄMPER, E.; LÖFFLER, C.: Strategien der Produktion. Technologien,
             Konzepte und Wege in die Praxis. Springer, Berlin [u.a.], 2016.

[WHY04]   WALTER, M.; HOLMSTRÖM, J.; YRJÖLÄ, H.: Rapid manufacturing and its
             impact on supply chain management, Dublin, 2004.

[Wie96]   WIENDAHL, H.-P.: Grundlagen der Fabrikplanung. In: EVERSHEIM, W.;
             SCHUH, G.; BRANKAMP, K. (Hrsg.): Betriebshütte - Produktion und Ma-
             nagement. Springer, Berlin [u.a.], 1996.

[Wir00]   WIRTH, S. (Hrsg.): Flexible, temporäre Fabrik. Arbeitsschritte auf dem
             Weg zu wandlungsfähigen Fabrikstrukturen; Ergebnisbericht der vordring-
             lichen Aktion. Forschungszentrum Technik und Umwelt, Karlsruhe, 2000.

[Wir13]   WIRTZ, B. W.: Business model management. Design, Instrumente, Er-
             folgsfaktoren von Geschäftsmodellen. Springer Gabler, Wiesbaden, 2013.

[Won14]   WONNEBERGER, K.-U.: Konzept zur Zielplanung für die Fabrikplanung
             mit unternehmenswertorientierter Ausrichtung. IBF, Chemnitz, 2014.

[WPU+16]   WIRTZ, B. W.; PISTOIA, A.; ULLRICH, S.; GÖTTEL, V.: Business models.
             Origin, development and future research perspectives. In: Long Range
             Planning, 2016, 49; S. 36–54.

[WRN14]   WIENDAHL, H.-P.; REICHARDT, J.; NYHUIS, P.: Handbuch Fabrikplanung.
             Konzept, Gestaltung und Umsetzung wandlungsfähiger Produktionsstät-
             ten. 2., überarbeitete und erweiterte Auflage. Hanser, München, 2014.

[WSH+15]   WYCISK, E.; SIDDIQUE, S.; HERZOG, D.; WALTHER, F.; EMMELMANN,
             C.: Fatigue performance of laser additive manufactured Ti–6al–4V in very
             high cycle fatigue regime up to 1E9 cycles, 2015.

[WSS+14]   WYCISK, E.; SOLBACH, A.; SIDDIQUE, S.; HERZOG, D.; WALTHER, F.; EM-
           MELMANN, C.: Effects of defects in laser additive manufactured Ti-6Al-4V
           on fatigue properties. In: Physics Procedia, 2014, 56; S. 371–378.

[Wun02]   WUNDERLICH, J.: Kostensimulation. Simulationsbasierte Wirtschaftlich-
           keitsregelung komplexer Produktionssysteme. Meisenbach, Bamberg,
           2002.

[Zäh13]   ZÄH, M.F. (Hrsg.): Wirtschaftliche Fertigung mit Rapid-Technologien.
           Anwender-Leitfaden zur Auswahl geeigneter Verfahren. Hanser, Mün-
           chen, 2013.

[Zäp01]   ZÄPFEL, G.: Grundzüge des Produktions- und Logistikmanagement.
           Oldenbourg, München, 2001.

[ZePa16]   ZEGARD, T.; PAULINO, G. H.: Bridging topology optimization and additive
           manufacturing. In: Structural and Multidisciplinary Optimization, 2016,
           53; S. 175–192.

[ZGB16]   ZHANG, Y.; GUPTA, R. K.; BERNARD, A.: Two-dimensional placement
           optimization for multi-parts production in additive manufacturing. In: Ro-
           botics and Computer-Integrated Manufacturing, 2016; S. 102–117.

Anhang A Auswirkungen additiver Fertigungsverfahren auf die Wertschöpfungskette

Additive Fertigungsverfahren haben das Potenzial, die heutige Gestalt industrieller Wertschöpfung zu verändern. Ausgehend von den in Abschnitt 2.1.1 dargestellten Vorteilen bei der Fertigung komplexer Geometrien und kleiner Stückzahlen wurden verschiedene Auswirkungen dargestellt. Die meisten der beschriebenen Effekte sind wegen der noch recht geringen Produktivität der Fertigungsverfahren nur im eingeschränkten Rahmen in der Realität beobachtbar.

Veränderung von Unternehmensgrenzen

Die Gestalt konventioneller Wertschöpfungsketten ist durch Skaleneffekte in Produktion und Produktentwicklung geprägt. Fixkosten aus Entwicklung und Herstellung von Produktionsvorrichtungen werden auf die produzierte Stückzahl verteilt und so eine Regression erzielt. Die Bündelung bestimmter Produktionsverfahren innerhalb von Unternehmensgrenzen bestimmt dabei die Wertschöpfungsverteilung einer Lieferantenlandschaft. Durch additive Fertigungsverfahren werden die Skaleneffekte der Produktion aufgehoben, was die bisherige Wertschöpfungsverteilung in Frage stellt. Es verbleiben lediglich Skaleneffekte der Produktentwicklung, welche etwa durch wiederverwendbare Designmodelle erzielt werden können [HHK+16]. Daraus motiviert bietet sich für einige Stufen der Wertschöpfungskette die Gelegenheit, bisher fremde Fertigungsumfänge zu integrieren. So kann beispielsweise die Fertigung von Ersatzteilen am Reparaturort direkt durch den Reparaturdienstleister erfolgen [LHM+14]. Durch den standardisierten Austausch der zur Produktion erforderlichen Konstruktionsdaten ist weiterhin keine Betreuung eines Produktionshochlaufs durch den Produktentwickler notwendig. Dies vereinfacht die unternehmensübergreifenden Zusammenarbeit zwischen der Entwicklungs- und der Produktionsfunktion eines Unternehmens.

Beziehungen zwischen Unternehmen

Durch den Entfall produktspezifischer Fertigungsmittel und den lediglich erforderlichen Austausch von Produktdaten kann die grundlegende Beziehung zwischen Fertigung und Produktion auch unternehmensübergreifend im Sinne von Auftragsfertigung erfolgen. Da weitere Betreuung zur Industrialisierung nur in geringem Umfang benötigt wird, können Zulieferer einfacher getauscht werden. BALDINGER geht in Konsequenz dessen von einer zunehmenden Anzahl an Lieferantenwechseln aus. Die zugehörigen Angebotsanfragen und Vergaben können über Marktplätze als Online-Plattformen durchgeführt werden. [Bal15]

In dem beschriebenen Szenario steigen die Datenaustauschvorgänge zwischen dem Produkt entwickelndem Unternehmen und Lieferanten an, bei dezentralisierter Fertigung sogar in globalem Maßstab. Neben der technischen Realisierung des Datenaustausches stellt die juristische Handhabung mit breit verteilten Produktdaten eine Herausforderung dar. [HHK+16]

© Springer-Verlag GmbH Deutschland, ein Teil von Springer Nature 2018
M. Möhrle, *Gestaltung von Fabrikstrukturen für die additive Fertigung*,
Light Engineering für die Praxis, https://doi.org/10.1007/978-3-662-57707-3

Auflösung des Dilemmas zwischen Kosten und Durchlaufzeit

TUCK konstatiert, dass die additive Fertigung sowohl effizient als auch reaktionsschnell fertigen kann. Sie erfüllt die Prinzipien der Leanen Produktion, da sie geringe Bestände aufweist. Just-in-Time-Fertigung und geringe Rüstzeiten sowie geringe Verschwendung sind weitere Eigenschaften, in denen additive Fertigung diese Prinzipien erfüllt. Durch die Flexibilisierung der Produktion ist eine reaktionsschnelle Anpassung an neue oder veränderte Produkte gegeben. Die in Abbildung A-1 dargestellte Fisher-Matrix [Fis97] zeigt auf der linken Seite das Dilemma konventioneller Fertigungsverfahren. Funktionale Produkte lassen sich erfolgreich in effizienten Wertschöpfungsketten fertigen, während innovative Produkte in einer reaktionsschnellen Fertigungsumgebung zu finden sind. Auf Grund der Eigenschaften lassen sich mit additiven Fertigungsverfahren jedoch beide Produktarten bedienen. [TuHa06, S. 164ff.]

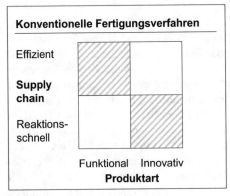 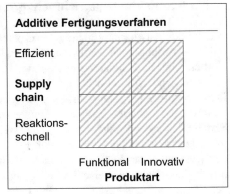

////// Geeignete Kombination

Abbildung A-1: Additive Fertigungsverfahren als universelle Fertigungsverfahren für funktionale und innovative Produkte[94]

Verkürzung der Prozesskette

Dadurch, dass bei additiver Fertigung lediglich Eingangsmaterial benötigt wird, im Laser-Strahlschmelzverfahren etwa Metallpulver, und direkt zum Endprodukt weiterverarbeitet wird, wird die additive Fertigung bei einigen Autoren als einstufige Fertigung dargestellt [HHK+16, Mav15]. Gerade in den metallischen Verfahren bildet sich jedoch die in Abschnitt 2.1.2 dargestellte, mehrstufige Prozesskette heraus. Weil die Fertigung endkonturnah erfolgen kann, wird der Aufwand in den folgenden Fertigungsstufen zumindest reduziert.

Verbesserung der Materialausnutzung

Die Materialausnutzung kann durch additive Fertigung in zwei Hinsichten verbessert werden: Erstens durch ein optimiertes Design von Bauteilen, sodass dieses seine Funktion unter Verwendung von weniger Material erfüllt, vgl. [Sch16].

Zweitens kommt es im Vergleich zu trennenden Fertigungsverfahren zu weniger Fertigungsschrott, die Rohmaterialauslastung steigt folglich. Die Verkürzung der Prozessket-

---

[94] In Anlehnung an [Fis97] und [HHD06]

te trägt ebenfalls dazu bei, dass weniger Hilfs- und Betriebsstoffe notwendig sind [PFD+14, S. 26ff.]. Obwohl bei metallischen additiven Fertigungsverfahren trennende Nachbearbeitungsschritte nicht vollständig entfallen, wird durch die endkonturnahe Vorfertigung das zu subtrahierende Materialvolumen reduziert. REEVES beziffert, dass in metallischen Anwendungen das Schrottvolumen um bis zu 40% reduziert und das nicht verschmolzene Material nahezu vollständig wiederverwendet werden kann. [PVJ+11]

Veränderung der örtlichen Struktur der Fertigung

Durch die schwach ausgeprägten Skaleneffekte ist der Nutzen lokal gebündelter additiver Fertigungskapazitäten kaum gegeben. Die Möglichkeit, komplexe Produkte zu fertigen, kann die Anzahl an Montagevorgängen reduzieren, sodass auch in den Montageschritten keine Aktivitäten anfallen, deren lokale Konsolidierung notwendig ist. Dies ermöglicht die Verteilung der Fertigungseinrichtungen in Richtung des Verwendungsorts. In Folge können Transportkosten reduziert und bei bedarfsweiser Herstellung Lagerkosten eliminiert werden. [WCC16, S. 168]

Die dezentrale Fertigung kann in verschiedenen Ausbaustufen erfolgen. So ist die mobilisierte Fertigung, wie sie in einem Szenario bei der US-Army zur Wartung und Reparatur an entfernten Einsatzorten entwickelt wurde, eine extreme Ausprägung dezentraler Fertigung [Ric03]. Bei örtlich stationärem Bedarfsmuster kommt die vollständige Verlegung der Produktion zum Verkaufsort bei Endprodukten oder der weiterverarbeitenden Fertigungsstätte bei Vorerzeugnissen in Betracht. Die Kombination dezentral gefertigter individueller Komponenten und zentral gefertigter Grundkomponenten kann eine wirtschaftliche Zwischenlösung darstellen [TuHa06, S. 164f.].

Flexibilisierung der Produktion

Kurzfristige Veränderungen im Produktionsprogramm können durch additive Fertigungsverfahren umgesetzt werden. Hersteller können so auf Marktnachfragen reagieren und die produzierten Mengen anpassen. Jeder auf additiven Maschinen gefertigte Auftrag kann verschieden sein, was auftragsspezifische Fertigung vereinfacht. Es sei darauf verwiesen, dass Veränderungen von Fertigungsaufträgen sowie die Erstdurchführung von Fertigungsaufträgen zu Mehraufwand in der Datenvorbereitung und den Post-Prozessen und nachgelagerten Schritten führen können. [WCC16, S. 168]

Vereinfachung der Produktionsplanung

Basierend auf der Hypothese, dass die Fertigung in einer oder wenigen Stufen stattfindet, entfällt die Notwendigkeit, Produktionsabfolgen über viele Fertigungsstufen zu planen. Die Koordination nacheinander erfolgender Produktionsabläufe ist somit nicht weiter erforderlich, und der Fertigungsschritt entspricht dem Variantenfestlegungszeitpunkt. Die bisher von Unsicherheit geprägte Planung von Durchlaufzeiten kann auf Basis verlässlicher Zeitangaben erfolgen. [HHK+16, Mav15]

Reduzierung von Werkzeugen

Additive Fertigungsverfahren kommen im Gegensatz zu anderen Urformverfahren ohne produktspezifische Werkzeuge aus, vgl. Abschnitt 2.1.1. Produktionsausfälle durch Werkzeugausfälle werden vermieden, ebenso die Erstellung, Lagerung, Wartung und Reparatur von Werkzeugen. Dies verbessert Durchlaufzeiten, Kosten und die Produkteinführungszeit. [WCC16, S. 168]

Bestandssenkung

Bestände dienen der Sicherstellung des Produktionsbetriebs und der Erfüllung von Kundennachfragen. Sie können eingeteilt werden in Lagerbestände etwa im Beschaffungs- oder Eingangslager, Produktionslager und Erzeugnis- oder Distributionslager und in Durchlaufbestände als Work in Progress und Transportbestände [Sch06, S. 837f.]. Additive Fertigung ermöglicht die Senkung beider Typen. Im Eingangslager liegen Rohstoffe lediglich in allgemein verwendbarer Form vor. Durch die erzielbaren Bündelungseffekte gegenüber variantenbezogenen Vorerzeugnissen kann das Bestandsniveau gesenkt werden. Für die Fertigerzeugnisse wird eine Senkung durch Einsatz von Just-in-Time-Produktion, vgl. Flexibilisierung der Produktion, ermöglicht. Zweitens können die Durchlaufbestände durch die Nutzung komplexerer Geometrien mittels Integralbauweise die Anzahl von Vorerzeugnissen gesenkt werden. Zusätzlich senkt die Reduzierung der Fertigungsstufen die Anzahl benötigter Zwischenerzeugnisse. Dadurch entfallen die zugehörigen Lagerplätze. Bei einem vollständig additiv gefertigten Produkt fällt Durchlaufbestand lediglich für das Rohmaterial an, welches während des Herstellprozesses gehandhabt wird [WCC16, S. 168, HHK+16, HHD06, S. 161]. Gemäß der in Abschnitt 2.1.2 gezeigten Prozesskette werden in der Fertigung noch Post-Prozesse und nachgelagerten Schritte notwendig, sodass die Vorstellung einer von Umlaufbestand vollständig befreiten Fertigung in der Praxis als schwer umsetzbar zu bewerten ist.

Anhang B Datengrundlage

B.1 Ermittlung der Regressionskoeffizienten für den Prozessschritt Baujob fertigen

Zur Ermittlung der Regressionskoeffizienten wurden für ausgewählte Maschinen-Werkstoff-Kombinationen die Zeiten t_{Baujob}, die Anzahl an Schichten N_L sowie das Gesamtvolumen aller Bauteile inklusive Hilfsgeometrien V_{tot} bestimmt. Die Messungen stammen aus dem Geschäftsbetrieb des LZN Laser Zentrum Nord und enthalten real gefertigte Baujobs. Baujobs, die für den produktiven Fertigungsbetrieb untypische Werte erwarten lassen, wurden aus den Grunddaten entfernt. Dabei handelt es sich insbesondere um Parameterstudien, Probenkörper und Baujobs mit Prozessfehlern und -unterbrechungen. Abbildung B-2 zeigt die Parameter der herangezogenen Baujobs.

© Springer-Verlag GmbH Deutschland, ein Teil von Springer Nature 2018
M. Möhrle, *Gestaltung von Fabrikstrukturen für die additive Fertigung*,
Light Engineering für die Praxis, https://doi.org/10.1007/978-3-662-57707-3

Nr.	Maschine	Werkstoff	t_{Baujob} [h]	N_L	V_{tot} [mm³]
1	Concept Laser M2 Cusing Dual	Stahl	55,13	3.501	299.888
2	Concept Laser M2 Cusing Dual	Stahl	16,53	2.567	67.588
3	Concept Laser M2 Cusing Dual	Stahl	54,08	4.320	319.316
4	Concept Laser M2 Cusing Dual	Stahl	27,95	3.401	97.720
5	Concept Laser M2 Cusing Dual	Stahl	16,88	1.522	91.954
6	Concept Laser M2 Cusing Dual	Stahl	7,70	1.169	30.632
7	Concept Laser M2 Cusing Dual	Stahl	44,73	6.080	161.182
8	Concept Laser M2 Cusing Dual	Stahl	60,02	4.321	281.952
9	Concept Laser M2 Cusing Dual	Stahl	14,52	1.650	101.216
10	Concept Laser M2 Cusing Dual	Stahl	121,72	8.500	541.180
11	Concept Laser M2 Cusing Dual	Stahl	16,98	1.522	87.794
12	Concept Laser M2 Cusing Dual	Stahl	83,83	4.446	734.694
13	Concept Laser M2 Cusing Dual	Stahl	17,27	2.050	115.577
14	Concept Laser M2 Cusing Dual	Stahl	35,42	4.567	196.803
15	Concept Laser M2 Cusing Dual	Stahl	11,78	1.490	110.507
16	Concept Laser M2 Cusing Dual	Stahl	15,45	512	98.933
17	Concept Laser M2 Cusing Dual	Stahl	22,10	1.169	131.843
18	Concept Laser M2 Cusing Dual	Stahl	22,90	3.134	122.996
19	Concept Laser M2 Cusing Dual	Stahl	13,32	1.880	71.833
20	Concept Laser M2 Cusing Dual	Stahl	58,37	4.168	260.328
21	Concept Laser M2 Cusing Dual	Stahl	15,03	2.304	75.845
22	Concept Laser M2 Cusing Dual	Stahl	30,50	4.168	132.757
23	Concept Laser M2 Cusing Dual	Stahl	48,57	3.565	157.398
24	SLM Solutions SLM 250 HL	AlSi10Mg	12,45	1.770	106.406
25	SLM Solutions SLM 250 HL	AlSi10Mg	12,98	1.805	150.655
26	SLM Solutions SLM 250 HL	AlSi10Mg	16,42	1.720	275.175
27	SLM Solutions SLM 250 HL	AlSi10Mg	16,19	1.801	253.101
28	SLM Solutions SLM 250 HL	AlSi10Mg	12,66	1.755	152.836
29	SLM Solutions SLM 250 HL	AlSi10Mg	15,47	1.805	157.261
30	SLM Solutions SLM 250 HL	AlSi10Mg	19,26	2.377	195.776
31	SLM Solutions SLM 250 HL	AlSi10Mg	47,00	4.681	262.755
32	SLM Solutions SLM 250 HL	AlSi10Mg	10,34	1.939	81.355
33	SLM Solutions SLM 250 HL	AlSi10Mg	13,72	2.093	173.114
34	SLM Solutions SLM 250 HL	AlSi10Mg	15,41	2.020	288.247
35	SLM Solutions SLM 250 HL	AlSi10Mg	9,40	1.755	106.014
36	SLM Solutions SLM 250 HL	AlSi10Mg	16,67	1.853	330.899
37	SLM Solutions SLM 250 HL	AlSi10Mg	14,52	1.977	262.020
38	SLM Solutions SLM 250 HL	AlSi10Mg	20,40	952	402.978
39	SLM Solutions SLM 250 HL	AlSi10Mg	20,95	846	577.705
40	SLM Solutions SLM 250 HL	AlSi10Mg	5,72	680	129.072
41	SLM Solutions SLM 250 HL	AlSi10Mg	8,45	1.800	110.663
42	SLM Solutions SLM 250 HL	AlSi10Mg	13,24	1.061	321.469

Abbildung B-2: Für die Ermittlung der Regressionskoeffizienten verwendete Baujobdaten

B.2 Überprüfung der herangezogenen Rüstzeiten auf Normalverteilung

Zur Überprüfung, ob die für verschiedene Zeiten gemessenen Werte einer bestimmten Verteilung folgen, wurden der Kolmogorov-Smirnov-Test sowie der Anderson-Darling-Test angewendet. Mit beiden Tests kann bestimmt werden, ob die Nullhypothese $H_0: F_X(x) = \phi(x|\mu; \sigma^2)$, d. h. die Zahlenreihe folgt einer Normalverteilung mit Erwartungswert μ und Varianz σ^2, zu einem bestimmten Signifikanzniveau (hier $\alpha = 0,05$) zurückzuweisen ist. Das Signifikanzniveau α beschreibt die Wahrscheinlichkeit dafür, dass eine in Realität zutreffende Hypothese fälschlich zurückgewiesen wird. Zur Beschreibung der einzelnen Testverfahren sei verwiesen auf [Ste04].

Abbildung B-3 zeigt die Resultate der beiden durchgeführten Tests. Für die maschinenbezogenen Rüstzeiten wurden die Rüstzeiten aus ermittelten Teilrüstzeiten zusammengestellt, vgl. Abschnitt 4.4.2.6. Da für den Nachweis der Normalverteilung nur so erhaltene, mit allen Teilzeiten vollständige Datensätze verwendet wurden, bei der zeitwirtschaftlichen Erfassung zur Verbesserung der Genauigkeit jedoch Teilzeiten verwendet wurden, können die hier dargestellten Werte von den in Abbildung 4-20 gezeigten abweichen. Die Überprüfung auf Normalverteilung wurde nur für diejenigen Maschinen vorgenommen, für die mehr als zehn vollständige Rüstzeiten erfasst wurden.

Signifikanzniveau $\alpha = 0,05$

Maschine	Zeit	μ [min]	σ [min]	Kolmogorov-Smirnov				Anderson-Darling			
				n	d_α	d_{max}	H_0	n	$w_\alpha{}^2$	$w_n{}^2$	H_0
Concept Laser M2 Cusing	$t_{Ruest,vor,M}$	62,8	16,2	15	0,338	0,235	✓	15	2,490	0,938	✓
	$t_{Ruest,vor,W}$	51,1	14,1	15	0,338	0,259	✓	15	2,490	1,330	✓
	$t_{Ruest,nach,M}$	54,9	31,4	33	0,231	0,210	✓	33	2,490	1,520	✓
	$t_{Ruest,nach,W}$	54,9	31,4	33	0,231	0,210	✓	33	2,490	1,520	✓
EOS EOSINT M290	$t_{Ruest,vor,M}$	nicht genügend Datenpunkte									
	$t_{Ruest,vor,W}$	nicht genügend Datenpunkte									
	$t_{Ruest,nach,M}$	28,6	22,7	14	0,349	0,368	✗	14	2,490	2,360	✓
	$t_{Ruest,nach,W}$	17,9	5,25	14	0,349	0,421	✗	14	2,490	2,800	✗
SLM Solutions SLM 250 HL	$t_{Ruest,vor,M}$	92,9	17,3	22	0,281	0,248	✓	22	2,490	1,720	✓
	$t_{Ruest,vor,W}$	27,4	10,0	22	0,281	0,186	✓	22	2,490	0,953	✓
	$t_{Ruest,nach,M}$	127,4	31,1	13	0,361	0,236	✓	13	2,490	0,654	✓
	$t_{Ruest,nach,W}$	52,5	24,6	33	0,231	0,225	✓	33	2,490	2,280	✓

Abbildung B-3: Überprüfung der anlagenbezogenen Rüstzeiten auf Normalverteilung

B.3 Verwendete zeitwirtschaftliche Informationen

Werkstoff	Belichtungszeit ($k = 2$)	Einheit	Beschichtungszeit ($k = 3$)	Einheit	Baujobabhängige Maschinenzeit [min]	Rüsten vor Prozess [min]	Rüsten nach Prozess [min]	Werkstoffwechsel [min]
Aluminium	0,00158	min/mm³	7.4	min/mm	Normal(159;31)	Normal(53,24)	Normal(47,27)	480
Titan	0,00620	min/mm³	7.3	min/mm	Normal(159;31)	Normal(53,24)	Normal(47,27)	480
Stahl	0,00620	min/mm³	7.3	min/mm	Normal(159;31)	Normal(53,24)	Normal(47,27)	480

Abbildung B-4: Zeitwirtschaftliche Information – Baujob fertigen

Fertigungsschritt	Werk-stoff	Maschinentyp	Treiber	k	Prozesszeit	Einheit	Rüstzeit vor Prozess [min]	Rüstzeit nach Prozess [min]
Plattform abtragen	Aluminium	Bearbeitungszentrum	Fläche der Grundplatte	6	0,0096	s/mm²	10	10
Plattform abtragen	Titan	Bearbeitungszentrum	Fläche der Grundplatte	6	0,058	s/mm²	10	10
Plattform abtragen	Stahl	Bearbeitungszentrum	Fläche der Grundplatte	6	0,019	s/mm²	10	10
Plattform strahlen	Aluminium	Strahlkabine	Fläche der Grundplatte	6	0,012	s/mm²	1	1
Plattform strahlen	Titan	Strahlkabine	Fläche der Grundplatte	6	0,016	s/mm²	1	1
Plattform strahlen	Stahl	Strahlkabine	Fläche der Grundplatte	6	0,0079	s/mm²	1	1
Plattform prüfen	Alle	Handarbeitsplatz	Anz. Baujobs/Lose	0	5	min	1	1
Pulver sieben	Alle	Siebstation	Anz. Baujobs/Lose	0	60	min	-	-
Daten vorbereiten	Alle	Arbeitsplatz (AV)	Anz. der Bauteile	1	uniform(30,90)	min	5	-
Daten vorbereiten	Alle	Arbeitsplatz (AV)	Anz. Baujobs/Lose	0	45	min	-	-
Spannungsarmglühen	Alle	Wärmebehandlungsofen	Anz. Baujobs/Lose	0	720	min	10	5
Bauteile und Plattform trennen	Alle	Drahterodiermaschine	Schnittfläche der Bauteile	4	1,2	s/mm²	20	20
Entfernen von Hilfsgeometrien	Aluminium	Handarbeitsplatz	Anz. der Bauteile	1	uniform(4;74)	min	1	1
Entfernen von Hilfsgeometrien	Titan	Handarbeitsplatz	Anz. der Bauteile	1	uniform(11;86)	min	1	1
Entfernen von Hilfsgeometrien	Stahl	Handarbeitsplatz	Anz. der Bauteile	1	uniform(4;84)	min	1	1
Heißisostatisches Pressen	Alle	Heißisostatische Presse	Anz. Baujobs/Lose	0	720	min	30	30
Strahlen	Aluminium	Strahlkabine	Anz. der Bauteile	1	uniform(1;2)	min	1	1
Strahlen	Titan	Strahlkabine	Anz. der Bauteile	1	uniform(2;12)	min	1	1
Strahlen	Stahl	Strahlkabine	Anz. der Bauteile	1	uniform(0,1)	min	1	1
Qualitätssicherung (Stoffzus.)	Alle	Computertomograph	Anz. der Bauteile	1	60	min	5	10
Gleitschleifen	Alle	Trogvibrator	Anz. Baujobs/Lose	0	960	min	5	5
Fräsen (Schlichten)	Aluminium	Bearbeitungszentrum	Funktionsfläche des Bauteils	5	0.231	s/mm²	10	10
Fräsen (Schlichten)	Titan	Bearbeitungszentrum	Funktionsfläche des Bauteils	5	0.6	s/mm²	10	10
Fräsen (Schlichten)	Stahl	Bearbeitungszentrum	Funktionsfläche des Bauteils	5	0.2	s/mm²	10	10
Montageoperationen	Aluminium	Handarbeitsplatz	Anz. der Bauteile	1	39	min	1	1
Montageoperationen	Titan	Handarbeitsplatz	Anz. der Bauteile	1	44	min	1	1
Montageoperationen	Stahl	Handarbeitsplatz	Anz. der Bauteile	1	49	min	1	1
Qualitätssicherung (Geometrie)	Alle	Koordinatenmessmaschine	Anz. der Bauteile	1	5	min	15	10

Abbildung B-5: Verwendete zeitwirtschaftliche Information

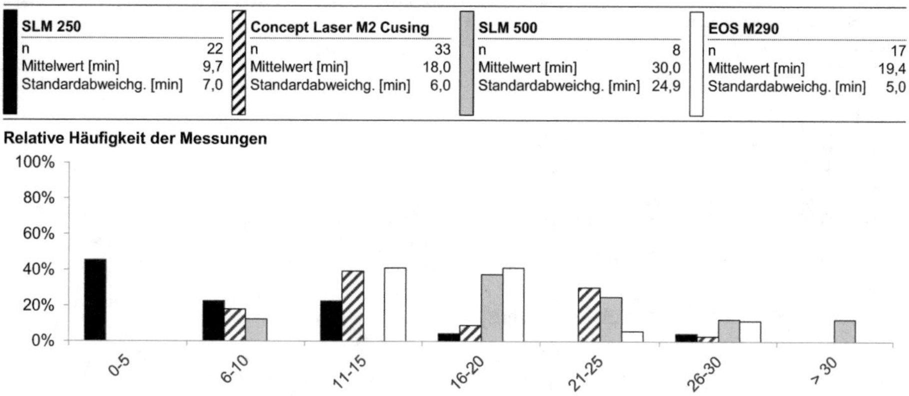

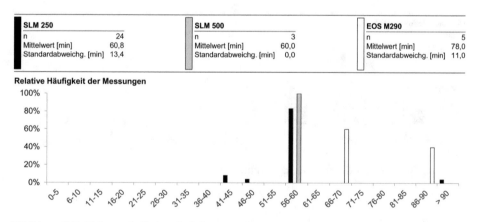

SLM 250		Concept Laser M2 Cusing		SLM 500		EOS M290	
n	22	n	33	n	8	n	17
Mittelwert [min]	9,7	Mittelwert [min]	18,0	Mittelwert [min]	30,0	Mittelwert [min]	19,4
Standardabweichg. [min]	7,0	Standardabweichg. [min]	6,0	Standardabweichg. [min]	24,9	Standardabweichg. [min]	5,0

Abbildung B-6: Zeit t_1 – Plattform/Beschichter rüsten [min]

SLM 250		SLM 500		EOS M290	
n	24	n	3	n	5
Mittelwert [min]	60,8	Mittelwert [min]	60,0	Mittelwert [min]	78,0
Standardabweichg. [min]	13,4	Standardabweichg. [min]	0,0	Standardabweichg. [min]	11,0

Abbildung B-7: Zeit t_2 – Aufheizen [min]

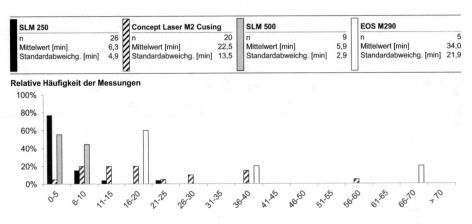

Abbildung B-8: Zeit t_3 – Daten einladen [min]

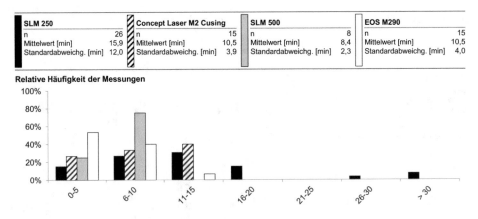

Abbildung B-9: Zeit t_4 – Kalibrieren/finale Prüfung [min]

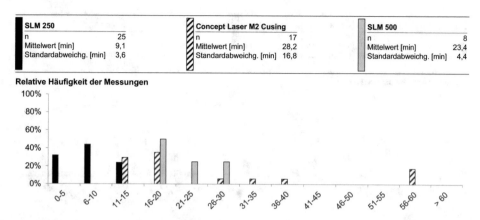

Abbildung B-10: Zeit t_5 – Schutzgas fluten [min]

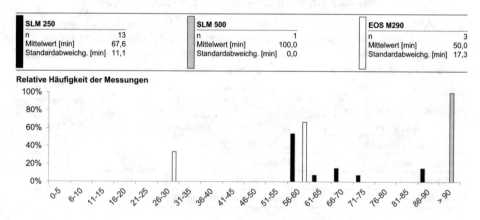

Abbildung B-11: Zeit t_6 – Abkühlen [min]

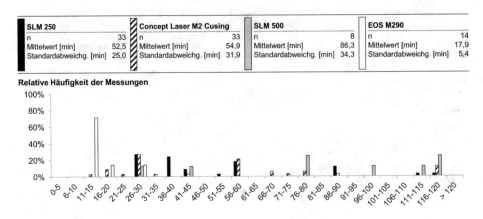

Abbildung B-12: Zeit t$_7$ – Mechanisch abrüsten [min]

B.4 Checkliste zur fallspezifischen Modellanpassung

Die in Abbildung B-13 dargestellte Checkliste enthält Modellaspekte, die bei der fall-spezifischen Verwendung des Modells zur Bewertung von Fabrikstrukturen für die addi-tive Fertigung auf die individuellen Gegebenheiten angepasst werden sollen. Dadurch kann die Genauigkeit der gewonnenen Aussagen erhöht werden.

Modellaspekt	Hinweis/Quellen
Finanzwirtschaftliche Information	
Abschreibungsdauern	Kalkulatorische Vorgaben, wenn abweichend von AfA-Tabellen
Fremdvergabekosten	Lieferantenangebote
Maschinenkosten	Lieferantenangebote
Wartungskosten	Lieferantenangebote
Werkerkosten	Betriebliche Arbeitskostenstatistik
...	
Zeitwirtschaftliche Information	
Losbildung	Anpassung gemäß Fertigungsprinzip
Maschinenverfügbarkeiten	Erfahrungsberichte, Verfügbarkeitsgarantien
Prozesszeiten	Erfassung von Probefertigungsaufträgen
Rüstzeiten	Erfassung von Probefertigungsaufträgen
...	
Organisatorische Vorgaben	
Arbeitszeitmodelle	Schichtsysteme, Urlaubspläne, Arbeitszeitstatistik
Fertigungsprinzipien	Wenn abweichend von hinterlegter Werkstattfertigung
Prozessfähigkeiten der Werker	Verfügbare Qualifikationen, organisat. Regelungen
...	

Abbildung B-13: Checkliste zur fallspezifischen Modellanpassung

B.5 Unterstützende Daten

Die in Abbildung B-14 gezeigten Größenverteilungen spiegeln eine gemessene Verteilung des LZN Laser Zentrum Nord wider. Es wurden insgesamt $n = 253$ gefertigte Bauteile berücksichtigt, die das Branchen- und Anwendungsspektrum der additiven Fertigung abdecken.

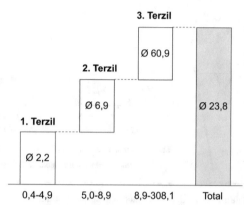

Abbildung B-14: Verteilung von Bauteilgrößen in der additiven Fertigung [cm³]

B.6 Einfluss von Nachbearbeitungssequenz und Auftragslosgröße

Zur Analyse des Modellverhaltens wurden die zwei erwarteten Haupteinflussgrößen Nachbearbeitungssequenz und Auftragslosgröße variiert. Die Analyseergebnisse wurden bereits unter [Möh17b] in detaillierter Form diskutiert.

Die Auftragslosgröße wurde für die Analyse in Zehnerpotenzen variiert, beginnend mit einer idealen Unikatfertigung (Auftragslosgröße 1). Die Losgrößen ergeben sich aus der Gleichung

$$Q = \frac{D}{n_P} \tag{0.1}$$

mit Q Auftragslosgröße

        D Gesamtnachfrage des Produktionsprogramms für alle Szenarien

        n_P Anzahl einzelner Aufträge

Die einzelnen Aufträge wurden dabei in gleichen Intervallen ausgelöst. Es wurden zwei verschiedene Produktionsprogramme analysiert:

eine Standard-Produktionsprozessfolge für Funktionsbauteile ohne besondere mechanische Anforderungen, z. B. Prototypen im Maschinen- und Anlagenbau, sowie

eine erweiterte Produktionsprozessfolge für Funktionsbauteile, wie sie für erhöhte mechanische Wechselbelastungen erforderlich ist, z. B. bei Luftfahrt-Strukturbauteile.

Die Analyseergebnisse sind in Abbildung B-15 einschließlich der verwendeten Eingangsdaten dargestellt.

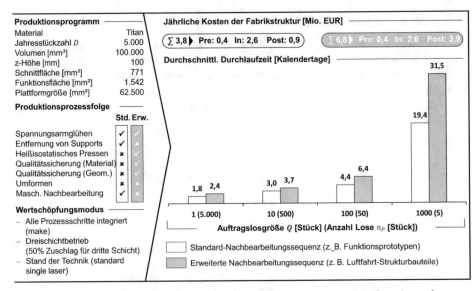

Abbildung B-15: Durchlaufzeiteinfluss aus Nachbearbeitungssequenz und Auftragslosgröße

B.7 Variationskoeffizient der Durchlaufzeit

Abbildung B-16 zeigt den Verlauf der empirischen Variationskoeffizienten für verschiedene Simulationsdauern. Es wurden je Produktionsprogramm die Mittelwerte der Konfigurationen A bis E, vgl. Abschnitt 5.4.4, mit 40 Simulationsläufen je Programm und Intervall gebildet. Der empirische Variationskoeffizient setzt die dabei ermittelte Standardabweichung ins Verhältnis zum Mittelwert.

Die Variationskoeffizienten liegen für das Großserienprogramm und das Reparatur-Programm für die untersuchten Simulationsintervalle auf einem akzeptablen Niveau, die Standardabweichungen sind gegenüber den höheren Durchlaufzeit-Mittelwerten der beiden Programme klein. Für das On Demand-Programm und das Einzel- und Kleinserienprogramm stellt sich bei einer Verlängerung des Simulationsintervalls eine Reduzierung des Variationskoeffizienten auf unter 3% bei 52 Wochen ein.

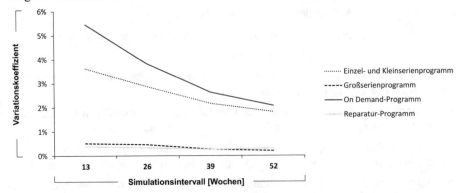

Abbildung B-16: Variationskoeffizienten für verschiedene Simulationsintervalle

B.8 Transkript durchgeführter Interviews

Im Rahmen der vorliegenden Ausarbeitung benötigte Informationen waren teilweise von praxisnahem und/oder hochaktuellem Charakter und somit nicht in wissenschaftlicher Literatur dokumentiert. Daher wurden auch in Interviews persönlich überlieferte Informationen verwendet. Die wesentlichen Aspekte der durchgeführten Interviews sind in diesem Abschnitt transkribiert.

B.8.1 Einsatz von Computertomographie zur Qualitätssicherung in der Prozesskette der additiven Fertigung

Datum und Ort: 05.12.2016, Hamburg

Gesprächsteilnehmer: Vertriebsmanager und Produktmarketing-Analyst eines Herstellers von Röntgensystemen

- Es muss kein bauteilspezifisches Scanprogramm entwickelt werden, vielmehr kann ein Parametersatz (Makro) je Größenklasse eines Teils geschrieben werden. Die Zeit für die Entwicklung eines solchen Makros beträgt für geschultes Personal rund 30 Minuten
- Die Scandaten für ein typisches Bauteil (Beispiel: Liebherr Bell Crank) umfassen ca. 16 GB einschließlich ungenutzter Daten; sie können auf ca. 2 GB komprimiert werden
- Für ein CT-System können rund 500.000 EUR veranschlagt werden; 6.000 Betriebsstunden jährlich sind z. B. im Mehrschichtbetrieb erreichbar
- Die Scanzeiten differieren hinsichtlich notwendiger Auflösung und Betrachtungsbereich; als Faustregel gilt, dass für Teile mittlerer Größe mit ca. 1 Stunde Scanzeit für die Qualitätssicherung weiterverwendbare Ergebnisse erzielt werden können
- Eine gute Möglichkeit zur Steigerung der Wirtschaftlichkeit der CT-Prüfung im Rahmen der Prozesskette additiver Fertigung ist es, auf Basis einer In-Situ Bildgebung, die sich z. B. aus Schmelzpoolkameras ergibt, spezielle ROIs (Regions of Interest) abzuleiten; falls vorhanden werden diese im nachgelagerten CT-Scan erfasst und zur Fehlerbewertung herangezogen
- Einige Fehlertypen sind im CT-Scan schwer erkennbar; dazu zählt insbesondere nicht verschmolzenes Pulver, was im Scan nur als einfache Porosität identifizierbar ist

B.8.2 Einsatz von Drahterodiermaschinen in der Prozesskette der additiven Fertigung

Datum und Ort: 16.06.2016, Hamburg

Gesprächsteilnehmer: Leiter Technologieentwicklung eines Herstellers von Drahterodiermaschinen

- Als praxisnahe Annahme kann die Schnittgeschwindigkeit von 50 mm²/min näherungsweise für die in der additiven Fertigung verwendeten Werkstoffe angenommen werden

–   Der genannte Wert gilt für ungünstige Spülbedingungen, wie sie beim Schnei-
    den von Supportstrukturen im lokalen Umfeld auftreten

B.8.3 Beobachtungen der betrieblichen Praxis am LZN Laser Zentrum Nord und dem iLAS Institut für Laser- und Anlagensystemtechnik

Datum und Ort: 01.08.2015-05.01.2017, Hamburg

Durchführung/Transkript: Markus Möhrle

–   Beim Prozessschritt *Plattform abtragen* finden üblicherweise zwei Schrupp-
    schnitte mit jeweils 0,5 mm Zustellung statt; im Anschluss wird einfach ge-
    schlichtet mit Zustellung 0,2 mm
–   Der gesamte Bearbeitungsvorgang hat für Plattformen der Grundfläche 250 x
    250 mm² einen Zeitbedarf von
    –   ca. 10 Minuten für Aluminium
    –   ca. 20 Minuten für Stahl
    –   ca. 60 Minuten für Titan

B.8.4 Maschinen in der Teilefertigung

Datum und Ort: 25.12.2016, Hattingen

Gesprächsteilnehmer: Technischer Leiter eines Maschinenbau-Unternehmens

–   Die Investitionsausgaben für die zur Fertigung der betrachteten Produktions-
    programmen zu verwendenden Maschinen ergeben sich je nach Marke und Fab-
    rikat zu ungefähr
    –   EUR 150.000 für eine geeignete Drahterodiermaschine
    –   EUR 300.000 für ein geeignetes Bearbeitungszentrum
    –   EUR 10.000 für eine Strahlkabine für kleinere Werkstücke
    –   EUR 15.000 für einen Wärmebehandlungsofen
    –   EUR 15.000 für einen Trogvibrator
    –   EUR 80.000 bis über 100.000 für eine Koordinatenmessmaschine
    –   EUR 3.000 als Durchschnitt für einen Handarbeitsplatz mit Werkbank
        und selektiv erweiterter Werkzeugausstattung (Maschinenschraub-
        stock, Ständerbohrmaschinen, Trennschleifer, verschiedene Schleif-
        werkzeuge, Pressen)
–   Gleitschleifen
    –   Rüstzeiten vor Prozessbeginn und nach Prozessende je 5 min
    –   Ggf. Schleifsteine wechseln
    –   Prozesszeiten abhängig von der Schleifaufgabe – Ansatz: Rund 16
        Stunden, vom Werkstoff unabhängig
–   Geometrieprüfung
    –   Erstellung eines Programms bei vorliegenden CAD-Daten: rund 2
        Stunden
    –   Messung dauert ca. 5-10 Minuten je Teil, je nach Anzahl der Prüf-
        merkmale

B.8.5 Fabrikstrukturen für die additive Fertigung

Datum und Ort: 22.02.2017, Hamburg

Gesprächsteilnehmer: Fertigungsleiter eine Auftragsfertigers additiv gefertigter Produkte

- Die Investitionsausgaben für die zu verwendenden Maschinen ergeben sich zu ca. EUR 100.000 für eine geeignete Drahterodiermaschine
- Der Schutzgasverbrauch einer Generiermaschine liegt bei durchschnittlich ca. 1.200 Liter pro Stunde – Dies entspricht auf Basis aktueller Konditionen etwa Kosten von 3-5 EUR

Printed in the United States
By Bookmasters